凉山州林木种质资源普查成果汇总服务项目(5134202019000431)
及西昌学院攀登计划层次项目资助出版

# 凉山州林木资源图鉴

## （上册）

罗 强　主编

陈 艳　袁 颖　副主编

四川科学技术出版社

图书在版编目（CIP）数据

凉山州林木资源图鉴.上册/罗强主编；陈艳，袁颖副主编.— 成都：四川科学技术出版社，2023.11
ISBN 978-7-5727-1217-3

Ⅰ.①凉… Ⅱ.①罗… ②陈… ③袁… Ⅲ.①林木—种质资源—凉山彝族自治州—图集 Ⅳ.① S722-64

中国国家版本馆 CIP 数据核字（2023）第 233693 号

ISBN 978-7-5727-1217-3

# 凉山州林木资源图鉴（上册）

LIANGSHAN ZHOU LINMU ZIYUAN TUJIAN (SHANGCE)

罗 强 主 编

陈 艳 袁 颖 副主编

出 品 人　程佳月
责任编辑　文景茹
责任出版　欧晓春
出版发行　四川科学技术出版社
　　　　　成都市锦江区三色路 238 号　　邮政编码：610023
　　　　　官方微博：http://weibo.com/sckjcbs
　　　　　官方微信公众号：sckjcbs
　　　　　传真：028-86361756
成品尺寸　210 mm × 285 mm
印　　张　26.5
字　　数　530 千
印　　刷　成都市金雅迪彩色印刷有限公司
版　　次　2023 年 11 月第 1 版
印　　次　2024 年 7 月第 1 次印刷
定　　价　308.00 元

ISBN 978-7-5727-1217-3

邮　　购：成都市锦江区三色路 238 号新华之星 A 座 25 层　　邮政编码：610023
电　　话：028-86361770

# ◆ 内容简介 ◆

　　本图鉴共收录了四川省凉山彝族自治州（简称凉山州）林木资源（含乔木、灌木、木质藤本及竹类）65科（蕨类植物1科、裸子植物10科、被子植物54科）213属711种（含亚种和变种）。裸子植物按照郑万均系统，被子植物按照哈钦松系统排序，同时参考中国植物志（http://db.kib.ac.cn/）及植物智（http://www.iplant.cn/）中相关科、属、种的修订编写而成。内容包含每一物种的中文名及拉丁学名、别名、主要形态特征、特有性、生态习性，以及在凉山州各县市的分布、主要用途和濒危植物保护等级等。为便于读者快速而准确识别物种，编者对每一物种几乎都配有彩色图片，同时将每一物种重要的识别特征或与相近种的区别特征的文字描述进行了加粗处理。

　　本书对从事林业、植物分类、生态、园艺、农业，以及生物多样性研究、野生林木资源开发利用与保护的工作者等具有重要的参考价值。

# 前　言

凉山州位于四川省西南部，横断山脉东北部，地理位置介于东经100°15′~103°53′和北纬26°03′~29°27′，有西昌、会理2市及普格、宁南、会东、德昌、盐源、木里藏族自治县（简称木里县）、冕宁、喜德、越西、甘洛、昭觉、美姑、雷波、布拖、金阳15县，共计17个县市。其东北分别与宜宾、乐山两市接壤，北连雅安市及甘孜藏族自治州（简称甘孜州），南与攀枝花市毗邻，东、南、西与云南省相连接，全州面积约60 400 km²。地区位于大西南的腹心地带，是国家资源综合开发的重要区域。

凉山州地处青藏高原、云贵高原向四川盆地的过渡带，西跨横断山系，地形、地貌复杂多样，山高谷深，以山地地貌为主，为中山、高山地形。境内峰峦重叠，山川相间，河流纵横，切割强烈，谷深坡陡，山脉多系南北走向，形成了河谷、平原、台地、丘陵、山地、山原等十多种地貌类型。主要河流有雅砻江、金沙江、大渡河等，由北向南深嵌在山地之中，均系长江水系，支流众多，纵横交错，安宁河谷是境内唯一的宽大河谷。境内最低海拔仅305 m，位于雷波县金沙江谷底，最高海拔为5 958 m，位于木里县恰朗多吉峰，相对高差达5 653 m。

凉山州是以亚热带气候为基带，南亚热带气候为主的区域，全年日照充足、雨量充沛、干湿季分明、年温差小、日温差大。特殊的地质构造和地理位置，复杂多变的地形和地貌，优越的气候和光热条件，使凉山州境内气候呈现出了显著的地域和垂直分布的多层次立体差异，从而赋予了其十分丰富的生物物种资源。据《四川攀西种子植物》记载，攀西地区（含凉山州和攀枝花市）具有种子植物近7 000种（含亚种、变种、变型），是四川省植物资源最为集中和丰富的地区，凉山州是植物遗传多样性、物种多样性和生态系统多样性的天然宝库，因此，受到国内外植物学界的高度重视。

林木资源作为国家的战略性资源，对林业经济及生态建设具有直接的影响。然而由于其价值的潜在性与隐蔽性不容易引起人们的重视，在自然因素及人为因素的作用下，我国林木资源流失严重，并且优良基因种质占流失的绝大部分。因此，为了未来的发展，在全面清查林木种质资源的基础上，进一步对珍稀、濒危、特色林木资源进行有效保护和合理开发，已是刻不容缓。四川省于2017年5月正式启动林木种质资源普查工作，以县级行政区域为单元，对野生、收集保存、栽培利用、古树名木四类林木种质资源进行全面调查，旨在掌握整个四川省的林木资源，并从其中筛选出可作为培育优良品种育种材料的林木种质资源。

2017年5月至2021年12月期间，凉山州17个县市先后开展了本区域的林木种质资源普查。西昌学院有幸承担了西昌、会理及盐源3个县市的普查项目，并承担了凉山州17个县市的林木资源普查成果汇总工作。编者对17个县市普查队伍提供的20余万张树种照片及8 000余份凭证标本进行详细观察与鉴定，考证了国内重要标本馆的相关电子标本，同时查阅相关文献资料，并结合多年来积累的凉山州林木资源方面相关研究成果，编写了《凉山州林木资源图鉴（上册）》一书。该图鉴共收录了凉山州林木资源（含乔木、灌木、木质藤本及竹类）65科213属711种（含亚种和变种）。内容含每一物种的中文名及拉丁学名、别名、主要形态特征、特有性、生态习性，以及在凉山州各县市的分布、用途和濒危植物保护等级等。为便于读者快速而准确地识别物种，编者对每一物种均配有彩色图片，同时还将每一物种重要的识别特征或与相近种的区别特征的文字描述做了加粗处理。

在《凉山州林木资源图鉴（上册）》的编制中，裸子植物按照郑万均系统，被子植物按照哈钦松系统排序，参考中国植物志（http://db.kib.ac.cn/）及植物智（http://www.iplant.cn/）中部分修订内容编写而成。本图鉴记载蕨类植物1科、裸子植物10科及被子植物54科，共计65科，其中凉山州林草局陈艳撰写了桫椤科、苏铁科、银杏科、南洋杉科、杉科及三尖杉科等6科，西昌学院袁颖撰写罗汉松科、柏科、红豆杉科、桃金娘科、油蜡树科、锦葵科等6科，其他53科由罗强撰写完成。图鉴中的照片均由西昌学院、四川农业大学、四川省林业科学研究院及绵阳师范学院等4个承担凉山州17县市的调查单位提供。凉山州林草局相关领导在林木种质资源普查汇总项目的实施及此图鉴的写作过程中给予了极大的帮助，西昌学院"四川林业草原攀西林草火灾防控工程技术中心"也为图鉴的撰写提供了支持，在此对以上单位领导和林木种质资源普查队队员及其他工作人员表示由衷的谢意！

由于时间仓促，且编者水平有限，本图鉴难免有诸多不足和错误之处，敬请读者批评指正！

西昌学院　罗强

2022年11月18日于西昌

四川省地图

四川省标准地图·基础要素版

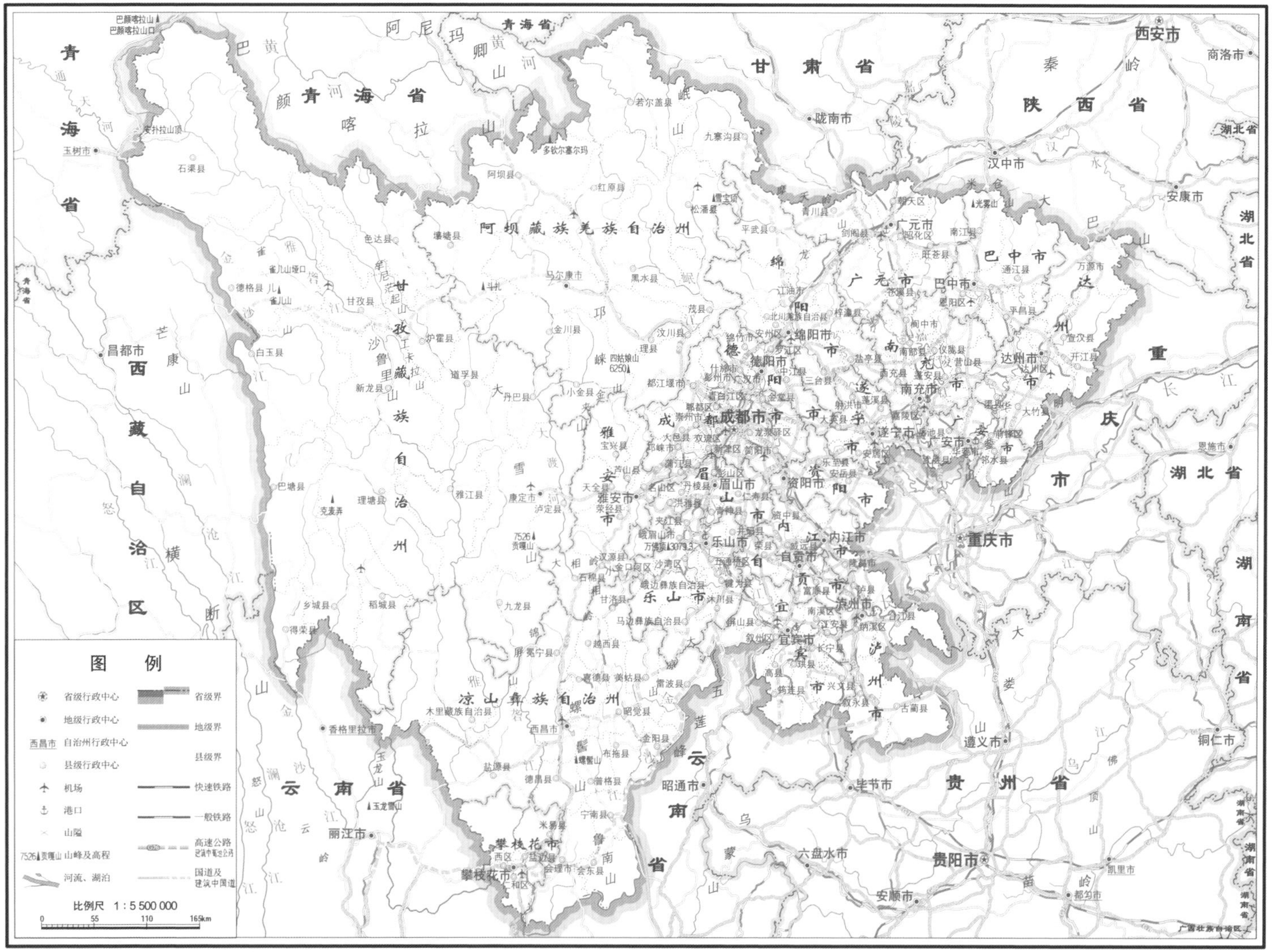

2021年7月 四川省测绘地理信息局编制

审图号：川S【2021】00056号

比例尺 1:5 500 000

0 55 110 165km

图例

省级行政中心
地级行政中心
西昌市 自治州行政中心
县级行政中心
机场
港口
山峰

省级界
地级界
县级界
快速铁路
一般铁路
高速公路
国道及建设中国道

河流、湖泊

青海省　甘肃省　陕西省　重庆市　贵州省　云南省　西藏自治区　湖北省　湖南省

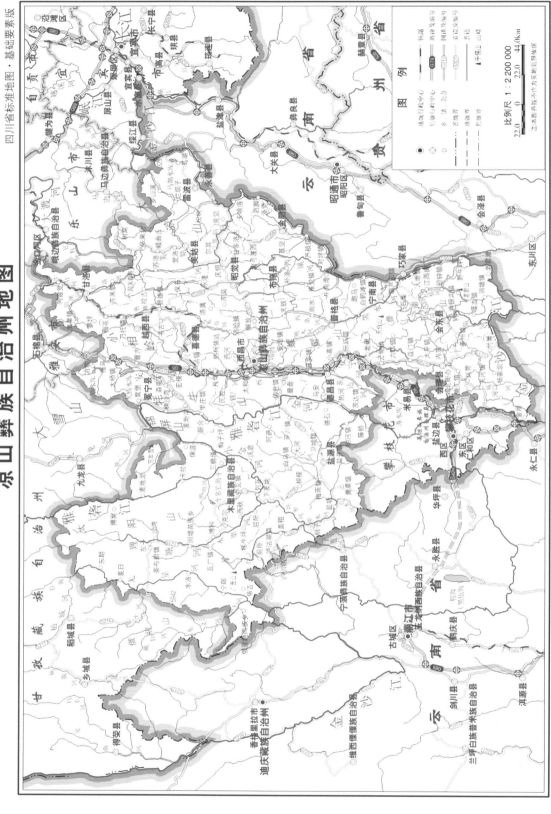

凉山彝族自治州地图

四川省标准地图·基础要素版

2016年5月 四川省测绘地理信息局制

审图号：图川审 (2016) 018号

图 例

比例尺 1：2 200 000

22.0    0    22.0    44.0km

# ◆ 目 录 ◆

# 被子植物

蕨类植物

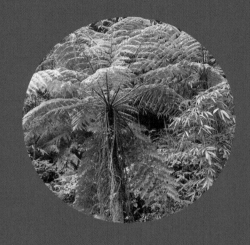

# 桫 椤

*Alsophila spinulosa* (Wall. ex Hook.) R. M. Tryon

# 桫椤科 Cyatheaceae

## 桫椤属 *Alsophila* R.Br

### 桫椤 *Alsophila spinulosa* (Wall. ex Hook.) R. M. Tryon

别名：树蕨、蕨树

小乔木状。茎干高达7 m，上部有残存的叶柄，向下密被交织的不定根。**叶螺旋状排列于茎顶端**；叶柄长30~50 cm，连同叶轴和羽轴有刺状突起；叶片长矩圆形，长1~2 m，宽0.4~1.5 m，**三回羽状深裂**；羽片17~20对，长30~50 cm，宽14~18 cm，二回羽状深裂；小羽片18~20对，边缘有锯齿；叶脉在裂片上羽状分裂，基部下侧小脉出自中脉的基部。**孢子囊群孢生于侧脉分叉处，靠近中脉**。

国家二级保护野生植物，台湾至云南、四川多地有产，生于海拔260~1 600 m山地溪旁或疏林中。凉山州雷波县有分布。桫椤树形美观，高大挺拔，具极高园艺观赏价值。

裸子植物

# 银杏

*Ginkgo biloba* **L.**

# 1 苏铁科 Cycadaceae

## 1.1 苏铁属 *Cycas* L.

### 1.1.1 攀枝花苏铁 *Cycas panzhihuaensis* L. Zhou &S.Y.Yang

常绿棕榈状木本植物。叶螺旋状排列，簇生于茎干的顶部，羽状全裂，长70~120 cm；羽片70~105对，线形，直或微曲，厚革质，长14~22 cm，**宽6~7 mm，下面无毛**。雌雄异株；小孢子叶球单生茎顶，纺锤状圆柱形或椭圆状圆柱形，长4~6 cm，密被锈褐色绒毛；大孢子叶簇生茎顶，呈球形或半球形，密被黄褐色至锈褐色绒毛；上部羽状半裂，下部柄状，中上部两侧通常着生3~4个胚珠。种子熟时橘红色。

国家一级保护野生植物，中国特有。在凉山州的德昌顺河，盐源干塘坝，宁南碧鸡河畔铁厂坪、红岩脚，以及雷波西宁河谷曾有自然分布，但目前已没有发现野生植株，仅宁南、会理等县市有少量栽培。树形幽雅美观，多作庭园观赏栽培。

### 1.1.2 苏铁 *Cycas revoluta* Thunb.

**别名：铁树、凤凰蛋**

常绿棕榈状木本植物。叶的羽状裂片较小，一回羽状复叶从茎顶部长出，长75~200 cm；羽片常100对以上，条形，厚革质，长9~22 cm，**宽4~6 mm，边缘显著反卷，叶背疏被毛或无毛**。雌雄异株，雄球花圆柱形，小孢子叶木质，密被黄褐色绒毛；雌球花扁球形，大孢子叶宽卵形，密生淡黄色或淡灰黄色绒毛，上部羽状分裂，其下方两侧着生有2~4个裸露的直生胚珠。种子熟时红褐色或橘红色。花期6月至8月，种子10月成熟。

中国特有，为国家一级保护野生植物。凉山州各县市有栽培，为常见观赏树种。种子含有油和丰富的淀粉，有微毒，供食用和药用，有助消化，镇咳祛痰之功效。

# 2 银杏科 Ginkgoaceae

**银杏属** *Ginkgo* L.

### 银杏 *Ginkgo biloba* L.

别名：白果、公孙树

落叶大乔木。具长枝与短枝。**叶扇形，叉状脉**，在长枝上螺旋状散生，具细长叶柄；在短枝上3~8枚簇生。球花雌雄异株，单性，簇生于短枝顶端的鳞片状叶的腋内。雄球花荑荑花序状，下垂；雌球花具长梗，梗端常分两叉，每叉顶生一盘状珠座。种子具长梗，下垂，常为椭圆形、长倒卵形、卵圆形或近圆球形，外被白粉，熟时黄色或橙黄色。花期3至4月，种子9至10月成熟。

中国特有，为国家一级保护野生植物，目前仅浙江天目山有野生状态的树木。凉山州各县市有栽培。银杏为速生珍贵的用材树种，可作庭园树及行道树；种子有毒，去毒后可供食用及药用。

# 3 南洋杉科 Araucariaceae

## 3.1 南洋杉属 *Araucaria* Juss

### 3.1.1 南洋杉 *Araucaria cunninghamii* Sweet

常绿乔木。大枝平展或斜伸，侧生小枝密生，下垂，近羽状排列。大树及花果枝上的叶排列紧密而叠盖，**微向上弯；卵形、三角状卵形或三角状**，近无背脊或下面具纵脊，上部渐窄或微圆，先端尖或钝，中脉明显或不显，上面有白粉。雄球花单生枝顶，圆柱形。**球果椭圆状卵形。**

原产大洋洲东南沿海地区。凉山州各县市常有栽培。南洋杉为世界五大公园树种之一，可作园林景观树、行道树等。

### 3.1.2 异叶南洋杉 *Araucaria heterophylla* (Salisb.) Franco

常绿乔木。大枝平伸，小枝平展或下垂，侧枝常成羽状排列，下垂。叶二型，大树及花果枝上的叶排列较密，微开展，**宽卵形或三角状卵形，略弯曲**，基部宽，先端钝圆，中脉隆起或不明显，上面有多条气孔线，有白粉，下面有疏生的气孔线。雄球花单生枝顶，圆柱形。**球果较大，近圆球形。**

原产大洋洲。凉山州的西昌、德昌、冕宁、会理等县市有观赏栽培，用途同南洋杉。

# 4 松科 Pinaceae

## 4.1 冷杉属 *Abies* Mill

### 4.1.1 黄果冷杉 *Abies ernestii* Rehd.

#### 4.1.1a 黄果冷杉（原变种）*Abies ernestii* Rehd.var. *ernestii*

别名：柄果枞、箭炉冷杉

乔木。**一年生枝淡褐黄色、黄色或黄灰色**，无毛或凹槽中疏被短柔毛。叶在枝条下面列成两列，条形，不反曲，叶长1~3.5 cm，宽2~2.5 mm，先端常有凹缺，上面常无气孔线，下面有2条淡绿色或灰白色的气孔带；**球果直立，圆柱形或卵状圆柱形，长5~10 cm，径3~3.5 cm，熟前绿色、淡黄绿色或淡褐绿色，熟时淡褐黄色或淡褐色；**中部种鳞宽倒三角状扇形或扇状四方形，上部宽圆较薄，边缘内曲，中部常窄缩，两侧常突出，背面露出部分密被短柔毛；**苞鳞短，不露出。**花期4至5月，球果10月成熟。

中国特有，生于海拔2 600~3 600 m、气候较温和、棕色森林土的山地及山谷地带。凉山州的盐源、木里、美姑、雷波等县有分布。该树种木材材质轻软，可作一般建筑和造纸等用材。

#### 4.1.1b 大黄果冷杉（变种）*Abies ernestii* var. *salouenensis*（Borders–Rey et Gaussen）Cheng et L. K. Fu

别名：云南黄果冷杉、澜沧冷杉

本变种针叶质地稍厚，通常较长，果枝之叶长3~6 cm，上面中脉凹下、多较明显；**球果通常较长，长10~14 cm，径达5 cm，**种鳞宽大，苞鳞较长，**也有少数植株的球果颜色呈紫褐黑色类型，**与原变种——黄果冷杉相区别。

中国特有，生于海拔2 600~3 200 m地带。凉山州的盐源、木里、美姑等县有分布。大黄果冷杉可作为造林用材树种。

### 4.1.2 冷杉 *Abies fabri* (Mast.) Craib

别名：塔杉

常绿乔木。**一年生枝淡褐黄色、淡灰黄色或淡褐色，叶枕之间的凹槽内疏被短毛，稀无毛**。叶长1.5~3 cm，宽2~2.5 mm，边缘微反卷，干后反卷，先端有凹缺或钝；横切面两端钝圆，树脂道2个，边生。球果直立，卵状圆柱形或短圆柱形，长6~11 cm，径3~4.5 cm，熟时暗黑色或淡蓝黑色，微被白粉；中部种鳞扇状四边形，上部宽厚，边缘内曲；**苞鳞通常仅尖头露出，尖头长3~7 mm，常反曲**。花期5月，球果10月成熟。

中国特有，常生于海拔2 800~4 000 m的高山地带。凉山州的盐源、雷波、木里、越西、甘洛、金阳、冕宁等县有分布。冷杉可作建筑、板料、家具及木纤维工业原料等用材树种。

### 4.1.3 川滇冷杉 *Abies forrestii* C. C. Rogers

别名：毛枝冷杉、云南枞

常绿乔木。**一年生枝呈红褐色或褐色，无毛或仅凹槽内被疏短毛**。叶在枝条下面排成两列，上面的叶斜上伸展，条形，直或微弯，**先端凹缺，边缘微反卷**，下面沿中脉两侧各有1条白色气孔带。球果直立，卵状圆柱形或矩圆形，基部较宽，无梗，熟时深褐紫色或黑褐色；中部种鳞扇状四边形，上部宽厚，边缘内曲，中部两侧楔状，下部耳形，基部窄成短柄；**苞鳞外露，上部宽圆或稍较下部为宽，先端具长尖头，直伸或向后反曲。**花期5月，球果10月至11月成熟。

中国特有，多生于海拔3 000~3 500 m的地带。凉山州的各县市多有分布。该树种木材材质轻软，可供建筑等用材；树皮可提炼栲胶；可作分布区的森林更新树种。

### 4.1.4　长苞冷杉 *Abies georgei* Orr

#### 4.1.4a　长苞冷杉（原变种）*Abies georgei* Orr var. *georgei*

别名：西康冷杉

常绿乔木。**小枝密被褐色或锈褐色毛，一年生枝红褐色或褐色。**小枝下部叶排成两列，上部叶斜上伸展，条形，下部微窄，直或微弯，边缘微反卷，先端具凹缺、稀尖或钝，下面有2条白色气孔带。球果直立，卵状圆柱形，熟时黑色，无梗；中部种鳞扇状四边形，上部宽圆较厚，边缘内曲，中部楔状，下部两侧耳形，基部窄成短柄；**苞鳞显著长于种鳞，明显露出，外露部分略呈三角状，直伸，边缘有细缺齿，先端具长尖头，直伸或微反曲。**花期5月，球果10月成熟。

中国特有，生于海拔3 400~3 800 m地带，常与各种高山杜鹃混生。凉山州的会理、盐源、木里、德昌、普格、冕宁等县市有分布。其木材可供建筑、器具、板材及木纤维工业原料等用材。

#### 4 1.4b　急尖长苞冷杉（变种）*Abies georgei* var. *smithii* (Viguie et Gaussen) Cheng et L

别名：乌蒙冷杉

本变种**叶边缘微向下反曲；苞鳞匙形或倒卵形，与种鳞近等长或稍较种鳞为长，先端圆而常微**

凹，中央有长约**4 mm**的急尖头，露出部分不为三角状等特征与原变种——长苞冷杉相区别。

中国特有，生于海拔2 500~4 000 m高山地带。凉山州的盐源、木里等县有分布。用途同原变种。

## 4.2 雪松属 *Cedrus* Trew

### 雪松 *Cedrus deodara* (Roxb.) G. Don

**别名：** 喜马拉雅雪松

常绿乔木。大枝平展，不规则轮生，小枝略下垂；一年生长枝淡灰黄色，密生短绒毛，微有白粉。**叶在长枝上辐射伸展，在短枝上簇生。**叶针状，质硬，先端锐尖，下部渐窄，常呈三棱形。雌雄异株，稀同株，花单生枝顶。**球果椭圆至椭圆状卵形，顶端圆钝，有短梗；**中部种鳞扇状倒三角形，上部宽圆，边缘内曲，中部楔状，下部耳形，基部爪状，鳞背密生短绒毛；苞鳞短小。花期为10月至11月，球果次年10月成熟。

原产阿富汗、印度。凉山州各县市多有栽培。该树种可作为庭园观赏树种或行道树种。

## 4.3 油杉属 *Keteleeria* Carrière

### 云南油杉 *Keteleeria evelyniana* Mast.

别名：杉松、云南杉松

常绿乔木。一年生小枝常被毛。**叶线形，较窄长，长2~6.5 cm，宽2~3 mm，较厚，边缘常不向下反曲**，先端常有突起的钝尖头，叶腹面中脉两侧常各有2~10条气孔线。**球果圆柱形，直立，长9~20 cm，径4~6.5 cm，常具油脂**；中部种鳞卵状斜方形或斜方状卵形，上部边缘向外反曲，边缘具细齿；苞鳞中部窄；下部逐渐增宽，上部近圆形，先端呈不明显三裂。花期4月至5月，球果10月成熟。

中国特有，生于海拔700~2 600 m的地带。凉山州各县市均有分布。木材可供建筑、家具等用。

## 4.4 落叶松属 *Larix* Mill.

### 4.4.1 红杉 *Larix potaninii* Batalin

#### 4.4.1a 红杉（原变种）*Larix potaninii* Batalin var. *potaninii*

别名：落叶松

乔木。树皮粗糙纵裂。**小枝下垂，一年生长枝初被毛，短枝较细，径3~4 mm，顶端叶枕之间密生黄褐色柔毛。**叶在长枝上螺旋状散生，在短枝上呈簇生状。叶倒披针状窄线形，长1.2~3.5 cm，宽1~1.5 mm，先端渐尖，上面中脉隆起，两侧各有1~3条气孔线，下面中脉两侧各有3~5条气孔线，有乳头状突起。**球果长圆状圆柱形或圆柱形，长3~5 cm，径1.5~2.5 cm，熟时为紫褐色或淡灰褐色；种鳞35~65枚，形较小、质较薄，长0.8~1.3 cm**。花期4月至5月，球果10月成熟。

中国特有，常生于海拔3 100~4 000 m，气候温凉或干寒的棕色森林土或山地草甸森林土地带。凉山州的盐源、木里、冕宁、德昌等县有分布。木材可供建筑、电杆、桥梁、器具、家具及木纤维工业原料等用材。

**4.4.1b 南方红杉（变种）** *Larix potaninii* var. *australis* A. Henry ex Handel–Mazzetti

别名：大果红杉

本变种**球果较大，长5~7.5 cm，径2.5~3.5 cm；种鳞多而宽大，约75枚**，长1.4~1.6 cm，宽1.2~1.4 cm；苞鳞长1.7~2.2 cm，宽4~5 mm。短枝粗壮，直径4~8 mm，顶端叶枕之间通常无毛或近无毛，稀具密毛等特征与原变种——红杉相区别。

中国特有，常生于海拔2 700~4 000 m的高山地带。凉山州的盐源、木里、冕宁、雷波等县有分布。用途同红杉。

**4.4.2 日本落叶松** *Larix kaempferi* (Lamb.) Carr.

落叶乔木。枝平展，**小枝不下垂，一年生长枝淡黄色或淡红褐色，有白粉**。叶在长枝上螺旋状散生，在短枝上呈簇生状；叶倒披针状条形，长1.5~3.5 cm，宽1~2 mm，先端微尖或钝，上面稍平，下面中脉隆起，两面均有气孔线，尤以下面多而明显，通常5~8条。雌球花紫红色，苞鳞反曲，有白粉，先端三裂，中裂急尖。**球果卵圆形或圆柱状卵形，熟时黄褐色，长2~3.5 cm，径1.8~2.8 cm；球果种鳞的上部边缘显著地向外反曲**。花期4月至5月，球果10月成熟。

原产日本。凉山州的雷波、越西、甘洛、喜德、金阳、冕宁、美姑、布拖、昭觉等县有引种栽培。该树种是凉山州重要的造林树种之一。

### 4.4.3 落叶松 *Larix gmelinii* (Ruprecht) Kuzeneva

乔木。枝斜展或近平展；一年生长枝较细；短枝直径2~3 mm，顶端叶枕之间有黄白色长柔毛。叶在长枝上螺旋状散生，在短枝上呈簇生状；叶倒披针状条形，长1.5~3 cm，宽0.7~1 mm。**球果幼时紫红色**，成熟前卵圆形或椭圆形，**成熟时上部的种鳞张开，上部边缘不向外反曲或微反曲，黄褐色、褐色或紫褐色**，长1.2~3 cm，径1~2 cm；**苞鳞较短，不露出或稍露出**。花期5月至6月，球果9月成熟。

落叶松为我国东北主要森林树种。凉山州的雷波等县有引种栽培。该树种的木材耐久用，可供房屋建筑、细木加工等用材；树干可提取树脂。

## 4.5 云杉属 *Picea* A. Dietrich

### 4.5.1 丽江云杉 *Picea likiangensis* (Franch.) Pritz.

#### 4.5.1a 丽江云杉（原变种）*Picea likiangensis* (Franch.) Pritz.var. *likiangensis*

别名：丽江杉

常绿乔木。一年生枝较细，毛较少。叶四棱状条形，长0.6~1.5 cm，宽1~1.5 mm，横切面菱形或微扁四棱形，上面每边各有气孔线4~7条，

下面每边各有1~2条，稀无气孔线或各有3~4条不完整的气孔线。**球果下垂，较大，长7~15 cm，径3.5~5 cm**，卵状矩圆形或圆柱形，成熟前种鳞红褐色或黑紫色，熟时褐色、淡红褐色、紫褐色或黑紫色；中部种鳞斜方状卵形或菱状卵形，长1.5~2.6 cm。花期4月至5月，球果9至10月成熟。

中国特有，常生于海拔2 800~3 800 m的高山林地。凉山州的盐源、木里、越西、甘洛、德昌、金阳、冕宁、美姑、昭觉等县有分布。材质优良；生长较快，为分布区森林更新及荒山造林树种。

**4.5.1b　川西云杉（变种）*Picea likiangensis* var. *rubescens* Rehder&E.H.Wilson**

本变种一年生枝通常较粗，有密毛；叶下面每边常有3~4条完整或不完整的气孔线；**球果通常较小，长4~9 cm**等特征与原变种——丽江云杉相区别。

中国特有，常生于海拔3 000~4 100 m的高山地带。凉山州的盐源、木里、越西、甘洛、德昌、金阳、冕宁、美姑、昭觉等县有分布。用途同丽江云杉。

**4.5.1c　黄果云杉（变种）*Picea likiangensis* var. *hirtella* (Rehd. et Wils.) Cheng ex Chen**

别名：黄果杉

本变种枝叶形态（即小枝有密毛，叶下面有3~4条不完整的气孔线）近川西云杉；与丽江云杉及川西云杉的区别在于**球果成熟前为绿黄色或黄色**，熟时淡褐黄色。

中国特有，常生于海拔2 800~3 700 m的山林。凉山州的盐源、木里等县有分布。用途同丽江云杉。

### 4.5.2　云杉 *Picea asperata* Mast.

乔木。**小枝有疏生或密生的短柔毛，稀无毛，一年生时淡褐黄色、褐黄色、或淡红褐色，叶枕有白粉，或白粉不明显。**主枝之叶辐射伸展，侧枝上面之叶向上伸展，下面及两侧之叶向上方弯伸，**四棱状条形**，微弯曲，先端微尖或急尖，**横切面四棱形，四面有气孔线，上面每边4~8条，下面每边4~6条。**球果下垂，圆柱状矩圆形或圆柱形，上端渐窄，成熟前绿色，熟时淡褐色或栗褐色；中部种鳞倒卵形，上部圆或截圆形时排列紧密；苞鳞三角状匙形。花期4月至5月，球果9月至10月成熟。

中国特有，生于海拔2 400~3 600 m的地带。凉山州的盐源等县有分布，西昌市有栽培。云杉木材可作建筑、舟车、器具、家具等用材；根、木材、枝丫及叶均可提取芳香油；树皮可提栲胶。

### 4.5.3　青杆 *Picea wilsonii* Mast.

常绿乔木。**一年生枝近无毛**，二、三年生枝淡灰色、灰色或淡褐灰色。**叶排列较密**，在小枝上部向前伸展，小枝下面之叶向两侧伸展，**叶横切面四菱形或扁菱形，长0.8~1.8 cm**，宽约1 mm，**四面各有气孔线4~6条**，微具白粉。球果下垂，卵状圆柱形或圆柱状长卵圆形，长5~8 cm，径2.5~4 cm。花期4月，球果10月成熟。

中国特有，生于海拔2 400~2 800 m的地带。凉山州的西昌、木里、普格等县市有分布或栽培。该种适应性较强，可作分布区内的造林树种；木材可供建筑、土木工程、家具等用材。

### 4.5.4　麦吊云杉 *Picea brachytyla* (Franch.) Pritz.

#### 4.5.4a　麦吊云杉（原变种）*Picea brachytyla* (Franch.) Pritz.var. *brachytyla*

别名：麦吊杉、川云杉、垂枝云杉、垂枝杉、密苍杉

乔木。**一年生枝淡黄色或淡褐黄色**，二、三年生枝褐黄色或褐色，渐变成灰色。**小枝上面之叶覆瓦状向前伸展，两侧及下面之叶排成两列；叶条形，扁平**，长1~2.2 cm，宽1~1.5 mm，先端尖或微尖，上面有2条白粉气孔带，每带有气孔线5~7条，**下面光绿色，无气孔线**。球果矩圆状圆柱形或圆柱形，成熟前绿色，熟时褐色或微带紫色，长6~12 cm，宽2.5~3.8 cm。花期4月至5月，球果9月至10月成熟。

中国特有，生于海拔1 500~3 500 m的地带。凉山州的冕宁、越西、美姑等县有分布。木材坚韧，纹理细密，可作为建筑、家具、器具及木纤维工业原料等用材。在其分布区内，宜选作森林更新或荒山造林树种。

#### 4.5.4b　油麦吊云杉（变种）*Picea brachytyla* var. *complanata*（Mast.）Cheng

别名：油麦吊杉、美条杉、米条云杉

本变种树皮淡灰色或灰色，裂成薄鳞状块片脱落；球果成熟前红褐色、紫褐色或深褐色等特征与原变种——麦吊云杉相区别。

中国特有，常生于海拔2 000~3 800 m地带。凉山州的木里、冕宁、盐源、雷波、越西、甘洛、美姑等县有分布。木材的性质和用途与麦吊云杉同，可作分布区内海拔2 000~3 000 m地带的造林树种。

## 4.6 松属 *Pinus* L.

### 4.6.1 华山松 *Pinus armandii* Franch.

别名：五须松、果松、青松、五叶松

常绿乔木。**幼树树皮灰绿色或淡灰色，平滑；一年生枝绿色或灰绿色。**针叶5针一束，边缘具细锯齿，仅腹面两侧各具4~8条白色气孔线；横切面三角形，树脂道3个，中生或背面2个边生、腹面1个中生；叶鞘早落。雄球花卵状圆柱形，基部近10枚卵状匙形鳞片集生于新枝下部呈穗状。**球果圆锥状长卵圆形，长10~20 cm，径5~8 cm，**幼时绿色，成熟时黄色或褐黄色；**果梗长2~3 cm**。花期4月至5月，球果次年9月至10月成熟。

中国特有，生于海拔1 000~3 400 m地带，可组成单纯林或与针叶树种、阔叶树种混生。凉山州各县市有分布或栽培。华山松是凉山州重要的造林树种；可供建筑、枕木、家具等用；树干可割取树脂；种子可食用。

### 4.6.2 高山松 *Pinus densata* Mast.

别名：西康赤松、西康油松

常绿乔木。**针叶2针一束，稀3针一束或2针、3针并存，粗硬，**长6~15 cm，径1.2~1.5 mm，微扭曲，两面有气孔线，边缘锯齿锐利；叶鞘宿存。球果卵圆形，长5~6 cm，径约4 cm，有短梗，**熟时栗褐色，常向下弯垂；**中部种鳞卵状矩圆形，长约2.5 cm，宽1.3 cm，鳞盾肥厚隆起，横脊显著，由鳞脐四周辐射状的纵横纹亦较明显，**鳞脐突起，多有明显的刺状尖头。**花期5月，球果次年10月成熟。

中国特有，为喜光、深根性树种，能生于干旱瘠薄的环境，常在海拔2 600~3 500 m的向阳山坡上或河流两岸组成单纯林。凉山州的西昌、盐源、雷波、木里、越西、德昌、冕宁、美姑、普格等县市有分布。木材较坚韧，质较细，可供建筑、板材等用；树干可割取树脂；可作高山地区的造林树种。

### 4.6.3　马尾松 *Pinus massoniana* Lamb.

乔木。**树皮红褐色**，下部灰褐色；枝平展或斜展，树冠宽塔形或伞形，枝条每年生长一轮，淡黄褐色，无白粉或稀有白粉。**针叶2针一束，稀3针一束**，长12~20 cm，**细柔，微扭曲**；叶鞘宿存。雌球花单生或2~4个聚生于新枝近顶端，淡紫红色，一年生小球果圆球形或卵圆形，径约2 cm，褐色或紫褐色，上部珠鳞的鳞脐具向上直立的短刺，下部珠鳞的鳞脐平钝无刺。**球果卵圆形或圆锥状卵圆形，长4~7 cm，径2.5~4 cm，有短梗，下垂，成熟前绿色，熟时栗褐色**。花期4月至5月，球果次年10月至12月成熟。

中国特有，常生于海拔1 500 m以下地带。凉山州的越西、甘洛、雷波等县有分布。西昌曾有栽培，但生长不良。该树种喜光、耐干旱，为荒山恢复森林的先锋树种，是长江流域以南较低海拔重要的荒山造林用材树种。

### 4.6.4　云南松 *Pinus yunnanensis* Franch.

#### 4.6.4a　云南松（原变种）*Pinus yunnanensis* Franch. var. *yunnanensis*

**别名：青松、飞松、长毛松**

常绿乔木。树皮灰褐色，一年生枝粗壮，淡红褐色。**针叶3针一束**，背腹面均具气孔线，边缘具细锯齿；树脂道4~5个，中生与边生并存；叶鞘宿存。雄球花圆柱状，生于新枝下部苞腋内，聚集成穗状。**球果成熟前绿色，熟时褐色或栗褐色**，圆锥状卵圆形，长5~11 cm，有短梗，长约5 mm；鳞盾通常肥厚、隆起，稀反曲，有横脊，**鳞脐微凹或微隆起，有短刺**。花期4月至5月，球果次年10月成熟。

中国特有，广泛分布于我国西南地区，生于

海拔600~3 100 m的地带，常成为单纯林。凉山州各县市均有分布。云南松是西南地区重要造林树种；木材可供建筑、板材、家具及木纤维工业原料等用；树干可割取树脂。

**4.6.4b 地盘松（变种）*Pinus yunnanensis* var. *pygmaea* (Hsueh) Hsueh**

主干不明显，**基部分生多干，呈丛生状，高常40 cm至2 m不等**；树皮灰褐色，枝较平滑。**针叶较粗硬，2至3针一束**，长7~13 cm。**球果**卵圆形或椭圆状卵圆形，**常多个丛生**，长4~5 cm，熟后宿存树上，**种鳞不张开**，鳞盾灰褐色，隆起，鳞脐平或稍突起，小尖刺通常早落，不显著。

中国特有，常生于海拔2 200~3 100 m干燥瘠薄的阳坡地带，形成高山矮林或灌丛。凉山州的西昌、盐源、木里、喜德、宁南、德昌、金阳、冕宁、会东、布拖、普格、昭觉等县市有分布。

**4.6.5 日本五针松 *Pinus parviflora* Sieb. et Zucc.**

乔木。枝平展，树冠圆锥形；一年生枝幼嫩时绿色，后呈黄褐色，密生淡黄色柔毛。**针叶5针一束，微弯曲**，长3.5~5.5 cm，边缘具细锯齿，背面暗绿色，无气孔线，**腹面每侧有3~6条灰白色气孔线**；横切面三角形；**叶鞘早落**。球果卵圆形或卵状椭圆形，几无梗，熟时种鳞张开；中部种鳞宽倒卵状斜方形或长方状倒卵形，鳞盾淡褐色或暗灰褐色，近斜方形，先端圆，鳞脐凹下，微内曲，边缘薄，两侧边向外弯，下部底边宽楔形。

原产日本。凉山州西昌市作庭园树引种栽培。

### 4.6.6 卡西亚松 *Pinus kesiya* Royle ex Gord.

**别名：思茅松**

乔木。一年生枝淡褐色或淡褐黄色，有光泽。**针叶3针一束，细长柔软**，长10~22 cm，径约1 mm，先端细有长尖头，叶鞘长1~2 cm；横切面三角形。雄球花矩圆筒形，在新枝基部聚生成短丛状。球果卵圆形，基部稍偏斜，长5~6 cm，径约3.5 cm，通常单生或2个聚生，宿存树上数年不脱落；鳞盾斜方形，稍肥厚隆起，或显著隆起呈圆锥形，横脊显著，间或有纵脊，鳞脐小，椭圆形，稍突起，顶端常有向后紧贴的短刺。

国内产自云南，在海拔700~1 200 m地带组成大面积单纯林。凉山州西昌、德昌等县市海拔1 800 m以下地区有栽培。本树种树干端直高大，生长快，宜作中、低海拔地区造林树种。

### 4.7 黄杉属 *Pseudotsuga* Carrière

### 4.7.1 黄杉 *Pseudotsuga sinensis* Dode

乔木。叶条形，排列成两列，**较短，通常长2~3 cm，先端有凹缺**，基部宽楔形，上面绿色或淡绿色，下面有21条白色气孔带。球果卵圆形或椭圆状卵圆形，近中部宽，两端微窄，长4.5~8 cm，径3.5~4.5 cm，成熟前微被白粉；中部**种鳞近扇形或扇状斜方形**，上部宽圆，基部宽楔形，两侧有凹缺，长约2.5 cm，宽约3 cm；苞鳞露出部分向后反伸，**中裂窄三角形，长约3 mm，鳞背露出部分密生褐色短毛**。花期4月，球果10月至11月成熟。

国家二级保护野生植物，中国特有，生于海拔800~2 800 m，气候温暖、湿润、夏季多雨、冬春较干的黄壤或棕色森林土地带。凉山州的西昌、普格、盐源、木里、宁南、冕宁、会东、甘洛、昭觉等县市有分布。木材可供房屋建筑、桥梁、板料、家具等用。黄杉的适应性强，生长较快，为优良造林树种。

### 4.7.2　澜沧黄杉 *Pseudotsuga forrestii* Craib

乔木。树皮暗褐灰色，粗糙，深纵裂；大枝近平展；一年生枝淡黄色或绿黄色（干时红褐色），通常主枝无毛或近无毛，侧枝略有短柔毛，两、三年生枝淡褐色或淡褐灰色。叶条形，排列成两列，**窄长，长3~3.5（稀2.5）cm**，直或微弯，近无柄，气孔带灰白色或灰绿色。球果卵圆形或长卵圆形，长达6 cm，直径4~5.5 cm；**苞鳞伸出于种鳞之外，苞鳞的中裂长6~12 mm**，苞鳞露出部分反曲，**鳞背露出部分无毛。**

国家二级保护野生植物，中国特有，常生于1 800~3 300 m的中高山地带。凉山州的西昌、盐源、木里、冕宁、德昌等县市有分布。木材材质坚韧、细致，可作为建筑、家具等用材。

## 4.8　铁杉属 *Tsuga* Carr.

### 4.8.1　铁杉 *Tsuga chinensis* (Franch.) Pritz.

**别名：**假花板、仙柏、铁林刺、刺柏

乔木。大枝平展，枝稍下垂，树冠塔形。叶条形，排列成两列，长1.2~2.7 cm，宽2~3 mm，**先端钝圆有凹缺，下面中脉隆起无凹槽，气孔带灰绿色，**边缘全缘（幼树叶的中上部边缘常有细锯

齿），**下面初有白粉，老则脱落，稀老叶背面亦有白粉**。球果卵圆形或长卵圆形，长1.5~2.5 cm，径1.2~1.6 cm，具短梗；**种鳞靠近上部边缘不增厚**，成熟后无隆起的弧脊。花期4月，球果10月成熟。

中国特有，常生于海拔1 200~3 000 m地带。凉山州各县市有分布。木材优良，该树种为中、高海拔地区优良造林树种。

### 4.8.2 丽江铁杉 *Tsuga forrestii* Downie

别名：棕枝枒

常绿乔木。小枝红褐色，被毛或几无毛。叶条形，长1.5~2.2 cm，下部较宽、上部渐窄，或上下近等宽，排列成两列，**通常全缘，稀上部边缘具细锯齿，先端钝，有凹缺**，具短柄，**中脉隆起常有凹槽，气孔带灰白色或粉白色**。球果较大，圆锥状卵圆形或长卵圆形，长2~4 cm，有短梗；种鳞近上部边缘微加厚，**具微隆起弧状脊，边缘微向内曲**。花期4月至5月，球果10月成熟。

中国特有，生于海拔2 000~3 500 m的山谷、阴坡山林之中。凉山州的西昌、会理、盐源、木里、宁南、冕宁、美姑、布拖、普格等县市有分布。树干通直，木材优良，为中、高海拔地区优良造林树种。

### 4.8.3 云南铁杉 *Tsuga dumosa* (D. Don) Eichler

别名：云南枒、高山枒、硬鳞铁杉、高山铁杉

常绿乔木。一年生枝黄褐色、淡红褐色或淡褐色，凹槽中有毛或被短毛。叶条形或披针状条形，排列成两列，**先端钝尖或钝，通常上部边缘具细锯齿**，叶下面有2条白色气孔带。球果卵圆形或长卵圆形，长1.5~3 cm；**种鳞质地较薄，上部边缘微反曲**，矩圆形、倒卵状矩圆形或长卵形，长1~1.4 cm。花期4月至5月，球果10月至11月成熟。

国内产自云南省、西藏自治区（以下简称西藏）及四川省，生于海拔1 700~3 500 m的中、高海拔地带。凉山州的西昌、会理、盐源、雷波、木里、越西、喜德、宁南、德昌、冕宁、美姑、布拖、普格、昭觉等县市有分布。树干通直，木材优良，为中、高海拔地区优良造林树种。

# 5　杉科 Taxodiaceae

## 5.1　柳杉属 *Cryptomeria* D. Don

### 5.1.1　日本柳杉 *Cryptomeria japonica* (L. f.) D. Don

**别名：孔雀松**

乔木。大枝常轮状着生，小枝下垂，当年生，枝绿色。**叶钻形，直伸**，长0.4~2 cm，基部背腹宽约2 mm，四面有气孔线。球果近球形，稀微扁，径1.5~2.5 cm，稀达3.5 cm；种鳞20~30枚，上部通常4~5深裂，**裂齿较长，长6~7 mm**，鳞背有一个三角状分离的苞鳞尖头，先端通常向外反曲，能育种鳞有2~5粒种子。花期4月，球果10月成熟。

原产日本。凉山州的西昌、越西、甘洛、喜德、德昌、美姑、布拖等县市有引种栽培。木材可供建筑、桥梁、船舶、家具等用材；也可作庭园观赏树种。

### 5.1.2 柳杉 *Cryptomeria japonica* var. *sinensis* Miquel

**别名**：长叶孔雀松

常绿大乔木。大枝近轮生，小枝常下垂。**叶钻形，略内弯**，四边具气孔线，果枝叶长不及1 cm，幼树及萌芽枝的叶长达2.4 cm。雌球花短枝顶生。球果圆球形或扁球形；种鳞20枚左右，上部有4~5处短三角形裂齿，**裂齿较短，长2~4 mm**，鳞背中部或中下部有一个三角状分离的苞鳞尖头，能育的种鳞有2粒种子。花期4月，球果10月成熟。

中国特有，凉山州各县市多有栽培。柳杉是优良的园林绿化观赏树种；木材可供建筑、桥梁、船舶、造纸、家具、蒸笼器具等用。

## 5.2 杉木属 *Cunninghamia* R. Br. ex A. Rich.

### 5.2.1 杉木 *Cunninghamia lanceolata* (Lamb.) Hook.

**别名**：沙木、沙树、杉

常绿乔木。小枝近对生或轮生，常呈二列状。叶在主枝上辐射伸展，侧枝叶基部扭转成二列状；叶披针形或条状披针形，镰状微弯，边缘具细缺齿，先端渐尖，**上面除先端及基部外两侧具窄气孔带，下面沿两侧各具1条白粉气孔带**。雄球花圆锥状，40余个簇生枝顶。球果卵圆形；熟时苞鳞棕黄色，三角状卵形，先端具刺状尖头；种鳞很小，先端三裂，侧裂较大，先端具细锯齿，腹面着生3粒种子。花期4月，球果10月下旬成熟。

杉木为我国长江流域、秦岭以南地区栽培最广、生长快、经济价值高的用材树种。凉山州各县市均有栽培。杉木木材可供建筑、桥梁、船只、矿柱、木桩、电杆、家具及木纤维工业原料等用。

### 5.2.2　德昌杉木 *Cunninghamia unicanaliculata* D. Y. Wang et H. L. Liu

常绿乔木，**树冠窄**。具轮生或不规则轮生的枝，枝端下垂。叶螺旋状排列，辐射伸展，在侧枝上排列成二列，线状披针形，质地较坚硬，长0.8~3 cm，宽2~3.8 mm，先端渐尖，基部宽而下延，边缘有细锯齿，**上面深绿色，有光泽，有2条气孔带，下面有2条宽白色气孔带**。雌雄同株。球果近球形或卵圆形，长2.5~3.2 cm，直径2.5~3 cm，成熟前灰绿色，成熟时淡黄褐色；苞鳞革质，扁平，宽三角状卵形，先端尖，边缘有不规则细齿，被白粉。

四川特有，喜生于阴坡或半阴坡，表现出对周期性干旱的适应性。凉山州的德昌和盐源等县有分布，西昌、会理、宁南、会东等县市有栽培。木树干通直，冠幅较小，生长迅速，是优良的造林树种。

### 5.3　水杉属 *Metasequoia* Hu et W. C. Cheng

**水杉 *Metasequoia glyptostroboides* Hu et W. C. Cheng**

乔木。叶条形，**小叶在侧生小枝上排列成二列，羽状**，冬季与枝一同脱落。球果下垂，近四棱状球形或矩圆状球形，长1.8~2.5 cm，梗长2~4 cm，其上有交对生的条形叶；种鳞木质，盾形，通常11~12对，交叉对生，鳞顶扁菱形，中央有一条横槽，基部楔形。花期2月下旬，球果11月成熟。

中国特有，为国家一级保护野生植物，现各地广泛栽培。凉山州的西昌、会理、盐源、雷波、越西、甘洛、德昌、冕宁、会东、美姑、普格、昭觉等地有栽培。水杉生长快，可作造林树种及四旁绿化树种。其木材可供房屋建筑、板料、家具及木纤维工业原料等用。树姿优美，为著名的庭园或行道树种。

## 5.4 落羽杉属 *Taxodium* Rich.

### 墨西哥落羽杉 *Taxodium mucronatum* Tenore

半常绿或常绿乔木。树干尖削度大，基部膨大；树皮裂成长条片脱落；枝条水平开展，形成宽圆锥形树冠，大树的小枝微下垂；**生叶的侧生小枝螺旋状散生，不呈二列**。**叶条形，扁平，排列紧密，排列成二列，呈羽状，通常在一个平面上，长约1 cm，宽1 mm，向上逐渐变短**。雄球花卵圆形，近无梗，组成圆锥花序状。球果卵圆形。

原产于墨西哥和美国，生于亚热带温暖地区，耐水湿，多生于排水不良的沼泽地上。凉山州的西昌等县市引种栽培。该树种可作为温暖地带低湿地区的造林树种和园林树种。

# 6　柏科 Cupressaceae

## 6.1　柏木属 *Cupressus* L.

### 6.1.1　柏木 *Cupressus funebris* Endl.

别名：香扁柏、垂丝柏、柏树

常绿乔木。**小枝细长下垂，生鳞叶的小枝扁，排成一平面**。鳞叶二型，先端锐尖，中央之叶的背部有条状腺点，两侧的叶对折，背部有棱脊。球果圆球形，**径8~12 mm**，熟时暗褐色；种鳞4对，顶端为不规则五角形或方形，中央有尖头或无，能育种鳞有5~6粒种子。花期3月至5月，种子次年5月至6月成熟。

中国特有。凉山州各县市常有栽培。柏木生长快，用途广，适应性强，可作长江以南湿暖地区石灰岩山地的造林树种；木材可供建筑、船只、车厢、器具、家具等用；枝叶可提芳香油，柏木枝叶浓密，小枝下垂，树冠优美，常作庭园树种。

### 6.1.2　干香柏 *Cupressus duclouxiana* Hickel

**别名：冲天柏、滇柏**

常绿乔木。**小枝不排成平面，不下垂**，一年生枝四棱形，二年生枝上部稍弯，近圆形。鳞叶密生，近斜方形，先端微钝，背面有纵脊及腺槽，蓝绿色，微被蜡质白粉，无明显的腺点。雄球花近球形或椭圆形，雄蕊6~8对，花药黄色，药隔三角状卵形，中间绿色，周围红褐色，边缘半透明。**球果圆球形，径1.6~3 cm**，生于长达2 mm的粗壮短枝的顶端；种鳞4~5对，熟时暗褐色或紫褐色，**被白粉**，顶部五角形或近方形，具不规则向四周放射的皱纹，中央平或稍凹。

中国特有，生于海拔1 400~3 300 m地带。凉山州的盐源、木里等县有原生，其余各县市有栽培。干香柏是凉山地区重要的造林树种；木材优良，可作建筑、桥梁、车厢、造纸、器具、家具等用材。

### 6.1.3　墨西哥柏木 *Cupressus lusitanica* Miller

乔木。**树皮红褐色，纵裂；生鳞叶的小枝圆柱形，不排成平面，下垂，末端鳞叶枝四棱形**，径约1 mm。鳞叶蓝绿色，被蜡质白粉，先端尖，背部无明显的腺点。球果圆球形，较小，径1~1.5 cm，褐色，被白粉；种鳞3~4对，顶部有一尖头，发育种鳞具多数种子。种子有棱脊，具窄翅。

原产墨西哥。凉山州的德昌等县有引种栽培。该树种为庭园观赏树种。

## 6.2 侧柏属 *Platycladus* Spach

### 侧柏 *Platycladus orientalis* (L.) Franco

别名：黄柏、香柏、扁柏

常绿乔木。**生鳞叶的小枝细，向上直展或斜展，扁平，排成一平面。**叶鳞形，交互对生，位于小枝中间之叶的露出部分呈倒卵状菱形或斜方形，两侧的叶船形，叶背中部具腺槽。雌雄同株；球花单生短枝顶端，与球果一起蓝绿色，被白粉。球果当年成熟，卵圆形，长1.5~2 cm，熟前近肉质，熟后木质，裂开，红褐色。花期3月至4月，果期9月至10月。

国内内蒙古自治区、辽宁、四川、福建等多地有产。凉山州各县市有分布或栽培。该树种木材坚实耐用，可作为建筑、器具、家具等用材；种子与生鳞叶的小枝入药，前者有强壮滋补功效，后者有健胃之功效。常栽培作庭园树。

金黄球柏（*Platycladus orientalis ´Semperaurescens´* Dallimore and Jackson）为侧柏的栽培变种。该树种为矮型灌木。树冠球形，叶全年为金黄色或黄色，凉山州多县市有栽培。

## 6.3 刺柏属 *Juniperus* Linn.

### 刺柏 *Juniperus formosana* Hayata

别名：山刺柏、台湾柏、刺松、矮柏木、山杉、台桧

常绿乔木。树皮褐色，纵裂成长条状薄片，脱落。**小枝下垂，三棱形。叶三叶轮生，呈条状披针**

形或条状刺形，长1.2~2（稀3.2）cm，上面微凹，中脉微隆起，其两侧各有1条气孔带，较绿色边缘稍宽，两条气孔带在叶先端合为一条，下面绿色，具纵钝脊。雄球花圆球形或椭圆形。球果近球形或宽卵形，2~3年成熟，熟时淡红褐色，被白粉或白粉脱落；种子半月圆形，具3~4条棱脊。

中国特有，在西南地区常生于海拔2 200~3 400 m的山地。凉山州各县市山区常有分布。该树种树形美观，可在园林、庭园等处栽培，供绿化和观赏。

## 6.4 圆柏属 *Sabina* Mill.

### 6.4.1 高山柏 *Sabina squamata*（Buch.–Ham.）Ant

别名：柏香、藏柏、山柏

**匍匐灌木或乔木**。树皮褐灰色。枝斜伸或平展，枝皮薄片状脱落；小枝直或弧状弯曲，下垂或伸展。**叶全为刺形，三叶交叉轮生，披针形或窄披针形，长5~10 mm**，直或微曲，先端具刺状尖头，上面稍凹，具白粉带，下面具钝纵脊。球果卵圆形或近球形，熟前绿色或黄绿色，熟后黑色或蓝黑色，内有种子1粒。

国内多地有产，常生于海拔1 600~4 000 m的高山地带，在上段常组成灌木丛。凉山州各县市较高海拔地区常见分布。

### 6.4.2 圆柏 *Sabina chinensis*（L.）Ant

别名：桧、刺柏、红心柏、珍珠柏

常绿乔木。叶二型，即刺叶及鳞叶；刺叶生于幼树上，老龄树全为鳞叶，壮龄树兼有刺叶与鳞叶；刺叶三叶交互轮生，披针形，先端渐尖，上面微凹，具两条白粉带；鳞叶三叶轮生，近披针形，先端微渐尖，背面近中部有椭圆形微凹的腺体。**雌雄异株。球果近圆球形，两年成熟，熟时暗褐色，被白粉或白粉脱落。**

国内多地有产。凉山州的西昌、盐源、会理、雷波、甘洛、喜德、德昌、冕宁、美姑、普格、昭觉等县市有栽培。该树种的木材坚韧致密，耐腐力强，可作建筑、家具等用材；枝叶入药，有祛风散寒、活血消肿、利尿之功效；可作栽培庭园树种和造林树种。

龙柏及塔柏为圆柏的两个栽培变种，在凉山州各县市园林绿化中广泛栽培。

### 6.4.3　垂枝香柏 *Sabina pingii* C. Cheng ex Ferré  Cheng et W. T. Wang

### 6.4.3a　垂枝香柏（原变种）*Sabina pingii* C. Cheng ex Ferré  Cheng et W. T. Wang var. *pingii*

常绿乔木。上部的枝条斜伸，下部的枝条近平展；小枝常呈弧状弯曲；生叶的小枝呈柱状六棱形，下垂，通常较细，直或呈弧状弯曲。**叶三叶交叉轮生，排列密**，长卵形或三角状披针形，微曲或幼树之叶较直，下面之叶的先端瓦覆于上面之叶的基部，**长3~4 mm**，先端急尖或近渐尖，有刺状尖头，腹面凹，有白粉，无绿色中脉，背面有明显的纵脊。球果卵圆形或近球形，长7~9 mm。

中国特有，常生于海拔2 600~3 800 m的地带。凉山州的盐源、雷波、木里、金阳、美姑等县市有分布。该树种木材结构细致，有芳香，可作建筑、器具、家具等用；可作分布区森林更新及荒山造林树种；可作庭园树。

**6.4.3b 香柏（变种）** *Sabina pingii*（Cheng ex Ferré）Cheng et W. T. Wang var. *wilsonii* (Rehder) **Cheng et L. K. Fu**

别名：小果香柏、小果香桧

本变种与原变种垂枝香柏的区别在于**它为匍匐灌木或灌木。枝条直伸或斜展，枝梢常向下俯垂。**叶的形状、长短、宽窄、排列方式及其紧密程度，叶背棱脊明显或微明显等，均有一定的变异。**而以叶为刺形、三叶交叉轮生、背脊明显，生叶小枝呈六棱形最为常见**，但亦有刺叶较短较窄、排列较密，或兼有短刺叶的植株。

中国特有，生于海拔2 600~4 900 m的高山地带。凉山州的盐源、雷波、木里、金阳、美姑等县有分布。该树种可作为分布区高山上部的水土保持树种。

# 7 罗汉松科 Podocarpaceae

## 7.1 竹柏属 *Nageia* Gaertn.

**竹柏** *Nageia nagi* (Thunb.) Kuntze

乔木。叶对生，革质，长卵形、卵状披针形或披针状椭圆形，有多数并列的细脉，无中脉，上面深绿色，有光泽，下面浅绿色，上部渐窄，基部楔形或宽楔形，向下窄成柄状。雄球花穗状圆柱形，单生叶腋，常呈分枝状；雌球花单生叶腋，稀成对腋生，基部有数枚苞片。种子圆球形，成熟时假种皮暗紫色，有白粉；骨质外种皮黄褐色，顶端圆，基部尖，其上密被细小的凹点。花期3月至4月，种子10月成熟。

国内分布于浙江、福建、江西、湖南、广东、广西壮族自治区（以下简称广西）、四川等地。凉山州西昌市有引种栽培。竹柏木材纹理直，结构细，为优良的建筑、家具等用材，该树种可作为绿化和观赏树种。

## 7.2　罗汉松属 *Podocarpus* L'Hér. ex Persoon

### 罗汉松 *Podocarpus macrophyllus* (Thunb.) Sweet

别名：罗汉杉

常绿乔木。枝开展或斜展，较密。**叶螺旋状着生，条状披针形，微弯**，先端尖，基部楔形，上面中脉显著隆起，下面中脉微隆起。雄球花穗状、腋生，常3~5个簇生于极短的总梗上，基部有数枚三角状苞片；雌球花单生叶腋，有梗，基部有少数苞片。**种子卵圆形，径约1 cm，先端圆，熟时肉质假种皮紫黑色，被白粉，种托肉质圆柱形，红色、紫红色或紫黑色**。花期4月至5月，种子8月至9月成熟。

国内分布于江苏、江西、湖南、四川、广西等多地。凉山州各县市常有栽培。罗汉松可作为绿化和观赏树种；其木材材质细致均匀，易加工，可作家具、器具、文具及农具等用材。

# 8　三尖杉科 Cephalotaxaceae

## 8.1　三尖杉属 *Cephalotaxus* Sieb. et Zucc. ex Endl.

### 8.1.1　三尖杉 *Cephalotaxus fortunei* Hook.

#### 8.1.1a　三尖杉（原变种）*Cephalotaxus fortunei* Hook.var. *fortunei*

别名：小叶三尖杉、头形杉、山榧树、三尖松、狗尾松、桃松、藏杉、绿背三尖杉

常绿乔木。枝条较细长，稍下垂。**叶排成两列，披针状条形，通常微弯，长4~15 cm，宽3.5~5 mm**，先端具长尖头，基部楔形或阔楔形，中脉凸，气孔带白色。**种子椭圆状卵形或近圆球形**，假种皮成熟时紫色或红紫色，顶端具小尖头。花期4月，种子8月至10月成熟。

中国特有，在西南地区常生于海拔2 500~3 300 m的阔叶树、针叶树混交林中。凉山州各县市有分布。其木材优质，可作建筑、桥梁、舟车、农具、家具及器具等用材。

**8.1.1b　高山三尖杉（变种）** *Cephalotaxus fortunei* var. *alpina* H. L. Li

本变种与三尖杉的区别在于**叶较短窄，通常长4~9 cm，宽3~3.5 mm**；雄球花几无总梗或具短的总梗，长不及2 mm，有时后期增长加粗，长4~6 mm。

中国特有，生于海拔2 300~3 700 m的高山地带。凉山州的盐源、德昌、普格等县有分布。

**8.1.2　粗榧** *Cephalotaxus sinensis* (Rehd. et Wils.) Li

别名：鄂西粗榧、中华粗榧杉、粗榧杉、中国粗榧

灌木或小乔木。**叶条形，排列成两列，通常直，稀微弯，长2~5 cm，宽约3 mm**，基部近圆形，几无柄，上部通常与中下部等宽或微窄，**先端通常渐尖或微突尖，稀突尖**，上面深绿色，中脉明显，下面有2条白色气孔带，较绿色边带宽2~4倍。种子通常2~5个着生于轴上，卵圆形、椭圆状卵形或近球形，很少呈倒卵状椭圆形。花期3月至4月，种子8月至10月成熟。

中国特有，常生于海拔600~2 200 m的花岗岩、砂岩及石灰岩山地。凉山州的西昌、盐源、雷波、越西、甘洛、德昌、冕宁、会东、美姑、布拖、普格、昭觉等县市有分布。其木材坚实，可作农具及工艺等用材；叶、枝、种子、根中可提取多种植物碱，对治疗白血病及淋巴肉瘤等有一定疗效；可作庭园树种。

# 9　红豆杉科 Taxaceae

## 9.1　红豆杉属 *Taxus* Linn.

### 9.1.1　西藏红豆杉 *Taxus wallichiana* Zucc.

**9.1.1a　西藏红豆杉（原变种）*Taxus wallichiana* Zucc. var. *wallichiana***

别名：喜马拉雅红豆杉

乔木或大灌木。一年生枝绿色，干后呈淡褐黄色、金黄色或淡褐色；二、三年生枝淡褐色或红褐色。**叶条形，质地较厚，较密地排列成彼此重叠的不规则两列，上下几乎等宽或上端微渐窄，先端有突起的刺状尖头，基部两侧对称**，边缘不反曲或反曲，上面光绿色，下面沿中脉带两侧各有一条淡黄色气孔带，中脉带与气孔带上均密生均匀细小角质乳头状突起点。种子生于红色肉质杯状的假种皮中。

国家一级保护野生植物，国内分布于西藏、云南、四川等地。凉山州的盐源、木里等县有分布，西昌等县市有栽培。其木材硬度大，韧性强，为优良的建筑、桥梁、家具、器具、车辆等用材；可作产区的造林树种。

### 9.1.1b　红豆杉（变种）*Taxus wallichiana* var. *chinensis*（Pilger Florin）

别名：卷柏、扁柏、红豆树

乔木。树皮裂成条片脱落。**叶排列成两列，条形，质地较硬，微弯或较直，长1.5~2.2 cm，宽约3 mm**，上部微渐窄，先端常微急尖，稀急尖或渐尖，叶下面有2条气孔带，中脉带上有密生微小圆形角质乳头状突起点，常与气孔带同色。雄球花淡黄色，雄蕊8~14枚。种子生于杯状红色肉质的假种皮中，常呈卵圆形，微扁或圆，长5~7 mm，径3.5~5 mm，上部常具二钝棱脊，稀上部三角状具3条钝脊，先端具突起的短钝尖头。

国家一级保护野生植物，中国特有，常生于海拔2 200~2 800 m的沟谷坡段。凉山州的西昌、德昌、越西、甘洛、雷波、美姑等县市有分布。其木材优质，可作建筑、器具等用材。

### 9.1.1c　南方红豆杉（变种）*Taxus wallichiana* var. *mairei* (Lemée & H. Lév.) L. K. Fu & Nan Li

乔木。叶排列成两列，条形，**质地较硬，镰弯状，长2~4.5 cm，宽3~5 mm，上部微渐窄，先端常微急尖，稀急尖或渐尖，上面深绿色**，有光泽，下面淡黄绿色，有2条气孔带，中脉带上有密生均匀而微小的圆形角质乳头状突起点，与气孔带同色。种子生于杯状红色肉质的假种皮中，呈卵圆形，上部渐窄，微扁或圆，上部常具2条钝棱脊，先端有突起的短钝尖头，种脐近圆形或宽椭圆形，稀三角状圆形。

国家一级保护野生植物，中国特有，垂直分布一般较红豆杉海拔低。凉山州的会理、雷波、美姑等县市有分布，西昌、盐源等县市有栽培。木材的性质与用途和红豆杉相同。

### 9.1.2　云南红豆杉 *Taxus yunnanensis* Cheng et L. K. Fu

乔木。**叶质地薄而柔，条状披针形或披针状条形，常呈弯镰状，排列较疏**，排列成两列，长2.5~3 cm，宽2~3 mm，**边缘向下反卷或反曲**，上部渐窄，**先端渐尖或微急尖，基部偏歪**，上面深绿色或绿色，有光泽，下面色较浅，中脉微隆起，两侧各有一条淡黄色气孔带，中脉带与气孔带上均密生均匀微小的角质乳头状突起点。种子生于肉质杯状的假种皮中，卵圆形，长约5 mm，微扁，通常上部渐窄，两侧微有钝脊，顶端有小尖头，种脐椭圆形，成熟时假种皮红色。

国家一级保护野生植物，国内分布于云南、西藏和四川等地，生于海拔2 000~3 600 m的高山地带。凉山州的西昌、盐源、木里、越西、甘洛、冕宁、美姑、布拖、普格、昭觉等县市有分布。其木材优良，可作为建筑、家具、器具、车辆等用材；可作产区的造林树种。

### 9.1.3　曼地亚红豆杉 *Taxus × media* Rehder

曼地亚红豆杉是常绿针叶树种，**多为灌木型**，枝条平展或斜上**直立密生。叶呈辐射状排列，条形，为镰状弯曲**，长1~3 cm，宽3~4 mm，浓绿色，中脉稍隆起，背面灰绿色，有2条气孔带。雌雄异株。种子多为卵形，长0.5~0.7 cm，径0.35~0.5 cm，生于鲜红色杯状肉质假种皮中，上部稍外露。4月至5月开花，7月至8月种子成熟，9月至10月可采收果实。

曼地亚红豆杉为欧洲红豆杉与东北红豆杉的自然杂交选育的品种。西昌、会理等县市有人工栽培。曼地亚红豆杉是一种常绿药用植物，枝叶、果实富含紫杉醇；曼地亚红豆杉具有生长快、对环境适应性强等特点，是集药用、园林、生态、观赏、经济等多用途于一身的优良树种。

## 9.2　榧属 *Torreya* Arn.

### 四川榧 *Torreya fargesii* subsp. *parvifolia* Silba

常绿小乔木。枝条对生或轮生。**叶对生或近对生，线状披针形，长1.2~2 cm，宽2.2~3 mm**，直或微成镰形，扭成2列，坚硬，先端具短尖头，基部圆形或圆楔形，上面亮绿色，下面具2条灰白色气孔带，其宽度与中脉和绿色边带近相等，叶柄长约1 cm。**种子全部为肉质假种皮所包**，核果状，倒卵状球形，稀近圆球形，微被白粉，直径1.5~2 cm，先端具短尖头；外种皮骨质，较脆性，光滑，内壁有2条对生明显隆起的纵脊及小网状脊。

国家二级保护野生植物，四川特有，生于海拔2 100~2 300 m的山坡疏林中。凉山州布拖县有分布。

## 10　麻黄科 Ephedraceae

### 麻黄属 *Ephedra* L.

#### 矮麻黄 *Ephedra minuta* Florin

**矮小灌木**。植株高5~22 cm。**木质茎极短，不显著**；小枝直立向上或稍外展，深绿色，节间长1.5~3 cm。叶2裂，长2~2.5 mm，下部1/2以下合生，上部裂片三角形。雌雄同株，稀异株；雄球花常生于枝条较上部分，单生或对生于节上；雌球花多生于枝条下部，单生或对生于节上，苞片通常3对，最下1对细小，中间1对稍大，最上1对较中间1对大1倍以上，雌花2，**胚珠的珠被管长0.5~1 mm，直立，成熟时苞片肉质红色**，有短梗或几无梗。

中国特有，生于海拔2 000~4 000 m的高山地带。凉山州的木里、冕宁等县有分布。

被子植物

# 山辣子皮

*Daphne papyracea* var. *crassiuscula* **Rehd.**

# 1 木兰科 Magnoliaceae

## 1.1 长喙木兰属 *Lirianthe* Spach

### 山木兰 *Lirianthe delavayi* (Franch.) N. H. Xia & C. Y. Wu

别名：山玉兰

常绿乔木。**叶厚革质，卵形、长卵形，长10~20（32）cm**，先端钝圆，稀微缺，基部宽圆，有时微心形，**边缘波状**，上面初被卷曲长柔毛，后脱落无毛，下面密被交织长绒毛及白粉，后仅脉上疏被毛。叶柄长可达10 cm，初密被柔毛。**花单生枝顶，花杯状，直径15~20 cm；花被片9~10片，外轮3片淡绿色，外卷，内2轮乳白色，倒卵状匙形，较大。**聚合果卵状长圆形。花期4月至6月，果期8月至10月。

中国特有，常生于海拔1 500~2 800 m的山地阔叶林中或沟边较潮湿的坡地上。凉山州的会理等县市有分布。该植株常绿，叶、花大型，花乳白、芳香，为珍贵的园林绿化观赏树种。

## 1.2 北美木兰属 *Magnolia* L.

### 荷花木兰 *Magnolia grandiflora* L.

别名：荷花玉兰、广玉兰、洋玉兰

常绿乔木。小枝、叶下面、叶柄及聚合果均密被短绒毛。**叶厚革质，**椭圆形、长圆状椭圆形或倒卵状椭圆形，**长10~20 cm，叶背面褐色。花单生枝顶，白色，有芳香，直径15~20 cm；**花被片9~12片，厚肉质，倒卵形，长6~10 cm；雄蕊花丝紫色；雌蕊群椭圆体形，密被长绒毛。聚合果圆柱状长圆形或卵圆形。花期5月至6月，果期9月至10月。

原产北美洲。凉山州各县市常有引种栽培。荷花木兰为常见园林观赏树种，其叶、幼枝和花可提取芳香油；花可制浸膏用；叶入药有治高血压之效。

## 1.3 厚朴属 *Houpoea* N. H. Xia & C. Y. Wu

### 厚朴 *Houpoea officinalis* (Rehder & E. H. Wilson) N. H. Xia & C. Y. Wu

落叶乔木。顶芽窄卵状圆锥形。幼叶下面被白色长毛，**叶片革质，7~9片聚生枝端，长圆状倒卵形，长22~45 cm，先端具短急尖、钝圆或凹缺，基部楔形，全缘微波状，下面被灰色柔毛及白粉**；叶柄粗，长2~4 cm，托叶痕长约叶柄的2/3。花白色，径10~15 cm；花梗粗短，被长柔毛，花被片9~17片，厚肉质，外轮3片淡绿色，内两轮白色，花盛开时中内轮直立；聚合果长圆状卵圆形，长9~15 cm。花期5月至6月，果期8月至10月。

中国特有，喜生于海拔300~1 500 m的山地林间。凉山州的雷波、美姑、普格等县有栽培。其树皮、根皮、花、种子及芽皆可入药。该木材可供建筑、家具等用；厚朴叶大荫浓，花大美丽，可作绿化观赏树种。

## 1.4 木莲属 *Manglietia* Bl.

### 1.4.1 红花木莲 *Manglietia insignis* (Wall.) Blume

别名：红色木莲

常绿乔木。小枝无毛或幼时节上被锈色或黄褐色柔毛。**叶革质，长圆形、长椭圆形或倒披针形，长10~26 cm**，先端渐尖或尾尖，自2/3以下渐窄至基部，下面中脉被红褐色柔毛或疏被平伏微毛；叶柄长1.8~3.5 cm。花芳香，花梗粗，花被片9~12片，**外轮3片褐色，内面带红色或紫红色，倒卵状长圆形，长约7 cm，外曲**；中内轮直立，乳白带粉红色，倒卵状匙形，长5~7 cm，1/4以下渐窄成爪。聚合果鲜时紫红色，卵状长圆柱形，无毛，长7~12 cm。花期5月至6月，果期8月至9月。

国内西南地区各省市区有产，生于海拔900~1 900 m的沟谷、林间。凉山州的会理、雷波、宁南、普格、德昌等县市有分布。红花木莲为家具等优良用材树种；可作园林绿化和观赏树种。

### 1.4.2 香木莲 *Manglietia aromatica* Dandy

乔木。除芽被白色平伏毛外，全株无毛。**叶薄革质，倒披针状长圆形或倒披针形**，长15~22 cm，先端短渐尖或渐尖，1/3以下渐窄至基部稍下延，网脉稀疏，干时两面网脉突起。花梗粗短，果时长1~1.5 cm；**花被片11~12片**，白色，4轮，外轮3片近革质，倒卵状长圆形，长7~11 cm，内轮厚肉质，倒卵状匙形，基部具爪，较大。聚合果鲜红色，近球形或卵状球形，径7~8 cm。花期5月至6月，果期9月至10月。

中国特有，常生于海拔900~1 600 m的山地、丘陵的常绿阔叶林中。凉山州的会东等县将香木莲用作观赏树木引种栽培。

## 1.5 含笑属 *Michelia* L.

### 1.5.1 云南含笑 *Michelia yunnanensis* Franch. ex Finet et Gagnep.

灌木。芽、嫩枝、嫩叶上面及叶柄、花梗密被深红色平伏毛。**叶革质，倒卵形、狭倒卵形或狭倒卵状椭圆形，长4~10 cm**，先端圆钝或短急尖，基部楔形。花梗粗短，长3~8 mm。**花白色，极芳香**，花被片6~17片，倒卵形或倒卵状椭圆形，长3~3.5 cm，宽1~1.5 cm，内轮的狭小。**雌蕊群及雌蕊群柄均被红褐色平伏细毛**。聚合果通常仅5~9个蓇葖发育，蓇葖扁球形。花期3月至4月，果期8月至9月。

我国特有，生于海拔1 100~2 300 m的山地灌丛中。凉山州的会东、会理、德昌等县市有分布。花极芳香，为优良的观赏植物。

### 1.5.2　多花含笑 *Michelia floribunda* Finet & Gagnep.

常绿乔木。幼枝与叶柄被灰白色平伏毛。**叶狭卵状椭圆形、披针形或狭倒卵状椭圆形，下面苍白色或灰绿色，被长伏毛或近无毛**；侧脉8~12对；叶柄较长；托叶痕长为叶柄长之半或过半。花梗短，具1~2苞片脱落痕，密被银灰色平伏细毛；**花被片白色，11~13片，匙形或倒披针形**；雌蕊群柄短；雌蕊被银灰色微毛。聚合果扭曲，蓇葖扁球形或长球体形。花期2月至4月，果期8月至9月。

国内云南、四川及湖北等地有分布，生于海拔1 300~2 000 m的山地林间。凉山州的会理、雷波、德昌、会东等县市有分布。多花含笑树冠紧凑，花叶美丽，芳香扑鼻，可用于行道、庭园和园林栽培，供绿化和观赏。

### 1.5.3　含笑花 *Michelia figo* (Lour.) Spreng.

别名：含笑

常绿灌木。**芽、嫩枝、叶柄、花梗均密被黄褐色绒毛**。叶革质，狭椭圆形或倒卵状椭圆形，先端钝短尖，基部楔形或阔楔形，上面有光泽、无毛，下面中脉上留有褐色平伏毛。**花直立，淡黄色**，边缘有时红色或紫色，具甜浓的芳香，花被片6片，肉质，较肥厚，长椭圆形；雌蕊群超出于雄蕊群。聚合果长2~3.5 cm；蓇葖卵圆形或球形。花期3月至5月，果期7月至8月。

中国特有，生于阴坡杂木林中或溪谷沿岸。凉山州的西昌、会理、盐源、雷波、德昌、会东、美姑、普格等县市有栽培，是常见观赏植物。

### 1.5.4 深山含笑 *Michelia maudiae* Dunn

乔木。**芽、嫩枝、苞片均被白粉。**叶革质，长圆状椭圆形，先端骤窄短渐尖或尖头钝，基部楔形、阔楔形或近圆钝，上面深绿色，有光泽，**下面灰绿色，被白粉。**叶柄长1~3 cm，无托叶痕。花芳香，**花被片9片，纯白色，**基部稍呈淡红色，外轮的倒卵形，顶端具短急尖，基部具长约1 cm的爪，内两轮渐狭小；近匙形，顶端尖；心皮绿色。聚合果长7~15 cm。花期12月至次年3月，果期9月至10月。

国内浙江、福建、湖南、广东、广西、贵州等地有产，生于海拔600~1 500 m的密林中。凉山州的西昌等地有栽培。该树种的木材易加工，可供家具等用材；可作为庭园观赏树种。

### 1.5.5 乐昌含笑 *Michelia chapensis* Dandy

乔木。**叶薄革质，倒卵形、窄倒卵形或长圆状倒卵形，**长6.5~16 cm，先端短尾尖或短渐钝尖，基部楔形或宽楔形，上面深绿色，有光泽；叶柄长1.5~2.5 cm。**花芳香，淡黄色；**花被片6片，2轮，外轮倒卵状椭圆形，长约3 cm，内轮较窄；雄蕊长1.7~2 cm；雌蕊群柄密被银灰色平伏微柔毛心皮卵圆形。聚合果长约10 cm，果梗长约2 cm，蓇葖长1~1.5 cm，顶端具短细弯尖头。花期3月至4月，果期8月至9月。

国内分布于江西、湖南、广东等地，生于海拔500~1 500 m的山地林间。凉山州的盐源、越西、冕宁等县有引种栽培，将其作为行道树、景观树。

### 1.5.6　白兰 *Michelia* × *alba* DC.

**别名：白兰花、黄桷兰**

常绿乔木。幼枝及芽密被淡黄白色微柔毛。叶长椭圆形或披针状椭圆形，先端长渐尖或尾尖，基部楔形，上面无毛，下面疏被微柔毛，网脉稀疏，干时两面网脉明显；叶柄较长，疏被微柔毛，托叶痕达叶柄近中部。**花白色，极香，花被片常10片，披针形**；雌蕊群被微柔毛，柄短；心皮多数，常部分不发育，成熟时随着花托延伸，形成蓇葖疏生的聚合果；蓇葖熟时鲜红色。花期4月至9月，常不结实。

原产印度尼西亚，为常见庭园观赏树种。凉山州各县市多有栽培。花可提取香精，也可提制浸膏供药用，有行气化浊、治咳嗽等效；鲜叶可提取香油，称"白兰叶油"，可供调配香精；根皮入药可治便秘。

### 1.6　天女花属 *Oyama* (Nakai) N. H. Xia & C. Y. Wu

### 西康天女花 *Oyama wilsonii* (Finet & Gagnep.) N. H. Xia & C. Y. Wu

**别名：西康玉兰**

落叶灌木或小乔木。枝紫红色初被褐色长柔毛。叶椭圆状卵形，或长圆状卵形，上面沿脉初被灰黄色柔毛，下面密被银灰色平伏长柔毛；叶柄较短至长，与花梗被褐色长柔毛。**花下垂，白色，芳**

香，初杯状，盛开成碟状，直径**10~12 cm**，花与叶同时开放；花被片9片，排3轮近等大，宽匙形或倒卵形；雄蕊紫红色；雌蕊群绿色，卵状圆柱形。聚合果下垂，圆柱形，熟时红色后转紫褐色，蓇葖具喙。花期5月至6月，果期9月至10月。

国家二级保护野生植物，中国西南特有，常生于海拔2 300~2 900 m的山林间。凉山州的西昌、会理、盐源、甘洛、越西、宁南、冕宁、会东、普格、喜德等县市有分布。西康天女花树皮可入药，为厚朴代用品；植株可作园林绿化和观赏树种。

## 1.7 玉兰属 *Yulania* Spach

### 1.7.1 光叶玉兰 *Yulania dawsoniana* (Rehder & E. H. Wilson) D. L. Fu

别名：康定木兰、光叶木兰

落叶乔木。**叶纸质**，倒卵形或椭圆状倒卵形，长7.5~15 cm，先端圆钝，具短急尖，基部楔形，通常歪斜，上面仅沿中脉被细柔毛，下面脉腋及中脉两侧常残留白色长柔毛；叶柄长1~3 cm。花芳香，**先叶开放**，直径16~25 cm；花梗节上被长柔毛，着生平展或稍俯垂的花，**花被片9~12片，白色，外面带红色**，狭长圆状匙形或倒卵状长圆形，先端圆钝或微凹。聚合果圆柱形，部分心皮不育而稍弯曲，长7~14 cm，**蓇葖倒卵圆形，顶端无喙**。花期3月至5月，果期8月至10月。

四川特有，生于海拔1 400~2 550 m的山林间。凉山州的甘洛、越西等县有分布。光叶玉兰花色美丽，为优美的庭园观赏树种，早已被欧美园艺界引种栽培。

### 1.7.2. 紫玉兰 *Yulania liliiflora* (Desr.) D. L. Fu

落叶灌木，常丛生。叶椭圆状倒卵形或倒卵形，长8~18 cm，宽3~10 cm，先端急尖或渐尖，基部渐狭沿叶柄下延至托叶痕，下面沿脉有短柔毛；侧脉每边8~10条。**花叶同时开放**；花瓶形，直立于粗壮、被毛的花梗上，稍有香气；花被片9~12片，外轮3片萼片状，紫绿色，常早落，内两轮肉质，**外面紫色或紫红色，内面带白色**，花瓣状，椭圆状倒卵形，长8~10 cm，宽3~4.5 cm。聚合果深紫褐色，变褐色，圆柱形，长7~10 cm；成熟蓇葖近圆球形，**顶端具短喙**。花期3月至4月，果期8月至9月。

中国特有。凉山州的西昌、盐源、雷波、宁南、金阳、昭觉等县市有栽培。本种与玉兰同为我国2 000多年的传统花卉，花色艳丽，享誉中外；树皮、叶、花蕾均可入药。

### 1.7.3 玉兰 *Yulania denudata* (Desr.) D. L. Fu

落叶大乔木。冬芽与花梗密被灰黄色长绢毛。**叶倒卵形、宽倒卵形或倒卵状椭圆形**，先端圆宽、平截或稍凹，具短突尖，中部以下渐狭成楔形，全缘，侧脉8~10对；叶柄较长与花梗被长毛。**花先叶开放**，芳香；花梗膨大；**花被片9片，白色，基部带淡红色纵纹**，长圆状倒卵形；雄蕊较长；雌蕊群圆柱形；雌蕊狭卵形，具锥尖花柱。聚合果圆筒状；蓇葖厚木质。花期2月至3月，果期8月至9月。

中国特有，常生于海拔500~1 000 m的林中。凉山州各县市多有栽培。玉兰是名贵的观赏植物；材质优良，可供家具、细木工等用；花蕾可药用；花含芳香油；花被片可食用或用以熏茶；种子可榨油供工业用。

## 1.8 鹅掌楸属 *Liriodendron* L.

### 鹅掌楸 *Liriodendron chinense* (Hemsl.) Sarg.

别名：马褂木

乔木。**叶马褂状**，长4~18 cm，近基部每边具1裂片，先端具2浅裂，**下面苍白色**，叶柄长4~16 cm。花杯状，花被片9片，外轮3片绿色，萼片状，向外弯垂；内两轮6片直立，花瓣状、倒卵形，长3~4 cm，绿色，具黄色纵条纹。聚合果长7~9 cm，具翅的小坚果长约6 mm，顶端钝或钝尖。花期5月，果期9月到10月。

国内产于陕西、浙江、四川等多地，生于海拔900~1 000 m的山地林中。凉山州的甘洛等县有栽培。鹅掌楸为制造建筑、船只、家具等的优良用材；叶和树皮入药；树干挺直，叶形奇特、古雅，为珍贵观赏树种。

# 2 八角科 Illiciaceae

## 2.1 八角属 *Illicium* Li.

### 2.1.1 野八角 *Illicium simonsii* Maxim.

别名：川茴香、四川八角

常绿灌木或小乔木。叶近对生或互生，披针形、椭圆形或窄椭圆形，先端尖或短渐尖，基部楔形；叶柄较长。花单生叶腋，或簇生枝顶或生老枝上；**花梗极短或较短**；花被片淡黄或近白色，稀粉红色，芳香，扁平，**18~28片**，中轮最大，长圆状披针形或舌状，内轮渐小；**雄蕊16~35枚**，2~3轮；心皮8~9枚。**聚合果蓇葖8~13枚**，顶端具长喙状尖头钻形；果梗较长。种子长6~7 mm。花期2月至4月及10月至11月，果期6月至10月。

中国特有，生于海拔1 900~3 000 m的山坡、沟谷、溪流等潮湿处。凉山州各县市常有分布。野八角的果、叶、花均有毒；叶、果含芳香油，但不能食用。

### 2.1.2 红茴香 *Illicium henryi* Diels.

灌木或乔木。叶互生或2~5片簇生，革质，倒披针形、长披针形或倒卵状椭圆形，长6~18 cm，宽1.2~6 cm，先端长渐尖，基部楔形。**花梗细长，长15~50 mm；花粉红至深红、暗红色**，腋生或近顶生，单生或2~3朵簇生；**花被片10~15片**，最大的花被片长圆状椭圆形或宽椭圆形，长7~10 mm；宽4~8.5 mm；**雄蕊11~14枚**；心皮通常7~9枚。果梗长15~55 mm；**聚合果蓇葖7~9枚**。花期4月至6月，果期8月至10月。

中国特有，生于海拔300~2 500 m的山地、丘陵、林中、灌丛、山谷等处，喜阴湿。凉山州的会理、德昌、冕宁、会东、布拖、普格、喜德、越西等县市有分布。红茴香可作栽培作观赏和经济树种；果有剧毒，不能作食用香料。

## 3 五味子科 Schisandraceae

### 3.1 南五味子属 *Kadsura* Kaempf. ex Juss.

#### 南五味子 *Kadsura longipedunculata* Finet et Gagnep.

木质藤本。**叶长圆状披针形、倒卵状披针形或卵状长圆形**，长5~13 cm，先端渐尖或尖，基部楔形，**边缘有疏齿**，侧脉每边5~7条；叶柄长0.6~2.5 cm。花单生于叶腋，雌雄异株；雄花花被片白色或淡黄色，8~17片；雌花花被片与雄花相似，雌蕊群椭圆形或球形，具雌蕊40~60枚。花梗长3~13 cm。**聚合果球形**，径1.5~3.5 cm；小浆果倒卵圆形。花期6月至9月，果期9月至12月。

中国特有，多生于海拔1 800 m以下的山坡、林中。凉山州的普格、雷波、宁南、金阳、美姑、布拖等县有分布。南五味子的根、茎、叶、种子均可入药。种子有滋补强壮和镇咳之效，可治神经衰弱等症；茎、叶、果实可提取芳香油。

### 3.2　五味子属 *Schisandra* Michx.

#### 3.2.1　华中五味子 *Schisandra sphenanthera* Rehd. et Wils.

落叶木质藤本。叶纸质，倒卵形、宽倒卵形、倒卵状长圆形或圆形，长5~11 cm，先端短骤尖或渐尖，基部楔形或宽楔形，下延至叶柄成窄翅，中部以上边缘疏生胼胝质尖齿，**两面无毛，无白粉**。花生于小枝近基部叶腋。花梗长2~4.5 cm；**花较大**；**花被片5~9片，中轮的长6~12 mm**，橙黄色或橙红色，椭圆形或长圆状倒卵形。雄花雄蕊群倒卵圆形，雄蕊11~19（23）枚；雌花雌蕊群卵球形，**雌蕊30~60枚**。聚合果果托长6~17 cm，径约4 mm，**聚合果梗长3~10 cm**；成熟小浆果红色，具短梗。花期4月至7月，果期7月至9月。

中国特有，常生于海拔600~3 000 m的湿润山坡混交林中。凉山州的西昌、会理、雷波、木里、越西、甘洛、喜德、宁南、德昌、金阳、冕宁、美姑、布拖、普格、昭觉等县市有分布。华中五味子果可入药，为五味子代用品。

### 3.2.2 滇藏五味子 *Schisandra neglecta* A. C. Smith

落叶木质藤本。叶纸质，窄椭圆形或卵状椭圆形，长6~12 cm，先端渐尖，基部宽楔形，下延至叶柄成极窄膜翅，具胼胝质浅齿或近全缘，上面绿色，下面灰绿色或带苍白色，无白粉。花黄色、白色或带红色，生于新枝叶腋或苞腋。花梗长3~6 cm；花被片6~8片，宽椭圆形、倒卵形或近圆形，外层近纸质，最内层近肉质；雄蕊群倒卵圆形或近球形，**雄蕊20~35枚**，离生，**花药内侧向开裂**；雌蕊群近球形，**单雌蕊25~45枚**。聚合果果托长6.5~11.5 cm，宽2~3 mm。花期5月至6月，果期9月至10月。

中国特有，常生于海拔1 200~2 500 m的山谷丛林中。凉山州的西昌、会理、盐源、木里、越西、喜德、宁南、美姑、普格、昭觉等县市有分布。滇藏五味子的种子入药，代五味子。

### 3.2.3 狭叶五味子 *Schisandra lancifolia* (Rehd. et Wils.) A. C. Smith

落叶木质藤本。叶纸质，**窄椭圆形或披针形，长4~10 cm，宽1.2~2.5 cm**，先端渐尖，基部楔形，下延至叶柄成窄翅，上部具不明显胼胝质浅齿，两面绿色。花1~2朵，腋生于当年短枝上。花梗长2~5 cm，基部具叶状苞片；花被片6~8片，淡黄色或红色，薄肉质，椭圆形或近圆形，最大1片长3.5~5.5 mm；雄花花托顶端具圆形盾状附属物，雄蕊10~15枚，花药内侧向开裂；雌蕊群近卵圆形，雌蕊15~25枚。聚合果果梗长3~8 cm；小浆果红色，椭圆形。花期5月至7月，果期8月至9月。

中国特有，常生于海拔1 000~3 000 m的沟谷林下。凉山州的西昌、木里、越西、喜德、德昌、冕宁、美姑、布拖、普格等县市有分布。其全株可入药。

### 3.2.4　大花五味子 *Schisandra grandiflora* (Wall.) Hook. f. et Thoms.

落叶木质藤本。叶纸质，窄椭圆形、椭圆形、窄倒卵状椭圆形或卵形，中部或下部较宽，长5~16 cm，先端渐尖或尾尖，基部楔形，疏生腺齿或近全缘，上面深绿色，**下面稍苍白色**。**花白色**，花被片7~10片，3轮，近似宽椭圆形或倒卵形，**外轮花瓣长1.3~2 cm**，内轮较窄小；雄花花梗长1~2 cm，花托不伸出，雄蕊30~60枚，离生，外侧向纵裂；雌花花梗长1.7~6 cm，单雌蕊70~120枚。聚合果果托径5~6 mm，长12~21 cm；小浆果倒卵状椭圆形，长7~9 mm。花期4月至6月，果期8月至9月。

国内西藏、云南及四川有分布，常生于海拔1 800~3 100 m的山坡林下及灌丛。凉山州的西昌、盐源、雷波、木里、美姑、布拖、普格、西昌、盐源等县市有分布。

### 3.2.5　合蕊五味子 *Schisandra propinqua* (Wall.) Baill.

**3.2.5a　合蕊五味子（原亚种）*Schisandra propinqua* (Wall.) Baill. subsp. *propinqua***

落叶木质藤本。全株无毛。**叶坚纸质，卵形、长圆状卵形或狭长圆状卵形**，先端渐尖或长渐尖，基部圆或阔楔形，下延至叶柄，**具胼胝质齿**，有时近全缘，侧脉每边4~8条。花橙黄色，单生或2~3朵聚生于叶腋，或数花成总状花序；花梗具约2片小苞片。雄花花被片9片，外轮3片绿色；雄蕊群黄色，**雄蕊12~16枚**，花丝甚短；雌花花被片9片，心皮25~45枚，密生腺点。聚合果的果托干时黑色，**具10~45枚成熟心皮**，成熟心皮近球形或椭圆形，具短柄。花期6月至7月。

国内产于云南、西藏及四川，生于海拔1 800~2 400 m的河谷阔叶林中。凉山州的西昌、雷波、木里、越西、甘洛、布拖、普格等县市有分布。合蕊五味子的根、叶入药，有祛风去痰之效；种子入药主治神经衰弱。

**3.2.5b　铁箍散（亚种）*Schisandra propinqua* subsp. *sinensis* (Oliv.) R. M. K. Saunders**

本变种与原变种合蕊五味子不同处在于花被片椭圆形，**雄蕊较少，6~9枚；成熟心皮亦较小，10~30枚**。种子较小，肾形或近圆形，长4~4.5 mm，种皮灰白色，种脐狭V形。花期6月至8月，果期8月至9月。

中国特有，生于海拔500~2 000 m的沟谷、岩石山坡林中。凉山州的西昌、会理、盐源、木里、越西、喜德、宁南、美姑、普格、昭觉等县市有分布。铁箍散的根及叶入药，具有祛风活血、解毒消肿、止痛的功效。

**3.2.6　柔毛五味子*Schisandra tomentella* A. C. Smith**

落叶木质藤本。**当年生枝、叶背、叶柄及花梗均被皱波状细绒毛**。叶近膜质，椭圆形或倒卵状椭圆形，长5~11 cm，先端渐尖或急尖，基部楔形，稍下延，2/3以上边缘具疏离的浅齿；花雌雄同株或异株；**雄花花被片黄色，5~6片**，外3片纸质，背面被微毛，内2或3片较厚，雄蕊18~20枚；雌花花被片较大，外轮长9~10 mm，雌蕊群近球形，直径5~6 mm，**雌蕊约70枚**。

四川特有，常生于海拔1 300~2 600 m的山地林间。凉山州的雷波、美姑、布拖等县有分布。

**3.2.7　毛叶五味子*Schisandra pubescens* Hemsl. et Wils.**

落叶木质藤本。**芽鳞、幼枝、叶背、叶柄均被褐色短柔毛**。叶纸质，卵形、宽卵形或近圆形，长

8~11 cm，先端短骤尖，**基部宽圆或宽楔形**，下面被短柔毛，上部边缘疏生胼胝质浅钝齿；花被片淡黄色，6或8片；雄花花梗长2~3 cm，雄蕊群扁球形，雄蕊11~24枚，药室分离，内向开裂；雌花花梗长4~6 mm，**雌蕊45~55枚**。聚合果长6~10 cm，果梗、果托、果皮及小浆果果梗被淡褐色微毛；小浆果球形，橘红色。花期5月至6月，果期7月至9月。

中国特有，生于海拔1 500~2 500 m的山坡或林中。凉山州的雷波等县有分布。

### 3.2.8　翼梗五味子 *Schisandra henryi* Clarke

落叶木质藤本。小枝常具翅棱，被白粉。**叶宽卵形、长圆状卵形或近圆形，长6~11 cm，先端短渐尖，基部宽楔形或近圆，下延成薄翅**；雌雄同株，花被片黄色或橘黄色，8~10片，近圆形；雄花雄蕊群倒卵圆形，雄蕊30~40枚，离生，雌花雌蕊群长圆状卵圆形，雌蕊约50枚。小浆果红色，球形，径4~5 mm，顶端花柱附属物白色。

中国特有，生于海拔500~1 900 m的沟谷边、山坡林下或灌丛中。凉山州的雷波、美姑等县有分布。翼梗五味子茎可入药，有通经活血、强筋壮骨之效。

### 3.2.9　红花五味子 *Schisandra rubriflora* (Franch). Rehd. et Wils.

落叶木质藤本。全株无毛。叶纸质，倒卵形、椭圆状倒卵形或倒披针形，长6~15 cm，宽4~7 cm，先端渐尖，基部渐狭楔形，边缘具胼胝质锯齿，上面中脉凹入，侧脉每边5~8条，中脉及侧脉在叶下面带淡红色。花红色，雄花花被片5~8片，雄蕊群椭圆状倒卵圆形或近球形，雄蕊40~60枚；**雌花**

心皮60~100枚。聚合果**轴粗壮，直径6~10 mm**，长9~18 cm；小浆果红色，椭圆形或近球形，直径8~11 mm，有短梗。花期5月至6月，果期7月至10月。

中国特有，生于海拔1 000~1 300 m的河谷、山坡林中。凉山州的西昌、越西、甘洛、喜德、德昌、冕宁、美姑、布拖、普格等县市有分布。

# 4 领春木科 Eupteleaceae

**领春木属** *Euptelea* Siebold & Zucc.

**领春木 *Euptelea pleiospermum* Hook. f. et Thoms.**

落叶灌木或乔木。叶纸质，卵形或近圆形，少数椭圆卵形或椭圆披针形，长5~16 cm，先端渐尖，有1突生尾尖，基部楔形或宽楔形，边缘疏生顶端加厚的锯齿，下部或近基部全缘，下面无毛或脉上及脉腋具毛，侧脉6~11对。**花丛生**；花梗长3~5 mm；苞片椭圆形，早落；雄蕊6~14枚，**花药红色，比花丝长**；子房歪斜，斧形。**翅果棕色或红色，子房柄长7~10 mm**，果梗长8~10 mm。花期4月至5月，果期7月至8月。

国内四川、贵州、云南、西藏等地有产，生于海拔900~3 600 m的溪边杂木林中。凉山州各县市均有分布。领春木木材可作高档家具用材；树形优美，可作庭园树种。

# 5 水青树科 Tetracentraceae

水青树属 *Tetracentron* Oliv.

**水青树 *Tetracentron sinense* Oliv.**

落叶乔木。具长枝及短枝，短枝侧生。单叶生于短枝顶端，**叶卵状心形**，长7~15 cm，先端渐尖，**基部心形，具腺齿，下面微被白霜，基出掌状脉5~7条**；叶柄长2~3.5 cm，基部与托叶合生。**穗状花序下垂**，生于短枝顶端，与叶对生或互生，具多花；花小，淡黄色，无梗；花被片4片，淡绿色或黄绿色；雄蕊4枚，心皮4枚。花期6月至7月，果期9月至10月。

国家二级保护野生植物，国内中部及西南各地有产，常生于海拔1 700~3 500 m的沟谷林及溪边杂木林中。凉山州的雷波、越西、甘洛、金阳、冕宁、美姑、昭觉等县有分布。水青树的木材可制作家具；可作观赏树木。

# 6 连香树科 Cercidiphyllaceae

连香树属 *Cercidiphyllum* Sieb. et Zucc.

**连香树 *Cercidiphyllum japonicum* Sieb. et. Zucc.**

落叶大乔木。短枝在长枝上对生。**叶近圆形、宽卵形、心形、椭圆形或三角形，长4~7 cm，先端圆钝或急尖，基部心形或截形，边缘具圆钝锯齿，叶端具腺体，掌状脉5~7条**；叶柄长1~2.5 cm。雄花常4朵丛生，近无梗；苞片卵形，在花期红色；**雌花2~8朵丛生**；花柱长1~1.5 cm，上端为柱头面。**蓇葖果2~4个，荚果状，褐色或黑色，微弯曲，宿存花柱**；果梗短。花期4月，果期8月。

国家二级保护野生植物，国内产于山西、河南、陕西、甘肃、安徽、浙江、江西、湖北及四川等地，常生于海拔650~2 700 m的山谷边缘或林中开阔地的杂木林中。凉山州的会理、雷波、越西、甘洛、喜德、宁南、金阳、美姑、布拖、普格、昭觉等县市有分布。连香树是珍贵用材树种；为园林绿化优良树种。

# 7 樟科 Lauraceae

## 7.1 山胡椒属 *Lindera* Thunb. nom. conserv.

### 7.1.1 香叶子 *Lindera fragrans* Oliv.

常绿小乔木。幼枝具纵纹。**叶披针形至长狭卵形，先端渐尖，基部楔形或宽楔形，叶上面绿色，叶下面绿带苍白色，无毛或被白色微柔毛；三出脉，第一对侧脉紧沿叶缘上伸，纤细而不甚明显，有时几与叶缘并行而近似羽状脉。**伞形花序腋生；总苞片4片，内有花2~4朵。雄花黄色，具香味；花被片6片，近等长，外面密被黄褐色短柔毛；雄蕊9枚。果长卵形，长1 cm，熟时紫黑色，果梗极短，果托膨大。花期4月，果期7月。

中国特有，生于海拔700~2 800 m的沟边、山坡灌丛及杂木林中。凉山州的西昌、会理、盐源、昭觉等县市有分布。香叶子树皮或叶供药用，具有祛风散寒、行气温中之功效。

### 7.1.2 菱叶钓樟 *Lindera supracostata* Lec.

常绿乔木或灌木状。叶椭圆形、卵形或披针形，长5~10 cm，**先端尾尖**，基部宽楔形，叶缘稍波状，无毛，三出脉或近离基三出脉；叶柄长约1 cm，无毛。**伞形花序，无梗，1~2腋生。**雄花序具5

朵花，花被片长圆形；雌花序具3~8朵花，花被片长圆形，花柱及子房上部密被柔毛。果卵圆形，长8~9 mm，黑紫色；果梗长0.7~1.1 cm，果托盘状。花期3月至5月，果期7月至9月。

中国特有，常生于海拔2 300~2 800 m的谷地、山坡密林中。凉山州的西昌、会理、盐源、昭觉等地有分布。

### 7.1.3 香叶树 *Lindera communis* Hemsl.

常绿乔木或灌木状。**幼枝绿色，被黄白色短柔毛，后无毛；**顶芽卵圆形。叶披针形、卵形或椭圆形，长4~9 cm，宽1.5~3.5 cm，先端骤尖或近尾尖，基部宽楔形或近圆，**被黄褐色柔毛，后渐脱落，**侧脉5~7对；叶柄长5~8 mm，**被黄褐色微柔毛或近无毛。**伞形花序具5~8花，单生或2个并生叶腋，花被片6片，卵形。果卵形，长约1 cm，宽7~8 mm，成熟时红色。花期3月至4月，果期9月至10月。

国内甘肃、云南、贵州等地有产，常见于干燥砂质土壤，散生或混生于常绿阔叶林中。凉山州的西昌、会理、盐源、雷波、德昌、普格等县市有分布。香叶树果皮可提取芳香油供香料；枝叶入药，可用于治疗跌打损伤等。

### 7.1.4 三桠乌药 *Lindera obtusiloba* Bl.

灌木。小枝黄绿色。叶互生，**近圆形至扁圆形，长5.5~10 cm，宽4.8~10.8 cm，先端急尖或圆，全缘或3裂，常明显3裂，基部近圆形或心形，有时宽楔形；**叶上面深绿，下面绿苍白色，有时带红色，**被棕黄色柔毛或近无毛；三出脉，偶有五出脉，网脉明显；**叶柄长1.5~2.8 cm，被黄白色柔毛或近无毛。具无总梗花序5~6个，每花序具5花；雄花花被片被长柔毛，能育雄蕊9枚；雌花花被片内轮较短，子房长2.2 mm，花柱短。果宽椭圆形，长8 mm，红色至紫黑色。

国内辽宁、四川、西藏等地有产，生于海拔20~3 000 m的山谷、密林灌丛中。凉山州的雷波、越西、甘洛、美姑、昭觉等县有分布。三桠乌药种子含油率高，可供医药及轻工业原料；木材质密，可作细木工用材。

### 7.1.5　川钓樟 Lindera pulcherrima var. *hemsleyana* (Diels) H. P. Tsui

常绿乔木。叶互生，叶通常狭椭圆形、长圆形、椭圆形、倒卵形，少有椭圆状披针形，长8~13 cm，先端渐尖，偶具长尾尖；基部圆或宽楔形，叶上面绿色，下面蓝灰色，幼叶两面被白色疏柔毛；**三出脉，中、侧脉黄色，在叶上面略突出，下面明显突出**；叶柄长8~12 mm，被白色柔毛。伞形花序无总梗或具极短总梗。果椭圆形，幼果仍被稀疏白色柔毛，幼果顶部及未脱落的花柱密被白色柔毛，近成熟果长8 mm，直径6 mm。果期6月至8月。

中国特有，生于海拔2 000 m左右的山坡、灌丛或林缘中。凉山州的雷波、越西、甘洛、宁南、德昌、金阳、美姑、布拖、普格等县有分布。

### 7.1.6　黑壳楠 Lindera megaphylla Hemsl.

常绿乔木。**枝叶无毛。叶簇生枝端，倒披针形至倒卵状长圆形，长10~23 cm**，先端急尖或渐尖，基部渐狭，革质，上面深绿色，有光泽，下面淡绿苍白色，两面无毛；**羽状脉，侧脉每边15~21条**；叶柄长1.5~3 cm，无毛。**伞形花序多花，通常着生于叶腋长3.5 mm具顶芽的短枝上，两侧各1个**，具总梗；雄花序总梗长1~1.5 cm，雌花序总梗长6 mm，均密被黄褐色或有时近锈色微柔毛；花梗长1.5~3 mm，密被黄褐色柔毛。果椭圆形至卵形，长约1.8 cm，成熟时紫黑色，**宿存果托杯状**，长约8 mm，直径达1.5 cm。花期2月至4月，果期9月至12月。

中国特有，生于海拔1 600~2 000 m的山坡、谷地湿润常绿阔叶林或灌丛中。凉山州的雷波、甘洛、金阳、布拖、普格等县有分布。黑壳楠果皮、叶含芳香油，油可作调香原料；木材纹理直，结构细，可作装饰薄木、家具及建筑用材。

### 7.2　樟属 *Camphora* Fabr

#### 7.2.1　樟 *Camphora officinarum* Nees ex wall.

常绿大乔木。枝、叶及木材均具樟脑气味。**叶卵状椭圆形**，边缘全缘，**具离基三出脉**，上部每边有侧脉，**侧脉及支脉脉腋下面有明显的腺窝**；叶柄长。圆锥花序腋生；总梗长。花绿白色或带黄色；花梗短。花被内面密被短毛，花被筒倒锥形，花被裂片椭圆形。能育雄蕊9枚。果卵球形或近球形，径6~8 mm，紫黑色；**果托杯状，顶端截平**，具纵向沟纹。花期4月至5月，果期8月至11月。

国内南方及西南各地有产。凉山州各县市常有分布或栽培。樟的木材可供橱箱、船只、建筑及用具等材料，材质优良；其根、枝、叶及木材能提取樟脑和樟油，可供医药、香料等轻化工业用；是优良的绿化和观赏树种。

### 7.2.2 云南樟 *Camphor glandulifera* (Wall.) Nees.

常绿乔木。**小枝具棱角**。树皮具樟脑味。幼枝具棱角。**叶椭圆形、卵状椭圆形或披针形**，下面粉绿色，羽状脉或近离基三出脉，侧脉4~5对，**脉腋在上面凸，下面具腺窝**，窝穴有时被毛；叶柄长达3.5 cm。**圆锥花序腋生，较短小，花较少**。花小，淡黄色；花被筒倒锥形，花被裂片6片。能育雄蕊9片，退化雄蕊3枚；子房卵珠形。果球形，黑色；**果托狭长倒锥形**，边缘波状，红色，具纵条纹。花期3月至5月，果期7月至9月。

国内产于云南、四川、贵州及西藏等地，多生于海拔1 500~2 500 m的山地常绿阔叶林中。凉山州的西昌、会理、盐源、雷波、木里、甘洛、宁南、德昌、金阳、会东、普格、冕宁等县市有分布。其木材可制家具；枝叶可提取樟油和樟脑；果核油供工业用；树皮及根可入药，有祛风、散寒之效。

### 7.2.3 油樟 *Camphora longepaniculata* (Gamble) Y. Yang, Bing Liu & Zhi Yang

别名：香叶子树、香樟、黄葛树、樟木

乔木。**幼枝纤细**。叶互生，**卵形或椭圆形**，长6~12 cm，宽3.5~6.5 cm，先端骤然短渐尖至长渐尖，**常呈镰形**，基部楔形至近圆形，边缘软骨质，内卷，薄革质，上面深绿色，光亮，**下面灰绿色**；羽状脉，侧脉每边4~5条，最下一对侧脉有时对生，因而呈离基三出脉状。**圆锥花序腋生，多花密集，纤细，长9~20 cm，具分枝**。花淡黄色，有香气；花梗纤细，长2~3 mm。花被筒倒锥形。能育雄蕊9枚。幼果球形，绿色，直径约8 mm；果托长5 mm，顶端盘状增大，宽达4 mm。花期5月至6月，果期7月至9月。

四川特有，常生于海拔600~2 000 m的常绿阔叶林中。凉山州的西昌、会理、盐源、雷波、木里、甘洛、宁南、德昌、金阳、会东、普格、冕宁等县市有分布。油樟树干及枝叶均含芳香油，主要成分为芳樟醇、樟脑等；果核可榨油。

### 7.2.4 猴樟 *Camphora bodinieri*（H. Lév）Y. Yang, Bing Liu & Zhi Yang

乔木。高可达16 m。树皮灰褐色，小枝无毛。叶卵形或椭圆状卵形，长8~17 cm，先端短渐尖，基部楔形、宽楔形或圆形，上面初被微柔毛，后脱落无毛，**下面密被绢状微柔毛**，侧脉4~6对；叶柄长2~3 cm，稍被柔毛。花序长达15 cm，多分枝，花序梗长4~6 cm；**花梗被绢状柔毛**；花被片卵形，外面近无毛，内面被白色绢毛。果球形，径7~8 mm，无毛；果托浅杯状，径6 mm。花期5月至6月，果期7月至8月。

中国特有，常生于海拔700~1 500 m的沟边、疏林或灌丛中。凉山州的西昌、会理、雷波、甘洛、德昌、冕宁、会东等县市有产。猴樟的枝叶含芳香油，果仁含脂肪。

### 7.2.5 银木 *Camphora septentrionali*（Hand.–Mazz）Y.Yang, Bing Liu & Zhi Yang

常绿大乔木。**枝条具棱，被白色绢毛**。叶椭圆形或椭圆状倒披针形，长10~15 cm，宽5~9 cm，先端短渐尖，基部楔形，近革质，**上面被短柔毛，下面尤其是在脉上被白色绢毛**；羽状脉，侧脉4对，与中脉两面突起；脉腋在上面微突起，在下面呈浅窝穴状；叶柄长2~3 cm。圆锥花序腋生，多花密集，具分枝。花被筒倒锥形，外面密被白色绢毛，花被裂片6片。果球形，直径不及1 cm，果托长5 mm，先端增大呈盘状，宽达4 mm。花期5月至6月，果期7月至9月。

中国特有，现广泛应用于园林绿化。凉山州各县市常有栽培。银木木材黄褐色，纹理直，结构细，可作家具、建筑等用材。

### 7.3 桂属 *Cinnamomum* Schaeff

#### 7.3.1 天竺桂 *Cinnamomum japonicum* Sieb.

常绿乔木。枝条圆柱形，具香气。**叶卵圆状长圆形至长圆状披针形，离基三出脉**，中侧脉两面凸；叶柄粗壮。圆锥花序腋生，末端为3~5花的聚伞花序。花长约4.5 mm。花被筒倒锥形，花被裂片6片，卵圆形，内面被柔毛。能育雄蕊9枚，内藏，排列成三轮，第三轮花丝近中部具1对圆状肾形腺体；退化雄蕊3枚，位于最内轮。**果长圆形**，长7 mm；果托浅杯状，顶部极开张，基部骤然收缩成细长的果梗。花期4月至5月，果期7月至9月。

国内产于江苏、浙江、安徽、江西、福建及台湾，生于海拔1 000 m或以下低山或近海的常绿阔叶林中。凉山州各县市常有栽培。天竺桂是常见行道树或庭园树种；其木材坚硬而耐久，枝叶及树皮可提取芳香油。

#### 7.3.2 川桂 *Cinnamomum wilsonii* Gamble

乔木。叶卵形或卵状长圆形，先端渐尖，基部楔形或近圆形，**离基三出脉**；叶柄较长。**圆锥花序腋生**，少花，花序梗长达6 cm。花白色；花梗长达2 cm；花被片卵形，两面被丝状柔毛；花被筒倒锥形，花被裂片卵圆形，近等大。能育雄蕊9枚，花丝被柔毛，中部具1对肾形无柄腺体，花药室4个。退化雄蕊3枚，卵状心形，具柄；子房卵球形，花柱增粗。果卵圆形，果托截平。花期4月至5月，果期8月至10月。

中国特有，生于海拔300~2 400 m的山谷、山坡阳处、沟边、疏林或密林中。凉山州各县市多有分布。川桂的茎、叶、枝及果实均含芳香油，油可用作食品或皂用香精的原料；树皮可入药，有补肾和散寒祛风功效，可治风湿筋骨痛、跌打及腹痛吐泻等症。

### 7.3.3　刀把木 *Cinnamomum pittosporoides* Hand. – Mazz.

乔木。幼枝、花序、叶柄、苞片、小苞片、花被和果托均被污黄色绒毛状短柔毛。叶椭圆形或披针状椭圆形，**离基三出脉，侧脉3~4对**；叶柄较长。圆锥花序具1~7花，着生顶部叶腋；总梗无或较长；苞片三角形，小苞片近钻形。花金黄色；花梗短。花被筒钟形。能育雄蕊9枚。**果卵球形，长达2.5 cm，先端具小尖头**，基部渐狭，粗糙；**果托木质，浅盆状**，具6圆齿；果梗先端稍增粗。花期2月至5月，果期6月至10月。

中国特有，生于海拔1 900~2 500 m的常绿阔叶林中。凉山州的西昌、会理、木里、德昌等县市有分布。刀把木木材可供家具、建筑等用；果实油脂含量高，可食用及供工业用；幼、枝、叶可提炼芳香油。

## 7.4　新樟属 *Neocinnamomum* Liou

### 新樟 *Neocinnamomum delavayi* (Lec.) Liou

**别名：**云南桂、少花新樟、香桂子

灌木或小乔木。枝条圆柱形，幼时被细绢毛。叶椭圆状披针形至卵圆形或宽卵圆形，长5~11 cm，宽2~6 cm，先端渐尖，基部锐尖至楔形，**老时下面苍白色、被疏毛，三出脉**；叶柄长0.5~1 cm，与花梗和花被片均密被短柔毛。团伞花序腋生，具4~6花。花小，黄绿色；花被筒极短；花被片6片，三角状卵圆形，外轮较内轮短小。**果卵珠形，熟时红色；果托高脚杯状**，花被片宿存；果梗向上渐增大。花期4月至9月，果期9月至次年1月。

中国特有，常生于海拔1 100~2 500 m的林缘、疏林或密林、沟边。凉山州的西昌、会理、盐源、雷波、德昌、冕宁、会东、布拖、普格等县市有分布。新樟的枝叶含芳香油，可用于香料及医药工业；叶可入药，有祛风湿、舒筋络之效。

## 7.5 黄肉楠属 *Actinodaphne* Nees

### 峨眉黄肉楠 *Actinodaphne omeiensis* (Liou) Allen

灌木或小乔木。**叶通常4~8片，簇生于枝端或分枝处呈轮生状，披针形至椭圆形，长12~27 cm，宽2.1~6 cm**，先端渐尖，基部楔形，**革质**，上面深绿色，具光泽，下面灰绿色，苍白，两面均无毛，侧脉每边12~15条；叶柄长11~30 mm。伞形花序单生或2个簇生于枝侧或叶腋，无总梗，每一花序有花7~8朵；花梗长约5 mm，花被均密被黄褐色丝状长柔毛；花被裂片6片，阔卵形或椭圆形，淡黄色至黄绿色，外面被丝状短柔毛。**果实近球形，直径达2 cm**，顶端具短尖头；果托浅盘状，直径约8 mm。花期2月至3月，果期8月至9月。

中国特有，常生于海拔500~1 700 m的山谷、路旁灌丛及杂木林中。凉山州的雷波、德昌等县有分布。

## 7.6 木姜子属 *Litsea* Lam.

### 7.6.1 红叶木姜子 *Litsea rubescens* Lec.

落叶小乔木或灌木状。**小枝嫩时红色，无毛。**叶椭圆形或披针状椭圆形，先端渐尖或钝，基部楔形，两面无毛，侧脉5~7对；**叶柄较长，幼时与叶脉带红色。**伞形花序腋生，花序梗较短。雄花序常具花10~12朵；花梗短，密被灰黄色柔毛；花被片6片，宽椭圆形；能育雄蕊9枚，第3轮基部腺体小；退化雌蕊小，柱头2裂。果球形，径约8 mm；果梗较短，先端稍增粗。花期3月至4月，果期9月至10月。

中国特有，生于海拔700~3 600 m的山谷常绿阔叶林中或向阳林缘。凉山州各县市均有分布。红叶木姜子可作为园林绿化树种。

### 7.6.2 绢毛木姜子 *Litsea sericea* (Wall. ex Nees) Hook. f.

落叶灌木或小乔木。幼枝密被锈色或黄白色长绢毛。叶互生，长圆状披针形，长8~12 cm，宽2~4 cm，先端渐尖，基部楔形，纸质，**幼时两面密被黄白色或锈色长绢毛，下面有稀疏长毛，沿脉毛密且颜色较深**，侧脉每边7~8条；叶柄被黄白色长绢毛。伞形花序单生于去年枝顶，先叶开放或与叶同时开放；总梗长6~7 mm，每一花序有花8~20朵；花梗长5~7 mm，密被柔毛；花被裂片6片，椭圆形，淡黄色。果近球形，直径约5 mm；果梗长1.5~2 cm。花期4月至5月，果期8月至9月。

国内产于四川、云南、西藏等地，生于海拔400~3 400 m的山坡路旁、灌木丛中或针阔混交林中。凉山州的西昌、会理、盐源、雷波、美姑、昭觉等县市有分布。绢毛木姜子果实可入药，具有利尿、祛痰、健胃之功效。

### 7.6.3 木姜子 *Litsea pungens* Hemsl.

落叶小乔木。**幼枝被灰色绢状毛**。叶聚生枝顶，**披针形或倒披针形**，先端渐尖或短尖，基部楔形，下面幼时被绢状毛，侧脉5~7对，叶脉两面突起，**叶柄纤细，长1~2 cm**。伞形花序腋生，总梗较短；每一伞形花序有雄花8~12朵，先叶开放；花梗短，被丝状柔毛；花被片6片，黄色，倒卵形；雄花中能育雄蕊9枚，花丝基部被柔毛，第3轮雄蕊基部腺体黄色。果球形，熟时蓝黑色；果梗长，先端稍增粗。花期3月至5月，果期7月至10月。

中国特有。凉山州各县市有分布，常生于海拔1 800~2 600 m的向阳坡地或杂木林中。木姜子果含芳香油，可作食用香精和化妆品用香精，现已广泛用于高级香料中。

### 7.6.4　山鸡椒 *Litsea cubeba* (Lour.) Pers.

落叶灌木或小乔木。**小枝绿色，无毛。**叶披针形或长圆形，先端渐尖，基部楔形，**下面粉绿色，两面均无毛**，侧脉6~10对，叶脉在两面突起；**叶柄长6~20 mm，纤细。伞形花序**单生或簇生，总梗短；每一花序有花4~6朵，先叶或与叶同时开放；**花梗无毛**；花被裂片6片；能育雄蕊9枚，花丝中下部被毛，第3轮基部腺体具短柄；雌花中退化雄蕊中下部被柔毛。果近球形，径约5 mm，熟时黑色；果梗短，先端稍增粗。花期2月至3月，果期7月至8月。

国内产于华东、华南及西南地区，生于海拔500~3 200 m向阳的山地、灌丛、疏林或林中路旁。凉山州各县市有分布。山鸡椒的花、叶和果皮可提制柠檬醛的原料，供配制医药和香精。

### 7.6.5　绒叶木姜子 *Litsea wilsonii* Gamble

常绿乔木。**小枝有灰白色绒毛。叶革质，互生，倒卵形，先端短突尖**，基部渐尖或楔形，**幼叶刚发时两面具绒毛**，老叶上面深绿色，无毛，下面**有灰白色绒毛**；羽状脉，侧脉每边6~10条，**中脉、侧脉在叶上面下陷，下面突起，叶柄被灰白色绒毛**，后渐脱落。**伞形花序**单生或**2~3个集生于叶腋**长2~3 mm短枝上；苞片4~6片；每一雄花序有花6朵；花序梗长1 cm，花梗长5 mm，均被绒毛；花被裂片6片，外面有柔毛；能育雄蕊9枚，花丝有柔毛，第3轮基部腺体黄色。果椭圆形，长1.3 cm，直径7~8 mm，成熟时由红色变为深紫黑色，果托杯状，边缘有不规则裂片；果梗长6~7 mm。花期8月至9月，果期5月至6月。

中国特有，常生于海拔2 000~2 800 m的杂木林中，凉山州的西昌、盐源、甘洛等县市有分布。

### 7.6.6　高山木姜子 *Litsea chunii* Cheng

落叶灌木。**幼枝无毛。叶纸质，椭圆形、椭圆状披针形或椭圆状倒卵形，长2~5 cm，宽1~2 cm，**先端急尖或钝圆，基部楔形或略圆；上面深绿色，幼时中脉具贴伏柔毛，老无毛，下面淡绿色，**幼时在脉腋间有簇生的髯毛**；羽状脉，侧脉通常每边5~8条；**叶柄扁平，**幼时上面被柔毛。伞形花序单生；**总梗长4~6 mm，无毛**；每一花序有花8~12朵；花梗长5~10 mm，纤细，有淡黄色柔毛。果卵圆形，长6~8 mm；果梗长5~10 mm，顶端增粗，被柔毛。花期3月至4月，果期7月至8月。

中国特有，生于海拔1 500~3 400 m的山坡处、溪流旁及灌丛中。凉山州的西昌、会理、盐源、雷波、木里、越西、甘洛、德昌、冕宁、会东、普格、昭觉等县市有分布。高山木姜子的叶、果实均有芳香味，可提取芳香油。

### 7.6.7　红河木姜子 *Litsea honghoensis* Liou

常绿乔木。小枝无毛。**叶革质，**互生或集生于枝顶，长椭圆形至倒卵状披针形，长10~19 cm，先端渐尖至突尖，基部楔形，叶下面粉绿色，无毛或沿脉有毛；羽状脉，中脉两面隆起，较粗壮；叶柄长1~1.5 cm。伞形花序簇生或单生于叶腋；总梗长8~12 mm，无毛苞片圆形；每一花序有雄花3~5朵；花梗长2 mm。**果球形，直径2~3.5 cm**；果梗长约3 mm，先端稍粗壮；果序总梗长3 mm。花期2月至3月，果期8月至9月。

中国特有，生于海拔1 300~2 500 m的山谷林中。凉山州盐源县有发现，为四川新记录。

### 7.6.8　钝叶木姜子 *Litsea veitchiana* Gamble

落叶小乔木或灌木状。幼枝被黄白色长绢毛，后渐脱落至无毛。**叶倒卵形或倒卵状长圆形**，长4~12 cm，**先端钝尖**，基部楔形，**幼时两面密被黄白色或锈黄色长绢毛**，老时毛渐脱落，上面无毛或中脉被毛，下面疏被长绢毛，侧脉6~9对；叶柄长1~1.2 cm，幼时密被长绢毛，后脱落至无毛。**伞形花序顶生**，梗长6~7 mm；雄花序具10~13朵花；花梗长5~7 mm，密被柔毛；花被片椭圆形或近圆形。果球形，径约5 mm，黑色；果梗长1.5~2 cm。花期4月至5月，果期8月至9月。

中国特有，常生于海拔400~3 800 m的山坡路旁或灌木丛中。凉山州各县市常有分布。

### 7.6.9　毛豹皮樟 *Litsea coreana* var. *lanuginosa* (Migo) Yang et P. H. Huang

别名：白茶

常绿乔木。树皮灰色，呈小鳞片状剥落，脱落后呈鹿皮斑痕。幼枝密被灰黄色长柔毛。**叶革质，嫩叶两面均有灰黄色长柔毛，下面尤密**，叶片倒卵状椭圆形或倒卵状披针形，长4.5~9.5 cm，先端钝渐尖，基部楔形，侧脉每边7~10条；叶柄长6~16 mm。伞形花序腋生，无总梗或有极短的总梗；每一花序有花3~4朵；花梗粗短，密被长柔毛；花被裂片6片。果近球形，直径7~8 mm；果托扁平；果梗长约5 mm，颇粗壮。花期8月至9月，果期次年夏季。

中国特有，常生于海拔300~2 300 m的山谷杂木林中。凉山州的雷波、会东等地有分布或栽培。由毛豹皮樟嫩叶制作而成的茶称为"白茶"，该茶有醒神强心、开窍生津、消暑之功效。

### 7.6.10　黄丹木姜子 *Litsea elongata* (Wall. ex Nees) Benth. et Hook. f.

常绿乔木。**小枝密被褐色绒毛。叶长圆形、长圆状披针形或倒披针形，长6~22 cm**，先端钝或短渐尖，基部楔形或近圆，**下面被短柔毛**，沿脉被长柔毛；**侧脉10~20对**；叶柄长1~2.5 cm，密被褐色绒毛。**伞形花序单生，稀簇生**，花序梗长2~5 mm；雄花序具4~5朵花；花梗被长柔毛；花被片卵形；能育雄蕊9~12枚，花丝被长柔毛。果长圆形，黑紫色，果托杯状。花期5月至11月，果期次年2月至6月。

国内产于广东、广西、湖南、四川、贵州等地，常生于海拔500~2 500 m的山坡路旁、溪旁、杂木林下。凉山州的盐源、雷波、木里、越西、甘洛、德昌、冕宁、美姑、布拖、普格、昭觉等县有分布。黄丹木姜子木材可供建筑及家具等用；种子可榨油，供工业用。

### 7.6.11　毛叶木姜子 *Litsea mollis* Hemsl.

落叶灌木或小乔木。**小枝有毛。**叶纸质，互生或聚生枝顶，长圆形或椭圆形，长4~12 cm，宽2~4.8 cm，先端突尖，基部楔形，上面无毛，**下面带绿苍白色，密被白色柔毛**；侧脉每边6~9条，纤细，中脉、侧脉在两面突起；叶柄长1~1.5 cm，被白色柔毛。**伞形花序腋生，常2~3个簇生于短枝上**，花序梗长6 mm，有白色短柔毛，**每一花序有花4~6朵**；花被裂片6片，黄色。果球形，直径约5 mm，成熟时蓝黑色。花期3月至4月，果期9月至10月。

中国特有，生于海拔600~2 800 m的山坡灌丛中或阔叶林中。凉山州的会理、雷波、越西、甘洛、宁南、德昌、金阳、美姑、普格、昭觉等县市有分布。毛叶木姜子果可提芳香油，根和果实还可入药。

### 7.6.12　杨叶木姜子 *Litsea populifolia* (Hemsl.) Gamble

落叶小乔木。叶纸质，互生，常聚生于枝梢，**圆形至宽倒卵形，长6~8 cm，宽5~7 cm，先端圆，基部圆形或楔形**，嫩叶紫红绿色，老叶上面深绿色，**下面粉绿色**；侧脉每边5~6条，中脉、侧脉在叶两面均突起；叶柄长2~3 cm。伞形花序常生于枝梢，与叶同时开放；总花梗长3~4 mm，被黄色柔毛；每一花序有雄花9~11朵；花梗细长，长1~1.5 cm；花被裂片6片，卵形或宽卵形，黄色。果球形，直径5~6 mm；果梗长1~1.5 cm，先端略增粗。花期4月至5月，果期8月至9月。

中国特有，生于海拔750~2 000 m的山地阳坡、河谷两岸、阴坡灌丛或干瘠土层的次生林中。凉山州的雷波、木里、美姑、布拖、普格、昭觉等县有分布。杨叶木姜子的叶、果实可提芳香油，用于制作化妆品及皂用香精。

### 7.6.13　宜昌木姜子 *Litsea ichangensis* Gamble

落叶灌木或小乔木。幼枝无毛；顶芽鳞片无毛。叶互生，**倒卵形或近圆形，长2~5 cm，宽2~3 cm**，先端急尖或圆钝，基部楔形，纸质，上面深绿色，无毛，下面粉绿色，脉腋处常有簇毛，有

**时脉腋具腺窝穴**；侧脉每边4~6条，中脉、侧脉在叶两面微突起；叶柄长5~15 mm，无毛。伞形花序单生或2个簇生；总梗稍粗，无毛；每一花序常有花9朵，花梗长约5 mm，被丝状柔毛；花被裂片6片，黄色。果近球形，直径约5 mm，成熟时黑色；果梗长1~1.5 cm，无毛，先端稍增粗。花期4月至5月，果期7月至8月。

中国特有，生于海拔300~2 700 m的山坡灌木丛中或密林中。凉山州的盐源等县有分布。

## 7.7 单花木姜子属 *Dodecadenia* Nees

### 单花木姜子 *Dodecadenia grandiflora* Nees

常绿乔木。小枝密被褐色柔毛。叶互生，长圆状披针形或长圆状倒披针形，长5~10 cm，先端尖或渐尖，基部楔形，上面沿中脉被柔毛，下面无毛，羽状脉，侧脉8~12对；叶柄长0.8~1 cm，被柔毛。花单性，雌雄异株；**花蕾1~3个腋生**；每一花蕾具苞片4~6片，**具1花**；**雄花被片6片**，2轮，外轮较宽，内轮稍窄，雄花具能育雄蕊12枚；雌花子房被柔毛。**果椭圆形，长1~1.2（1.6）cm，径7~9（13）mm；果托盘状**；**果梗粗**，长约5 mm。果期7月至9月，

中国特有，常生于海拔2 000~2 600 m的河谷杂木林或针阔混交林中。凉山州的盐源、德昌等县有分布。

## 7.8 新木姜子属 *Neolitsea* Merr.

### 7.8.1 新木姜子 *Neolitsea aurata* (Hay.) Koidz.

#### 7.8.1a 新木姜子（原变种）*Neolitsea aurata* (Hay.) Koidz. var. *aurata*

乔木。**幼枝被锈色短柔毛**。叶互生或集生枝顶；叶长圆形、椭圆形、长圆状披针形或长圆状倒卵形，长8~14 cm，宽2.5~4 cm，先端镰状渐尖或渐尖，**基部楔形或近圆，下面密被黄色绢毛，稀被褐红色绢毛，离基三出脉**；侧脉3~4对，最下面1对离叶基2~3 mm；叶柄被锈色短柔毛。伞形花序，**3~5簇生**，梗长1 mm；雄花序具5花；花梗长2 mm，被锈色柔毛；花被片椭圆形。果椭圆形，果托浅盘状，果梗先端略增粗。花期2月至3月，果期9月至10月。

国内产于华东、两湖（指湖南和湖北）、两广（指广东和广西）及西南东部，常生于海拔500~1 700 m的山坡林缘或杂木林中。凉山州的甘洛、冕宁等县有分布。新木姜子根供药用，可治气痛、水肿、胃脘胀痛。

#### 7.8.1b 粉叶新木姜子（变种）*Neolitsea aurata* var. *glauca* Yang

与原变种不同之处在于幼枝具少量黄褐色短柔毛；叶片多为长圆状倒卵形，**下面被白粉**，有密生贴伏的白色绢状毛，老后毛脱落存稀疏毛。

四川特有，常生于海拔800~850 m的山坡阔叶林中。凉山州的雷波等县有分布。

### 7.8.2　四川新木姜子 *Neolitsea sutchuanensis* Yang

小乔木。小枝近无毛。叶互生或2~4片聚生，**革质**，椭圆形或卵状椭圆形，长7.5~13 cm，先端常急尖，基部阔楔形或略圆，**上面亮绿色，下面淡绿色或粉绿色，两面均无毛，离基三出脉**，横脉两面不甚明显；叶柄长1~2 cm，常无毛。果序伞形，单生或2个簇生，总梗粗短，长2 mm，无毛；每一果序有果5~6枚；果椭圆形，长5~6 mm，直径4~5 mm，无毛；果梗长5~15 mm，顶端增粗，有微柔毛；果托碟状。果期11月至12月。

中国特有，生于海拔1 200~1 800 m的山坡密林中。凉山州的雷波等县有分布。

## 7.9　润楠属 *Machilus* Nees

### 7.9.1　绿叶润楠 *Machilus viridis* Hand. – Mazz.

小乔木或大乔木。小枝被极细绢毛。**叶披针形，长7~17 cm，宽1.8~3.5 cm**，先端长渐尖，基部楔形，下面稍带粉绿色，嫩叶两面密被细绢毛，侧脉5~10对；叶柄长1~2 cm，被极细绢毛。花序生新枝基部，多数，具3~6花，总梗长1.5~2.5（4.5）cm；花梗约与花等长；花被片6片，长圆形，外轮较内轮小；能育雄蕊9枚，第3轮花丝下部被长柔毛。果直径1.1~1.5 cm，**熟时黑紫色；宿存花被片外翻**；果梗略增粗。花期5月至6月，果期9月至11月。

中国特有，常生长于海拔2 500~3 100 m的山坡或谷地混交林中。凉山州的西昌、会理、盐源、德昌、木里、布拖、昭觉等县市有分布。

### 7.9.2 滇润楠 *Machilus yunnanensis* Lec.

乔木。叶革质，互生，**倒卵形、倒卵状椭圆形，偶椭圆形**，长7~9 cm，宽3.5~4 cm，先端短渐尖，尖头钝，基部楔形，两侧有时不对称，上面绿色或黄绿色，光亮，下面淡绿色或粉绿色，两面无毛；侧脉7~9对，两面突起。1~3朵花组成聚伞花序，有时圆锥花序上部或全部的聚伞花序仅具1花，后者花序呈假总状花序，花序长3.5~7 cm，多数，总梗长1.5~3 cm；花淡绿色、黄绿色或黄玉白色；**花被外面无毛，内面被柔毛。果椭圆形，长约1.4 cm**，先端具小尖头，熟时黑蓝色，具白粉，无毛；宿存花被裂片不增大，反折；**果梗不增粗**。花期4月至5月，果期6月至10月。

中国特有，生于海拔1 500~2 000 m的阔叶混交林中。凉山州的西昌、会理、盐源、雷波、木里、甘洛、宁南、德昌、布拖、普格、昭觉等县市有分布。滇润楠的木材优良，可作建筑、家具的用材。

### 7.9.3 宜昌润楠 *Machilus ichangensis* Rehd. et Wils.

乔木。小枝纤细而短，无毛。**叶长圆状披针形至长圆状倒披针形**，长10~24 cm，宽2~6 cm，先端短渐尖，有时尖头稍呈镰形，基部楔形，**坚纸质，上面无毛，下面带粉白色**，有贴伏小绢毛或无毛；侧脉每边12~17条；叶柄纤细。圆锥花序生自当年生枝基部脱落苞片的腋内；总梗纤细，约在中部分枝，下部分枝有花2~3朵，较上部的有花1朵；花白色，花被裂片长5~6 mm；雄蕊较花被稍短，近等长，花丝无毛。果序长6~9 cm；果近球形，直径约1 cm，黑色，有小尖头；果梗不增大。花期4月，果期8月。

中国特有，生于海拔560~2 200 m的山谷混交林中。凉山州的西昌、雷波、越西、甘洛、美姑、布拖、普格等县市有分布。

### 7.9.4 贡山润楠 *Machilus gongshanensis* H. W. Li

小乔木至中乔木。小枝无毛，顶芽外面无毛。**叶聚生枝梢，长圆形至倒卵状椭圆形，长9.5~20 cm，宽1.8~6 cm**，先端锐尖，尖头急尖，基部楔形，革质，上面绿色，下面淡绿色或带褐色，**两面无毛；侧脉每边8~13条**；叶柄长1~2.5 cm。聚伞状圆锥花序多数，生于新枝下端，长5.5~8 cm；花黄绿色，花被筒十分短小，倒圆锥形；**花被裂片长圆形，外面无毛，内面仅两端和边缘被短柔毛**。果球形。花期4月至5月，果期8月至10月。

中国特有，生于海拔1 650~2 300 m的山坡或沟边杂木林中。四川省凉山州盐源县有发现，为四川新记录。

### 7.9.5 利川润楠 *Machilus lichuanensis* Cheng ex S. Lee

高大乔木。**嫩枝、叶柄、叶下面、花序密被淡棕色柔毛。叶椭圆形或狭倒卵形，长7.5~11 cm，宽2~4 cm**，先端短渐尖至急尖，基部楔形，革质，**上面绿色，稍光亮**，仅幼时下端或下端中脉上密被淡棕色柔毛，**下面幼时密被棕色柔毛**，老叶下面的毛被渐薄，但中脉和侧脉的两侧仍密被柔毛；叶柄纤细。聚伞状圆锥花序生于当年生枝下端，长4~10 cm，中部以上有分枝，**有灰黄色小柔毛；花被裂片两面都密被小柔毛**；花梗纤细，有小柔毛。果序长5~10 cm，被微小柔毛；果扁球形，直径约7 mm。花期5月，果期9月。

中国特有，生于海拔600~2 200 m的山林。凉山州盐源等县有分布。

### 7.9.6 山润楠 *Machilus montana* L. Li & al.

别名：山楠

大乔木。**嫩枝无毛**。叶革质或厚革质，长11~20 cm，宽3~5.5 cm，倒阔披针形、阔披针形或长圆状披针形，先端短尖或急渐尖，少为钝尖，基部楔形，两面无毛或下面有微柔毛；**中脉粗壮，上面下陷，下面十分突起，**侧脉两面均不明显或有时下面略明显，横脉及小脉在两面模糊或完全消失；叶柄粗，无毛。**花序数个，粗壮，**生于枝端或新枝基部，长8~17 cm，无毛，在中部以上分枝；总梗长5~9 cm；**花黄绿色，长5~6 mm，**花被片外面常无毛。果球形或近球形，径约1 cm；果梗红褐色。花期4月至5月，果期6月至7月。

中国特有，常生于海拔1 400~2 000 m的山坡或山谷常绿阔叶林中。凉山州的西昌、德昌、会理、德昌、雷波、宁南、普格等县市有分布。山润楠为较好的绿化树种；木材结构细密，有香气，可作建筑、船底板和家具等用材。

## 7.10 赛楠属 *Nothaphoebe* Blume

### 赛楠 *Nothaphoebe cavaleriei* (H. Lévl.)Yang

乔木。幼枝稍具棱，近无毛。**叶革质，互生，密集于枝顶，倒披针形或倒卵状披针形，长10~18 cm，宽2.5~5 cm，**先端短渐尖，基部楔形，上面深绿色，无毛，下面绿白色；侧脉每边8~12条，上面中脉凹陷，侧脉平坦，下面中脉及侧脉十分突起，横脉及小脉两面略明显。**聚伞状圆锥花序腋生，长9~16 cm，**疏散，总梗长6~8 cm，与各级序轴近无毛。花淡黄或黄白色，长约3 mm；花被筒短，花被片宽卵形。**果球形，直径1.2~1.4 cm，**无毛，基部有宿存的不等大花被片。花期5月至7月，果期8月至9月。

中国特有，常生于海拔900~1 700 m的常绿阔叶林及疏林中。凉山州的雷波等县有分布。

## 7.11 楠属 *Phoebe* Nees

### 7.11.1 长毛楠 *Phoebe forrestii* W. W. Sm.

乔木。小枝圆柱形，密被黄褐色长柔毛。**叶狭披针形或倒狭披针形，长8~20 cm，**先端渐尖或尾状渐尖，基部渐狭，**上面沿中脉处与下面被长柔毛**，侧脉9~13对；叶柄长7~15 mm。花序数个，近总状，生新枝叶腋，各序轴及花梗与叶柄均密被柔毛；花被片近等大，宽卵圆形，两面被黄褐色柔毛；能育雄蕊各轮花丝被毛或基部被毛，第三轮花丝基部腺体具短柄。果近球形，径约1.3 cm；果梗略增粗。花期6月至7月，果期10月至11月。

中国特有，常生于海拔1 900~2 500 m的沟谷混交林中。凉山州的西昌、会理、宁南、德昌等县市有分布。长毛楠木材可作室内装修、胶合板、建筑、家具等用材，为优良的园林绿化和观赏树种。

### 7.11.2 白楠 *Phoebe neurantha* (Hemsl.) Gamble

大灌木或乔木。小枝初时疏被短柔毛或密被长柔毛。**叶革质，狭披针形、倒披针形或披针形，长8~16 cm，**宽1.5~5 cm，**先端尾状渐尖或渐尖，基部渐狭下延；**下面绿色或有时苍白色，初时疏或密被灰白色柔毛，后渐变为仅被散生短柔毛或近于无毛；**中脉上面下陷，**侧脉通常每边8~12条，下面明显突起，横脉及小脉略明显；叶柄长7~15 mm。圆锥花序长4~12 cm，在近顶部分枝，初**被柔毛；**花长4~5 mm；**花梗被毛，长3~5 mm；花被片两面被毛。**果卵形，长约1 cm，直径约7 mm；果梗不增粗或略增粗；宿存花被片革质，松散。花期5月，果期8月至10月。

中国特有，生于海拔1 900~2 600 m的山坡或沟谷、混交林中。凉山州的西昌、会理、雷波、木里、德昌、布拖、普格等县市有分布。白楠木材为制作上等家具，雕刻精密木模，制造精密仪器及造船的良材。

### 7.11.3　雅砻江楠 *Phoebe legendrei* Lec.

乔木。小枝疏被柔毛，后变无毛。**叶革质，披针形或倒披针形，少为倒卵形，长9~12 cm**，宽3~4 cm，先端渐尖，基部楔形或渐狭，叶下面近乎无毛或沿脉上有柔毛；**中脉两面突起，侧脉每边7~10条，下面明显**；叶柄长约1 cm。圆锥花序疏散，少数，长6~10 cm，被柔毛，总梗长3.5~4 cm；**花被片两面密被灰白色长柔毛**。果卵形，长7~9 mm；宿存花被片松散，先端外倾，果梗明显增粗或略增粗，**疏被短柔毛**。花期6月，果期10月。

四川特有，常生于海拔1 600~2 600 m的山坡、沟谷密林中。凉山州的西昌、会理、盐源、雷波、木里、德昌、布拖、普格等县市有分布。

### 7.11.4　紫楠 *Phoebe sheareri* (Hemsl.) Gamble

#### 7.11.4a　紫楠（原变种）*Phoebe sheareri* (Hemsl.) Gamble var. *sheareri*

大灌木至乔木。**小枝、叶柄及花序密被黄褐色或灰黑色柔毛或绒毛。叶革质，倒卵形、椭圆状倒卵形或阔倒披针形**，通常长12~18 cm，宽4~7 cm，先端突渐尖或突尾状渐尖，基部渐狭，上面完全无毛或沿脉上有毛，**下面密被黄褐色柔毛；中脉和侧脉上面下陷，侧脉每边8~13条**；叶柄长1~2.5 cm。圆锥花序长7~18 cm，在顶端分枝；花长4~5 mm；**花被片近等大，卵形，两面被毛**；子房球形，无毛。果卵形，长约1 cm，果梗略增粗，被毛；花被片宿存。花期4月至5月，果期9月至10月。

中国特有，多生于海拔2 000 m以下的山地阔叶林中。凉山州的会理、盐源、雷波、木里、宁南、布拖等县市有分布。紫楠木材纹理直，结构细，质坚硬，耐腐性强，可作建筑、船只、家具等用材。

### 7.11.4b 峨眉楠（变种）*Phoebe shearer* var. *omeiensis* (Yang) N. Chao

大灌木至乔木。**小枝、叶柄及花序密被黄褐色或灰黑色柔毛或绒毛。**叶革质，倒披针形，少为倒卵形，长8~15 cm，宽2.5~4 cm，先端突渐尖或突尾状渐尖，基部渐狭，上面完全无毛或沿脉上有毛，下面密被黄褐色短柔毛，少为短柔毛；**中脉和侧脉上面下陷，侧脉每边8~13条，**弧形，在边缘联结，横脉及小脉多而密集，结成明显网格状；叶柄长1~2.5 cm。圆锥花序长7~15 cm，在顶端分枝；花长4~5 mm；**花被片两面被毛。果卵形，长约1 cm，直径5~6 mm，**果梗明显增粗，直径达2 mm，**被毛，宿存花被松散。**花期4月至5月，果期9月至10月。

中国特有，常生于海拔1 100~2 100 m的山林中，凉山州的盐源、西昌、雷波、德昌等县市有分布。

### 7.11.5 楠木 *Phoebe zhennan* S. Lee et F.N.Wei

别名：桢楠、雅楠

大乔木。**小枝被灰黄色或灰褐色柔毛。**叶革质，椭圆形，少为披针形，长7~13 cm，先端渐尖，尖头直或呈镰状，基部楔形，**上面光亮无毛或沿中脉下半部有柔毛，下面密被短柔毛；**脉上被长柔毛，侧脉8~13对，**中脉及侧脉上面均下陷，下面突起；**叶柄细，被毛。**聚伞状圆锥花序长7.5~12 cm，**十分开展，被毛，纤细，在中部以上分枝，每个伞形花序有花3~6朵；**花被片两面被灰黄色长或短柔毛。**果椭圆形，长1.1~1.4 cm；果梗微增粗；花被片宿存。花期4月至5月，果期9月至10月。

国家二级保护野生植物，中国特有，多见于海拔1 500 m以下的阔叶林中。凉山州的西昌、会理、雷波、木里、宁南、德昌、金阳、布拖、会东、昭觉等县市有栽培。楠木为优良绿化树种；其木材有香气，纹理直而结构细密，不易变形和开裂，为优良木材。

# 8 莲叶桐科 Hernandiaceae

## 青藤属 *Illigera* Bl.

### 心叶青藤 *Illigera cordata* Dunn

**别名：** 牛尾参、翼果藤、黄鳝藤

藤本。**叶为指状，小叶3枚**；叶柄长4~12 cm。小叶卵形、椭圆形至长圆状椭圆形，纸质，全缘，先端短渐尖，基部心形，两侧不对称。**聚伞花序较紧密地排列成近伞房状**，生于叶腋；花序轴长约6 cm。小苞片长圆形。花黄色；花萼管密被短柔毛，萼片5枚；花瓣与萼片同形，雄蕊5枚。**果4翅**，径3~4.5 cm，2大2小，具条纹，厚纸质。花期5月至6月，果期8月至9月。

中国特有，常生于海拔1 600~2 400 m的干旱山坡灌丛中。凉山州的会理、雷波、木里、会东、布拖等县市有分布。心叶青藤的根、茎能祛风除湿、散瘀止痛，可用于治疗跌打损伤。

# 9 毛茛科 Ranunculaceae

## 9.1 铁线莲属 *Clematis* L.

### 9.1.1 合柄铁线莲 *Clematis connata* DC.

木质藤本。枝无毛。**羽状复叶具5小叶；小叶纸质，卵形，长4~12 cm，先端尾尖或渐尖，基部心形，不裂**，上面近无毛，下面脉疏被毛，被白粉；叶柄长3~8 cm，**基部增宽与对生叶柄连成盘状**。聚伞花序或聚伞圆锥花序腋生，11至多花，花序梗长2.5~4 cm；苞片窄卵形；花梗长1.5~4 cm；**萼片4枚，淡黄色，直立，长圆形，长1.6~2.2 cm**，被平伏柔毛。瘦果卵圆形，长约4 mm，被毛；宿存花柱长约4 cm，羽毛状。

国内产于西藏、云南及四川，常生于海拔2 000~3 400 m的林下及杂木林中，攀缘于树冠上。凉山州的盐源、木里、喜德、冕宁、美姑等县有分布。

### 9.1.2 小木通 *Clematis armandii* Franch.

别名：蓑衣藤、川木通

木质藤本。小枝有棱，有白色短柔毛。**三出复叶；小叶片革质，卵状披针形、长椭圆状卵形，长4~16 cm，顶端渐尖，基部圆形至心形，全缘，两面无毛**。聚伞花序或圆锥状聚伞花序，腋生或顶生，7至多花，花序梗基部具三角形或长圆形宿存芽鳞；**萼片4~5枚，白色或粉红色，平展，窄长圆形或长圆形，长1~2.5（4）cm**。瘦果扁，卵形至椭圆形，具羽毛状宿存花柱。花期3月至4月，果期4月至7月。

国内产于西藏、云南、贵州、四川等地，常生于海拔800~2 000 m的山坡、山谷、路边灌丛中或林边、水沟旁。凉山州的西昌、雷波、德昌、冕宁、布拖、普格、昭觉等县市有分布。在四川多以本种的茎作木通药用，能除湿活络，治风湿、月经不调、胃痛、小儿麻痹症后遗症。

### 9.1.3 绣球藤 *Clematis montana* Buch. – Ham. ex DC.

木质藤本。枝被短柔毛或脱落无毛，具纵沟。**三出复叶；小叶纸质，卵形、菱状卵形或椭圆形，长2~7 cm，先端渐尖，基部宽楔形或圆形**，两面疏被短柔毛；叶柄长3~10 cm。花2~4朵与数叶自老枝腋芽生出，径3~5 cm；花梗长3~10 cm；**萼片4枚，白色**，稀带粉红色，开展，倒卵形，长1.3~3 cm。瘦果卵圆形，无毛，宿存羽毛状花柱。

国内产于西藏、云南、贵州、四川、甘肃等地，常生于海拔1 200~3 000 m的山坡、山谷灌丛、林边或沟旁。凉山州的盐源、雷波、木里、越西、喜德、德昌、冕宁、美姑、布拖、昭觉等县有分布。绣球藤茎藤入药，主治肾炎水肿、小便涩痛、月经不调、脚气湿肿、乳汁不通等症；花大而美丽，可作观赏树种。

### 9.1.4 云南铁线莲 *Clematis yunnanensis* Franch.

**别名：川滇铁线莲、镰叶铁线莲**

木质藤本。三出复叶；小叶片卵状披针形、宽披针形或窄长披针形，长5~10 cm，宽1.5~4 cm，顶端尾状渐尖，基部圆形，边缘有锯齿或全缘，基出主脉3条；小叶柄微被柔毛或近乎无毛；叶柄被疏柔毛。聚伞花序腋生，花序分枝处有一对披针形的苞片；花梗长1~3 cm；花钟状，直立，直径1.5 cm；萼片4枚，白色或淡黄色，长1.2~1.5 cm，宽4~5 mm，外面及边缘被绒毛；花丝线形，两侧生长柔毛，基部被短柔毛；心皮被绢状毛。瘦果卵形，长2~3 mm，被短柔毛，宿存花柱长2~2.5 cm，生长柔毛。花期11月至12月，果期次年4月至5月。

中国特有，生于海拔2 000~3 000 m间的山谷、江边及山坡林边灌丛中，攀缘于树枝上。凉山州的西昌、德昌、盐源等县市有分布。

### 9.1.5 粗齿铁线莲 *Clematis grandidentata* Rehder & E. H. Wilson) W. T. Wang

落叶藤本。一回羽状复叶，**有5小叶**，有时茎端为三出叶；小叶片卵形或椭圆状卵形，长5~10 cm，顶端渐尖，基部圆形、宽楔形或近心形，**常有不明显3裂，边缘有粗大锯齿状牙齿**。腋生聚伞花序常有3~7花，或成顶生圆锥状聚伞花序，多花，较叶短；花直径2~3.5 cm；萼片4枚，开展，白色，**长圆形，长1~1.8 cm，宽约5 mm**，顶端钝，两面有短柔毛，内面较疏至近无毛。瘦果扁卵圆形，长约4 mm，有柔毛，宿存花柱长达3 cm。花期5月至7月，果期7月至10月。

中国特有，在四川常生于海拔1 150~3 200 m的山坡或山沟灌丛中。凉山州的雷波、甘洛、德昌、美姑、普格等县有分布。粗齿铁线莲的根可入药，主治风湿筋骨痛、跌打损伤、肢体麻木等症；茎藤药用，主治失音声嘶、虫疮久烂等症。

### 9.1.6 小蓑衣藤 *Clematis gouriana* Roxb. ex DC.

木质藤本。一回羽状复叶，**常有5小叶**；小叶片纸质，卵形、长卵形至披针形，长4~11 cm，顶端渐尖或长渐尖，基部圆形或浅心形，**常全缘，偶尔疏生锯齿状牙齿**，两面无毛或近无毛。圆锥状聚伞花序多花；花序梗长1.2~7 cm；花梗长0.6~1.2 cm；萼片4枚，白色，开展，窄倒卵形或倒卵状长圆形，长5~6 mm，密被柔毛。瘦果纺锤形或狭卵形，宿存花柱长达3 cm。

国内云南、贵州、四川、湖南等地有产，常生于山坡、山谷灌丛中或沟边、路旁。凉山州的木里、普格等县有分布。小蓑衣藤的茎和根药用，有行气活血、祛风湿、止痛作用，可治跌打损伤。

### 9.1.7 山木通 *Clematis finetiana* Lévl. et Vant.

木质藤本，无毛。三出复叶，基部有时为单叶；**小叶片薄革质或革质，卵状披针形至卵形，长3~9 cm**，顶端锐尖至渐尖，基部圆形、浅心形或斜肾形，全缘，两面无毛。花常单生，或为聚伞花序、总状聚伞花序，腋生或顶生，有1~3（7）花，通常比叶长或近等长；**萼片4（6）枚，开展，白色，狭椭圆形或披针形，长1~1.8（2.5）cm**，外面边缘密生短绒毛。瘦果镰刀状狭卵形，长约5 mm，有柔毛，宿存花柱长达3 cm，有黄褐色长柔毛。花期4月至6月，果期7月至11月。

中国特有，常生于海拔1 500 m以下的山坡疏林、山谷石缝、路旁灌丛或溪边。凉山州的雷波、德昌、冕宁、会东、布拖、普格、昭觉等地有分布。山木通全株可清热解毒、止痛、活血、利尿，可治感冒、膀胱炎、尿道炎、跌打损伤。

### 9.1.8 薄叶铁线莲 *Clematis gracilifolia* Rehd. et Wils.

木质藤本。三出复叶至一回羽状复叶，有3~5小叶，**数叶与花簇生，或为对生；小叶片3或2裂至3全裂**，若3全裂，则顶生裂片常有短柄，侧生裂片无柄，**小叶片或裂片纸质或薄纸质**，卵状披针形、卵形至宽卵形或倒卵形，长0.5~4 cm，宽0.3~2 cm，顶端锐尖，基部圆形或楔形，有时偏斜，边缘有缺刻状锯齿或牙齿，两面疏生贴伏短柔毛。花1~5朵与叶簇生；花直径2.5~3.5 cm；**萼片4枚，开展，白色或外面带淡红色，长圆形至宽倒卵形，长1~2 cm**。瘦果无毛，宿存花柱长1.5~2.5 cm。

中国特有，生于海拔2 000~3 500 m的山坡林中的阴湿处或沟边，凉山州的盐源、雷波、木里等县有分布。

### 9.1.9　锈毛铁线莲 *Clematis leschenaultiana* DC.

木质藤本。**植株全被金黄色柔毛。三出复叶；小叶片纸质，卵圆形、卵状椭圆形至卵状披针形，**长7~11 cm，顶端渐尖或有短尾，基部圆形或浅心形，常偏斜，上部边缘有钝锯齿，下部全缘；基出主脉3~5条，在上面平坦，在下面隆起；**小叶柄、叶柄均密被开展的黄色柔毛。**花序腋生，3~10花，花序梗长0.8~7 cm，与花梗及叶柄均被锈色绒毛；苞片披针形或为三出复叶；花梗长2~5 cm，密被褐色短绒毛。瘦果近纺锤形，被毛，宿存花柱长3~4 cm。花期1月至2月，果期3月至4月。

　　国内产于云南、四川、贵州、台湾等地，常生于海拔500~1 200 m的山坡灌丛中。凉山州的盐源、雷波、木里等县有分布。锈毛铁线莲的叶供药用，治疮毒。

### 9.1.10　银叶铁线莲 *Clematis delavayi* Franch.

　　近直立小灌木。**一回羽状复叶对生，或数叶簇生，有7~17片小叶，**茎上部的簇生叶常少于7片；**小叶片卵形、椭圆状卵形、长椭圆形至卵状披针形，长0.8~3 cm，宽0.4~1.5 cm，**顶端有小尖头，基部近圆形或楔形，全缘，有时有1~2处缺刻状牙齿或小裂片，顶生小叶片常有不等2~3处浅裂至全裂，**下面密生短的绢状毛，呈银白色。**通常为圆锥状聚伞花序；多花，顶生；花直径2~2.5 cm；萼片4~6枚，开展，白色，通常为长圆状倒卵形。瘦果有绢状毛，宿存花柱有银白色长柔毛。花期6月至8月，果期10月。

　　中国特有，生于海拔2 200~3 200 m的山地上、沟边、河边、路旁及山谷灌丛中。凉山州的木里等县有分布。

## 9.2 芍药属 *Paeonia* L.

### 9.2.1 牡丹 *Paeonia* × *suffruticosa* Andr.

落叶灌木。**叶通常为二回三出复叶**；顶生小叶宽卵形，长7~8 cm，宽5.5~7 cm，3裂至中部；侧生小叶狭卵形或长圆状卵形，长4.5~6.5 cm，宽2.5~4 cm，裂片2裂至3浅裂或不裂；叶柄长5~11 cm，和叶轴均无毛。花单生枝顶，直径10~17 cm；花梗长4~6 cm；萼片5枚，绿色，宽卵形；花瓣5片，或为重瓣，玫瑰色、红紫色、粉红色至白色，通常变异很大。蓇葖果长圆形，密生黄褐色硬毛。花期5月，果期6月。

目前全国栽培甚广，并早已引种国外，凉山州各县市多有栽培。栽培品种众多。牡丹根皮供药用，称牡丹皮，为镇痛解痉药，能凉血散瘀、治腹痛等。

### 9.2.2 滇牡丹 *Paeonia delavayi* Franch.

**别名**：紫牡丹、野牡丹、黄牡丹

亚灌木或灌木。当年生小枝草质，下部枝木质。**叶为二回三出复叶**；叶片轮廓为宽卵形或卵形，长15~20 cm，**羽状分裂**，裂片披针形至长圆状披针形，宽0.7~2 cm。花2~5朵，生于枝顶和叶腋，直径6~8 cm；**花瓣9~12片，红色、红紫色、黄色**，倒卵形，长3~4 cm，宽1.5~2.5 cm。蓇葖果长3~3.5 cm，直径1.2~2 cm。花期5月，果期7月至8月。

中国特有，生于海拔2 300~3 700 m的山地阳坡及草丛中。凉山州的会理、盐源、雷波、木里、冕宁等县市有分布。滇牡丹根皮可治吐血、尿血、血痢、痛经等症；去掉根皮部分可治胸腹胁肋疼痛、泻痢腹痛、自汗盗汗等症。

# 10 小檗科 Berberidaceae

## 10.1 小檗属 *Berberis* Linn.

### 10.1.1 峨眉小檗 *Berberis aemulans* Schneid.

落叶灌木。茎刺三分叉，长6~10 mm。**叶纸质，长圆状倒卵形或椭圆形，长2~4 cm，先端圆钝，基部楔形，下延成2~5 mm长的叶柄**；叶缘每边具5~12处刺齿，上面暗绿色，网脉显著，下面淡灰色，常被白粉。**花黄色，2~4朵簇生，单生或由2~3花组成简单总状花序；花梗长2~3 cm**；萼片2轮；花瓣长圆形，长约5 mm，先端全缘。浆果卵形，长15~16 mm，直径7~8 mm，橘红色，不被白粉，也无宿存花柱。花期5月至6月，果期7月至10月。

四川特有，生于海拔2 900~3 150 m的山坡路旁或灌丛中。凉山州的雷波等县有分布。

### 10.1.2 美丽小檗 *Berberis amoena* Dunn

落叶灌木。高0.5~1 m；幼枝暗红色；茎刺单生或三分叉。**叶革质，狭倒卵状椭圆形或狭椭圆形，长10~16 mm，宽3~5 mm，先端钝，具小短尖，基部楔形，上面暗绿色，中脉显著，下面被白粉，侧脉2~3对**，叶缘稍增厚，全缘或偶有1~2处刺齿；近无柄。伞形状总状花序由4~8朵花组成，长3~5 cm，总梗长1~2 cm；花梗长4~7 mm，无毛；花黄色；萼片2轮；花瓣倒卵形，长3.5~4 mm，先端浅缺裂；胚珠1~2枚。**浆果长圆形，红色，长约6 mm，顶端具宿存短花柱，不被白粉。**花期5月至6月，果期7月至8月。

中国特有，生于海拔1 600~3 100 m的石山灌丛中、云南松林下、荒坡上或杂木林下。凉山州的雷波、普格、昭觉等县有分布。

### 10.1.3 近似小檗 *Berberis approximata* Sprague

落叶灌木。幼枝带红褐色；茎刺三分叉，腹面具浅槽。**叶纸质，狭倒卵形、倒卵形或狭椭圆形**，长1~2.2 cm，宽4~7 mm，先端圆形或急尖，基部楔形，下面被白粉，叶全缘或每边具1~7处刺齿。**花单生**；黄色；花梗长3~7 mm；萼片2轮，外萼片椭圆形，内萼片倒卵形；花瓣倒卵形或椭圆形，先端浅缺裂，裂片急尖，基部略呈爪状；胚珠4~6枚，具短柄。**浆果卵球形，红色，**长8~12 mm，直径6~7 mm，**顶端具宿存短花柱**，微被白粉。花期5月至6月，果期9月至10月。

中国特有，生于海拔2 900~4 300 m的山坡灌丛、林缘或林中。凉山州的盐源、木里等县有分布。

### 10.1.4 汉源小檗 *Beiberis bergmanniae* Schneid.

**常绿灌木**。茎刺三分叉，粗壮，长1.5~3.5 cm。**叶厚革质，长圆状椭圆形至椭圆形，**长3~7 cm，先端急尖或渐尖，基部狭楔形，下面淡绿色，不被白粉，两面有光泽，**叶缘加厚，每边具2~12处刺齿**；叶柄短或近无柄。**花5~20朵**；簇生；花梗长7~15 mm；萼片2轮；花瓣倒卵形，先端圆形、锐裂。果梗长达2 cm；**浆果卵状椭圆形或卵圆形**，长8~9 mm，直径约6 mm，黑色，具极明显宿存花柱，**被白粉**，种子1~2粒。花期3月至5月，果期5月至10月。

中国特有，常生于海拔1 200~2 400 m的山坡灌丛中或林中。凉山州的普格、会理等县市有分布。

### 10.1.5 刺红珠 *Berberis dictyophylla* Franch.

落叶灌木。幼暗紫红色，**常被白粉**；茎刺三分叉，有时单生。**叶厚纸质或近革质，狭倒卵形或长圆形，长1~2.5 cm，宽6~8 mm，先端圆形或钝尖**，基部楔形，上面暗绿色，下面被白粉，中脉隆起，两面侧脉和网脉明显隆起，叶全缘；近无柄。**花单生**；花梗长3~10 mm；花黄色；萼片2轮，外萼片条状长圆形，内萼片长圆状椭圆形；花瓣狭倒卵形，长约8 mm，先端全缘；胚珠3~4枚。**浆果卵球形或近球形，长9~14 mm，直径6~8 mm，红色，被白粉，顶端具宿存花柱**。花期5月至6月，果期7月至9月。

中国特有，生于海拔2 500~4 000 m的山坡灌丛中、河滩草地上、林下或林缘。凉山州的盐源、木里、越西、宁南、金阳、冕宁、美姑、布拖等县有分布。

### 10.1.6 安宁小檗 *Berberis grodtmannia* C. K. Schneid.

常绿灌木。枝紫红色，老枝具槽；茎刺三分叉，腹面扁平。**叶披针形，长3~6 cm**，宽4~12 mm，先端急尖或渐尖，具刺尖头，基部楔形，**叶缘反卷，具7~15对刺齿**；近无叶柄。花5~10朵簇生；**花梗长3~4 mm**；花黄色；小苞片小；萼片2轮，外萼片卵形，较小，内萼片卵状椭圆形，较大；花瓣倒卵形，先端缺裂；雄蕊短，药隔先端平截。**浆果椭圆形，宿存短花柱**，微被白粉或无。花期4月至5月，果期5月至8月。

中国特有，生于海拔1 900~3 100 m的路边灌丛处、山坡水沟边及高山林缘。凉山州的西昌、会理、盐源、雷波、木里、布拖、金阳、美姑、普格、昭觉等县市有分布。

### 10.1.7 西昌小檗 *Berberis insolita* Schneid.

常绿灌木。幼枝微具条棱；茎刺三分叉。叶薄革质，**线状长圆形或线形，长4~15 cm，宽2~10 mm**，先端渐尖，基部渐狭，上面暗绿色，下面淡黄绿色，中脉明显隆起，两面侧脉显著，**叶缘向下面明显反卷**，每边具3~26处细小刺齿；近无柄。果序3~11枚簇生；果梗长4~20 mm，暗紫红色，无毛；浆果椭圆形，长约7 mm，直径约4 mm，红色，不被白粉或微被白霜，顶端具短宿存花柱。花期和果期均为5月至10月。

四川特有，生于海拔1 800~2 500 m的山地灌丛中及疏林下，凉山州的西昌、盐源、木里、德昌、布拖、普格、昭觉等县市有分布。

### 10.1.8 川滇小檗 *Berberis jamesiana* Forrest et W. W. Smith

落叶灌木。茎刺单生或三分叉，粗壮。叶近革质，长圆状倒卵形或椭圆形，长2.5~8 cm，宽1~4 cm，先端圆形或微凹，基部楔形，叶缘平展，全缘，或具疏细刺齿、密细刺齿；叶柄长1~3 mm。总状花序通常有9~20（40）朵花，**花序下部花常轮列**；总梗长0.5~3 cm；花梗细弱；花黄色；花瓣倒卵形或狭长圆状椭圆形，先端缺裂。**浆果初时乳白色，后变为亮红色**，近卵球形，长约10 mm，直径7~8 mm，顶端无宿存花柱，**外果皮近透明，不被白粉**。花期4月至5月，果期6月至9月。

中国特有，生于海拔2 100~3 600 m的林缘、河边、林中或灌丛中。凉山州的盐源、木里、会理、宁南、冕宁、美姑、昭觉等县市有分布。川滇小檗的根、茎皮含小檗碱较高。

### 10.1.9 豪猪刺 *Berberis julianae* Schneid.

常绿灌木。幼枝具条棱和疏黑疣点；**茎刺三分叉，粗壮。**叶椭圆形、披针形或倒披针形，长3~10 cm，先端渐尖，基部楔形，**叶缘具10~20对刺齿；**叶柄较短。**花10~25朵簇生；**花梗较长；花黄色；小苞片卵形；萼片2轮，外萼片卵形，较小，内萼片长圆状椭圆形，较大；花瓣长圆状椭圆形，先端缺裂；胚珠单生。**成熟浆果长圆形，蓝黑色，被白粉；**花柱宿存。花期3月，果期5月至11月。

中国特有，生于海拔1 800~2 600 m的山坡上、沟边或竹林中。凉山州各县市都有分布。豪猪刺的根可做黄色染料；根部含多种生物碱，可供药用，具有清热解毒、消炎抗菌的功效。

### 10.1.10 雷波小檗 *Berberis leboensis* Ying

落叶灌木。幼枝暗紫褐色；茎刺三分叉。**叶狭椭圆形或狭倒卵形，长1~1.8 cm，先端急尖，**具短刺尖，基部渐狭，中脉和侧脉两面突起，网脉显著，**下面灰白色，全缘或具1~4对刺齿；**近无柄。**伞形或近伞形花序，长4~5 cm，**具3~7朵花，总梗无毛；外萼片卵状椭圆形，较小；内萼片阔椭圆形，较大；花瓣阔椭圆形，先端浅锐裂。**浆果倒卵状长圆形，下部缢缩，**花柱宿存；种子2粒。花期6月至7月，果期7月至10月。

中国特有，生于海拔2 600~3 200 m的山坡上、灌丛中或山顶草地上。凉山州的西昌、会理、盐源、雷波、木里、金阳、美姑、布拖、昭觉等县市有分布。

### 10.1.11 金花小檗 *Berberis wilsoniae* Hemsl.

半常绿灌木。幼枝具棱，散生黑色疣点；茎刺细弱，三分叉、单一或缺。**叶倒卵形、倒卵状匙形或倒披针形，长6~25 mm**，下面灰色，微被白粉，**全缘或具1~2对细刺齿**；近无柄。**花4~7朵簇生；花梗短**；花金黄色；小苞片卵形；萼片2轮，外萼片卵形，较小，内轮萼片倒卵状圆形或倒卵形；花瓣倒卵形，长约4 mm，先端缺裂；雄蕊短，药隔先端钝尖。**浆果近球形，粉红色，微被白粉；花柱宿存**。花期6月至9月，果期次年1月至2月。

中国特有，生于海拔1 000~4 000 m的山坡处、灌丛中、路边、林缘或沟边。凉山州各县市有分布。金花小檗株形美观，秋季叶、果均为红色，可用于园林绿化和观赏；根、枝入药，可代黄连用，具有清热、解毒、消炎之功效。

### 10.1.12 假豪猪刺 *Berberis soulieana* Schneid.

常绿灌木。茎刺粗壮，三分叉。**叶革质，坚硬，长圆形、长圆状椭圆形或长圆状倒卵形，长3.5~10 cm**，宽1~2.5 cm，先端急尖，具1个硬刺尖，基部楔形，上面暗绿色，中脉凹陷，下面黄绿色，中脉明显隆起，不被白粉，两面侧脉和网脉不显；**叶缘平展，每边具5~18处刺齿**；叶柄长1~2 mm。**花7~20朵簇生**；花梗长5~11 mm；花黄色；萼片3轮，外萼片卵形，长约3 mm；花瓣倒卵形。浆果倒卵状长圆形，长7~8 mm，熟时红色，顶端具明显宿存花柱，被白粉。花期3月至4月，果期6月至9月。

中国特有，生于海拔600~2 500 m的山沟河边、灌丛中、山坡上、林中或林缘。凉山州的西昌、雷波、越西、甘洛、喜德、美姑、布拖、昭觉等县市有分布。

### 10.1.13　滑叶小檗 *Berberis liophylla* Schneid.

常绿灌木。茎刺细弱，三分叉，长1~2.5 cm。**叶革质，椭圆形至披针形，长2.5~6 cm**，宽1~1.5 cm，先端急尖，基部楔形；上面暗绿色，中脉微凹陷，**下面绿黄色**，中脉隆起，两面侧脉清晰可见，**网脉不显，不被白粉**；叶缘平展，有时微向下面反卷，**每边具5~10处刺齿**；近无柄。**花2~10朵簇生**；花梗长8~15 mm；花瓣倒卵形，先端缺裂；胚珠单生，近无柄。浆果椭圆形，长7~8 mm，直径3~4 mm，顶端具明显宿存花柱，有时被白粉。花期3月至4月，果期6月至9月。

中国特有，生于海拔2 100~2 800 m的林缘或灌丛中。凉山州的西昌、盐源、雷波、冕宁、美姑、昭觉等县市有分布。

### 10.1.14　亮叶小檗 *Berberis lubrica* Schneid.

常绿灌木。茎具棱槽，黑色疣点显著；茎刺三分叉，扁平，与枝同色。**叶革质，狭披针形；叶长6~9 cm**，宽10~15 mm，先端渐尖，上面绿色，下面淡黄绿色，两面有光泽，侧脉和网脉不显，不被白粉；**叶缘向下面反卷，具12~24对刺齿**；叶柄长1~3 mm。花6~10朵簇生；**花梗长5~10 mm**；萼片2轮；花瓣长圆状倒卵形，先端近全缘；胚珠4枚。花期5月至6月。

四川特有，生于海拔1 900~2 600 m的林缘或沟谷旁。凉山州的西昌、盐源等县市有分布。

### 10.1.15　湄公小檗 *Berberis mekongensis* W. W. Smith

落叶灌木。茎刺单生或三分叉。**叶纸质，倒卵形或阔倒卵形，长1.5~4.5 cm，宽1~2 cm，先端圆形**，基部楔形；上面深黄绿色，中脉和侧脉微隆起，下面具乳突，不被白粉，中脉和侧脉明显隆起，两面网脉显著；**叶缘平展，全缘或每边具10~15处刺齿**；叶柄长3~10 mm。**花序由6~12朵花组成，伞形状总状花序，长3~7 cm**；花梗长4~15 mm；花黄色；萼片3轮；花瓣倒卵形。**浆果长圆形，红色，长8~10 mm**，直径4~6 mm，不被白粉。花期6月至7月，果期10月至11月。

中国特有，生于海拔2 400~3 200 m的山坡阳处、山脚处及高山灌丛中。凉山州的西昌、盐源、雷波等县市有分布。

### 10.1.16　小花小檗 *Berberis minutiflora* Schneid.

落叶灌木。茎刺细弱，三分叉。叶厚纸质或近革质，**狭倒卵形或狭倒披针形，长10~20 mm，宽2.5~4 mm**，先端急尖，基部楔形；上面深绿色，**叶脉疏散分枝**，下面不被白粉；叶缘平展，全缘或每边偶具1~3处刺齿；近无柄。**花单生**；花梗长5~10 mm，细弱；花黄色；小苞片卵形，红色；萼片2轮，先端钝；花瓣长约4.5 mm，先端锐裂。浆果卵形或卵状椭圆形，长6~9 mm，红色，顶端不具宿存花柱，有时微被白粉。花期4月至6月，果期9月至10月。

中国特有，生于海拔2 500~3 800 m的山坡灌丛中、草坡中、岩坡上或高山松林下。凉山州的会理、雷波等县市有分布。

### 10.1.17　变刺小檗 *Berberis mouilicana* C. K. Schneid.

落叶灌木。**茎刺单一或三分叉，有时无刺。**叶纸质，倒卵形或长圆状倒卵形，长1~6 cm，宽5~35 mm，先端圆钝，基部楔形；上面亮绿色，下面绿色，不被白粉；叶缘平展，通常全缘。**通常总状花序，或基部有数花簇生或偶有伞形状总状花序，具4~12朵花，**长2~5 cm；花黄色；萼片2轮；花瓣宽椭圆形，先端缺裂。**浆果卵状椭圆形，红色，**长9~10 mm，顶端具宿存花柱，不被白粉。花期4月至5月，果期7月至9月。

中国特有，生于海拔2 000~3 500 m河滩处、云杉林下、灌丛中、林缘、山坡路旁或林中。凉山州的盐源等县有分布。

### 10.1.18　粉叶小檗 *Berberis pruinose* Franch.

常绿灌木。茎刺三分叉。**叶革质，椭圆形，倒卵形、长2~6 cm，宽1~2.5 cm，**先端钝尖或短渐尖，基部楔形，**下面常被白粉，**叶缘常具1~6对刺齿。**花常10~20朵簇生；**花梗长2 cm；萼片2轮，外萼片长圆状椭圆形，小，内萼片倒卵形，较大；花瓣倒卵形，先端深缺裂。**浆果椭圆形或近球形，宿存花柱或无，被白粉。**花期3月至4月，果期6月至8月。

中国特有，生于海拔1 800~4 000 m的灌丛中、路边或疏林下。凉山州的会理、盐源、木里、甘洛、宁南、冕宁、会东、布拖、昭觉等县市有分布。粉叶小檗的根富含小檗碱，供药用，具有清热解毒、消炎止痢的功效。

### 10.1.19　金佛山小檗 *Berberis jingfoshanensis* T. S. Ying

常绿灌木。茎刺三分叉。叶革质，椭圆形，长3~7 cm，宽1.3~2.5 cm，先端急尖，基部楔形，上面暗绿色，侧脉5~7对，下面灰白色或黄绿色，微被白粉；叶缘平展，**每边具3~10处刺齿**；叶柄长2~4 mm。**花5~8朵簇生**；花梗长1.5~2 cm；花黄色；萼片2轮，外萼片倒卵形，内萼片长圆形；花瓣倒卵形，长5~6 mm，先端全缘。浆果椭圆形，长7~8 mm，黑色，顶端具明显宿存花柱，**密被白粉**。花期3月至4月，果期5月至8月。

中国特有，生于海拔165~2 100 m的杂木林中、路旁荒坡处。凉山州的德昌等县有分布。

### 10.1.20　疣枝小檗 *Berberis verruculosa* Hemsl. et Wils.

常绿灌木。**枝密生疣点**；茎刺长1~2 cm。**叶革质，倒卵状椭圆形或椭圆形，长0.7~2 cm，宽4~11 mm，先端急尖**，具1处刺尖头，基部楔形，上面亮暗绿色，中脉凹陷，被白粉，后变灰绿色，侧脉3~4对，两面网脉不显；**叶缘常波状或稍向下面反卷，每边具2~4处硬直刺齿**。花单生；花梗长4~10 mm；花黄色；萼片3轮；花瓣椭圆形或倒卵形，先端缺裂或微凹。**浆果长圆状卵形，长10~12 mm**，直径6~7 mm，被白粉。花期5月至6月，果期7月至9月。

中国特有，生于海拔1 900~3 200 m的林下、山坡灌丛中或山谷岩石上及林下。凉山州的雷波、越西、冕宁、美姑等县有分布。疣枝小檗的根含小檗碱，在民间用作清热退火药。

### 10.1.21　异长穗小檗 *Berberis feddeana* Schneid.

**落叶灌木**。茎刺单生，细弱，有时无刺。**叶纸质，倒卵形或长圆状倒卵形，长3~8 cm，宽2.2~5 cm**，先端圆钝或急尖，基部楔形，上面暗绿色，中脉扁平或微凹陷，**侧脉和网脉明显**，下面中脉明显隆起，网脉显著；叶缘平展，全缘或密生多数不明显的细刺齿；叶柄长6~15 mm。**总状花序长7~18 cm**，花可达60朵，总梗长1~3 cm；花梗长4~8 mm；花黄色；萼片2轮；花瓣椭圆形，先端浅缺裂。浆果长圆形，长8~10 mm，直径4~6 mm，红色，顶端无宿存花柱，不被白粉。花期4月至5月，果期6月至9月。

中国特有，生于海拔800~3 000 m的山地沟边、路边灌丛中或林缘。凉山州的雷波等县有分布。

### 10.1.22　九龙小檗 *Berberis jiulongensis* Ying

常绿灌木。幼枝紫红色。茎刺单生或三分叉，长0.5~1 cm，紫红色。**叶薄革质，倒卵状披针形或狭倒卵形，长1.5~3.5 cm**，先端圆钝，具1处刺尖头，基部渐狭，**下面不被白粉，两面网脉明显隆起；叶缘平展，全缘**；具短柄。**伞房状圆锥花序具20~30朵花**，长4~10 cm，花序基部有1~3个总状花序簇生，**花序顶部花常轮列**；苞片叶状；花梗长约8 mm，无毛；花黄色；小苞片卵形；萼片3轮；花瓣倒卵形或倒卵状椭圆形，长4~4.5 mm。花期6月。

中国特有，生于海拔2 300~2 500 m的河谷旁、山坡旁、河滩旁或灌丛中。凉山州的盐源等县有分布。

### 10.1.23　松潘小檗 *Berberis dictyoneura* Schneid.

落叶灌木。茎刺三分叉或单生。**叶纸质，椭圆形或椭圆状倒卵形，长1~3.5 cm，宽4~15 mm，**先端圆形或钝，基部楔形；上面暗灰绿色，中脉微凹陷，下面黄绿色，中脉明显隆起，两面密网脉明显隆起；叶缘平展，每边具7~15处细密刺齿；**叶柄长2~8 mm。总状花序具7~14朵花，长2~3 cm，具短总梗或间杂簇生花；**花梗长4~6 mm；花黄色；萼片2轮；花瓣倒卵形，先端全缘。浆果倒卵状长圆形，长8~10 mm，直径5~6 mm，粉红色或淡红色，顶端无宿存花柱，不被白粉。花期4月至6月，果期7月至9月。

中国特有，生于海拔1 700~4 150 m的路边、草坡、灌丛中或林缘等。凉山州的木里等县有分布。

### 10.1.24　庐山小檗 *Berberis virgetorum* Schneid.

落叶灌木。茎刺单生，偶三分叉。**叶薄纸质，长圆状菱形，长3.5~8 cm，宽1.5~4 cm，**先端急尖，短渐尖或微钝，**基部渐狭下延，**上面暗黄绿色，下面灰白色，中脉和侧脉明显隆起；叶缘平展，全缘，有时稍呈波状；**叶柄长1~2 cm。总状花序具3~15朵花，**长2~5 cm；花梗细弱，长4~8 mm；花黄色；萼片2轮；花瓣椭圆状倒卵形，先端钝；胚珠单生，无柄。浆果长圆状椭圆形，长8~12 mm，直径3~4.5 mm，熟时红色，顶端不具宿存花柱，不被白粉。花期4月至5月，果期6月至10月。

中国特有，生于海拔250~1 800 m的山坡处、山地灌丛中、河边、林中或村旁。凉山州的甘洛等县有分布。庐山小檗根皮、茎含小檗碱较高，民间多代黄连用。

### 10.1.25 鄂西小檗 *Berberis zanlanscianensis* Pamp.

常绿灌木。茎刺三分叉，有时缺失。**叶厚革质，狭披针形，长4~11 cm，宽9~19 mm**，先端渐尖，基部狭楔形，上面深绿色，中脉凹陷，侧脉微隆起，下面淡绿色或带红褐色，中脉和侧脉明显隆起，两面网脉隐约可见；不被白粉；叶缘干后稍向下面反卷，**每边具10~25处刺齿**；叶柄长约4 mm。**花5~30朵簇生；花梗长10~20 mm**，带紫红色；花瓣较外萼片长。浆果黑色，倒卵形，长7~9 mm，直径4~5 mm，顶端具极短宿存花柱。花期3月至5月，果期5月至9月。

中国特有，生于海拔1 400~2 000 m的山坡路旁、林下或灌丛中。凉山州的美姑、喜德等县有分布。

### 10.1.26 黑果小檗 *Berberis atrocarpa* Schneid.

常绿灌木。茎刺三分叉。**叶厚纸质，披针形或长圆状椭圆形，长3~7 cm，宽7~14 mm**，先端急尖或渐尖，基部楔形；上面深绿色，有光泽，中脉凹陷，下面淡绿色，中脉明显隆起，两面侧脉和网脉微显，不被白粉；叶缘平展或微向下面反卷，**每边具5~12处刺齿**，偶有近全缘；具短柄。**花3~10朵簇生**；花梗长5~10 mm；花黄色；萼片2轮；花瓣倒卵形，先端圆形，深锐裂。**浆果黑色，卵状或椭圆形，长约5 mm，直径约4 mm，顶端具明显宿存花柱，不被或微被白粉**。花期4月，果期5月至8月。

中国特有，生于海拔600~2 800 m的山坡灌丛中、疏林下或林缘。凉山州的美姑等县有分布。

## 10.2　十大功劳属 *Mahonia* Nuttall

### 10.2.1　阔叶十大功劳 *Mahonia bealei* (Fort.) Carr.

常绿灌木或小乔木。叶狭倒卵形至长圆形，长27~51 cm，宽10~20 cm，具4~10对小叶，最下一对小叶距叶柄基部0.5~2.5 cm，**下面被白霜，有时淡黄绿色或苍白色，两面叶脉不显**；小叶厚革质，硬直，自叶下部往上，小叶渐次变长而狭，最下一对小叶卵形，具1~2处粗锯齿，往上，小叶近圆形至卵形或长圆形，长2~10.5 cm，宽2~6 cm，边缘每边具2~6处粗锯齿，先端具硬尖，**顶生小叶具1~6 cm长的叶柄。总状花序，直立，通常3~9个簇生，不分枝**；花梗长4~6 mm；花黄色；花瓣倒卵状椭圆形。浆果卵形，长约1.5 cm，直径1~1.2 cm，深蓝色，被白粉。花期9月至次年1月，果期3月至5月。

中国特有，生于海拔500~2 000 m的阔叶林、竹林、杉木林或混交林下，以及林缘、草坡、溪边、路旁或灌丛中。阔叶十大功劳凉山州各县市有分布，可作观赏植物。

### 10.2.2　尼泊尔十大功劳 *Mahonia napaulensis* DC.

常绿灌木或小乔木。叶椭圆形至卵形，长17~61 cm，宽7~19 cm，具5~12对小叶，最下一对小叶距叶柄基部0.5~2（4）cm，**背面淡黄绿色，稍有光泽，网脉隆起**；小叶厚革质，硬直，长圆形、长圆状卵形、卵形至卵状披针形，边缘每边具3~10处牙齿，先端急尖、渐尖或骤尖，**顶生小叶无柄或具2 cm以下柄。总状花序3~18个簇生，长7~23 cm**；花黄色至深黄色；花瓣椭圆形至长圆状椭圆形。浆果长圆形，长9~10 mm，直径5~7 mm，蓝黑色，被白粉。花期6月至次年1月，果期1月至7月。

中国特有，常生于海拔1 300~2 800 m的常绿落叶阔叶混交林中或林缘。凉山州各县市均有分布。尼泊尔十大功劳的茎、根供药用，具有清热解毒、利尿除淋的功效。该植株具有很高的观赏价值。

### 10.2.3　鹤庆十大功劳 *Mahonia bracteolata* Takeda

常绿灌木。叶卵形，长14~25 cm，**具3~8对相互邻接的小叶**，最下一对小叶离叶柄基部0.7~1.5 cm，上面暗灰绿色，叶脉不显，下面淡灰绿色，微被白粉，近无脉；**小叶革质，长圆状披针形**，长2.5~12 cm，宽1.5~3 cm，基部阔楔形，**下部小叶边缘具2~3对锯齿，上部小叶具4~11对锯齿，先端渐尖**。圆锥花序4~9个簇生，长7~19 cm；花梗长6~11 mm；花黄色；花瓣长圆状椭圆形，先端微凹；胚珠5~6枚。浆果近球形，直径5~7 mm，微被白粉，宿存花柱长约1.5 mm。花期8月至11月，果期9月至次年1月。

中国特有，生于海拔1 900~2 500 m的山坡灌丛中或向阳山坡处。凉山州的木里等县有分布。

### 10.2.4　峨眉十大功劳 *Mahonia polyodonta* Fedde

常绿灌木。叶长圆形，**具4~8对小叶**，小叶无柄；基生小叶倒卵状长圆形，较小，中部小叶椭圆形至卵状长圆形，**叶缘有10~16对刺齿**，顶生小叶较大，柄长约2 cm。**总状花序3~5个簇生**；花梗短；苞片阔披针形；花亮黄色至硫黄色；外萼片卵形，中萼片长圆状椭圆形，内萼片长圆形；花瓣长圆形，基部腺体，先端微缺裂，裂片圆形；雄蕊短小；子房短小，花柱极短。浆果倒卵形，蓝黑色，**微被白粉**。花期3月至5月，果期5月至8月。

国内产于湖北西部、贵州东北部、四川、云南、西藏等地，生于海拔2 700~3 400 m的常绿落叶阔叶混交林中。凉山州的西昌、会理、盐源、雷波、金阳、冕宁、美姑、普格等县市有分布。峨眉十大功劳叶形奇特、典雅美观，是优良的园林绿化和观赏植物。其根、茎可清热解毒，叶可滋阴清热。

### 10.2.5　长苞十大功劳 *Mahonia longibracteata* Takeda

常绿灌木。叶长圆形，长14~23 cm，**具4~5（6）对小叶**；基部小叶卵形，边缘具2~3对锯齿，中部小叶长圆形至卵状披针形，基部略偏斜，**边缘具（3）4~7（11）对牙齿**，顶生小叶最大，具较长柄。**总状花序6~9个簇生**；芽鳞狭卵形；花梗短；**苞片披针形，长7~9 mm，宽约2.5 mm**；花黄色；外萼片阔披针形，较小，中萼片长圆形，内萼片长圆状倒卵形，较大；花瓣长圆状椭圆形，长4.1~4.5 mm，基部具腺体，先端全缘；子房短小，近无花柱。浆果长圆形，亮红色，不被白粉。花期4月至5月，果期5月至10月。

中国特有，常生于海拔1 900~3 300 m的山坡林下、灌丛中、阴坡处或铁杉林下。凉山州的会理等地有分布。长苞十大功劳可作园林绿化和观赏植物。

### 10.2.6　长柱十大功劳 *Mahonia duclouxiana* Gagnep.

常绿灌木，高1.5~4 m。叶长圆形至长圆状椭圆形；**具4~9对无柄小叶**；**小叶狭卵形、长圆状卵形、狭长圆状卵形或椭圆状披针形**；基部小叶最小，中部小叶较大，顶生小叶及其柄最大、最长，每边具2~12处刺锯齿；上面暗绿色，稍有光泽，**网脉扁平，显著，下面黄绿色。总状花序4~15个簇生，有时具短分枝**；花梗与苞片近等长；苞片阔披针形至卵形；花黄色；花瓣长圆形至椭圆形。浆果球形或近球形，深紫色，被白粉。花期11月至4月，果期3月至6月。

 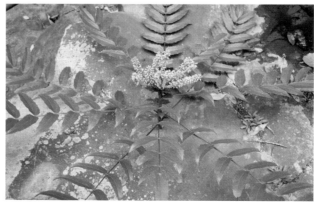

中国特有，生于海拔1 800~2 700 m的林中、灌丛中、路边、河边或山坡处。凉山州的会理、德昌、会东等县市有分布。长柱十大功劳可作为绿化和观赏树种。

### 10.2.7　细柄十大功劳 *Mahonea gracilipes* (Oliv.) Fedde

**常绿小灌木**。叶椭圆形至狭椭圆形，长20~41 cm，宽7~11 cm，**具2~3（4）对近无柄的小叶**；最下部小叶长圆形，长6~11 cm，**上部小叶长圆形至倒披针形，长8~13 cm，基部楔形，边缘中部以下全缘，以上每边具1~5处刺齿**；顶生小叶长8~14.5 cm；小叶上面暗绿色，下面被白粉，两面网状脉明显隆起。总状花序分枝或不分枝，3~5个簇生；花具黄色花瓣和紫色萼片；外萼片卵形，中萼片椭圆形，内萼片椭圆形；花瓣长圆形，先端微缺。浆果球形，直径5~8 mm，黑色，被白粉。花期4月至8月，果期9月至11月。

中国特有，生于海拔700~2 400 m的常绿阔叶林中或常绿落叶阔叶混交林下、林缘或阴坡处。凉山州的雷波、金阳等县有分布。细柄十大功劳可作为园林绿化和观赏植物。根可入药，具清热解毒、散瘀消肿的功效。

### 10.2.8　阿里山十大功劳 *Mahonia oiwakensis* Hayata

常绿灌木。叶长圆状椭圆形，长15~42 cm，**具12~20对无柄小叶**；最下部小叶卵形至近圆形，其余小叶卵状披针形或披针形，**叶缘具2~9对刺锯齿**；顶生小叶长4~6.5 cm，其叶柄较长。总状花序，7~18个簇生；花梗短；苞片卵形；花金黄色；外萼片卵形至近圆形，中萼片椭圆形至卵形，较外萼片稍大，内萼片椭圆形至长圆形，较中萼片稍大；花瓣长圆形。浆果卵形，蓝色或蓝黑色，被白粉。花期8月至11月，果期11月至次年5月。

中国特有，生于海拔1 650~2 900 m的阔叶林下、灌丛中、林缘或山坡处。凉山州的会理、甘洛、德昌、布拖、木里等县市有分布。阿里山十大功劳全株供药用，可清热解毒，有治感冒、支气管炎等功效；可用于庭园绿化和观赏。

### 10.2.9 十大功劳 *Mahonia fortunei* (Lindl.) Fedde

常绿灌木。叶倒卵形至倒卵状披针形，长10~28 cm，**具2~5对小叶；小叶狭披针形至狭椭圆形**，最下一对小叶距叶柄基部2~9 cm，节间1.5~4 cm，往上渐短；小叶无柄或近无柄，基部楔形，**边缘每边具5~10处刺齿**，先端急尖或渐尖；上面暗绿至深绿色，叶脉不显，下面淡黄色，偶稍苍白色。总状花序4~10个簇生；花梗长2~2.5 mm；花黄色；外萼片卵形或三角状卵形，中萼片长圆状椭圆形，内萼片长圆状椭圆形；花瓣长圆形，先端微缺裂；胚珠2枚。浆果球形，紫黑色，被白粉。花期7月至9月，果期9月至11月。

中国特有。凉山州的西昌、会理、冕宁等县市有栽培。十大功劳是园林观赏植物。全株可供药用。

## 10.3 南天竹属 *Nandina* Thunb.

### 南天竹 *Nandina domestica* Thunb.

常绿小灌木。茎常丛生而少分枝。叶集生茎上部，**三回羽状复叶；二至三回羽片对生；小叶椭圆形或椭圆状披针形**，顶端渐尖，基部楔形，全缘；近无柄。圆锥花序直立，大型；花小，白色；萼片多轮；花瓣长圆形，先端圆钝；子房1室。浆果球形，熟时鲜红色，稀橙红色。花期3月至6月，果期5月至11月。

国内产于福建、湖北、四川等多地，生于海拔1 200 m以下的山地林下沟旁、路边或灌丛中。凉山州各县市多有栽培。南天竹是常见的绿化和观赏植物；根、叶具有强筋活络、消炎解毒之效。

# 11 木通科 Lardizabalaceae

## 11.1 木通属 *Akebia* Decne.

### 11.1.1 三叶木通 *Akebia trifoliata* (Thunb.) Koidz.

#### 11.1.1a 三叶木通（原亚种）*Akebia trifoliata* (Thunb.) Koidz. var. *trifoliata*

落叶木质藤本。掌状复叶，**小叶3片，纸质或薄革质，**卵形至阔卵形，长4~7.5 cm，先端通常钝或略凹，具小突尖，基部截平或圆形，**边缘具波状齿或浅裂；**侧脉每边5~6条。总状花序自短枝上的簇生叶中抽出，下部有1~2朵雌花，上部有15~30朵雄花，长6~16 cm；总花梗纤细，长约5 cm。雄花：花梗丝状；**萼片3枚，淡紫色。**雌花：花梗稍较雄花的粗，长1.5~3 cm；萼片3枚，紫褐色。果长圆形，长6~8 cm，直径2~4 cm，直或稍弯，成熟时灰白略带淡紫色。花期4月至5月，果期7月至8月。

国内产于河北以南至长江流域各地，生于海拔250~2 500 m的山地沟谷边疏林或丘陵灌丛中。凉山州各县市有分布。三叶木通的根、茎和果均可入药，有利尿、通乳、舒筋活络之效，可治风湿关节痛；果可食用。

**11.1.1b 白木通（亚种）***Akebia trifoliata* subsp. *australis* (Diels) T. Shimizu

与原亚种主要的区别为：**小叶革质，卵状长圆形或卵形，基部圆形、阔楔形、截平或心形，边缘通常全缘；**有时略具少数不规则的浅缺刻。总状花序长7~9 cm，腋生或生于短枝上。花期4月至5月，果期6月至9月。

中国特有，生于海拔300~2 100 m的山坡灌丛中或沟谷疏林中。凉山州的西昌、会理、盐源、雷波、甘洛、冕宁、会东等县市有分布。白木通的果可食用和药用；茎、根用途同三叶木通。

## 11.2 猫儿屎属 *Decaisnea* Hook. f. et Thoms.

**猫儿屎** *Decaisnea insignis* (Griff.) Hook. f. et Thoms.

**直立灌木或小乔木。**枝粗而脆，易断，具粗大髓部。**羽状复叶，有小叶13~25片；**小叶对生，卵形至卵状长圆形，下面青白色。腋生总状花序或顶生圆锥花序；花梗较长；萼片卵状披针形至狭披针形。雄花：外轮萼片较内轮的长；雄蕊花丝细长管状，花药离生，药隔伸出成短角状附属体。雌花：退化雄蕊花丝合生成盘状，花药顶具短角状附属体。**果下垂，圆柱形，蓝色，**顶端截平但腹缝先端延伸为圆锥形凸头，表面具环状缢纹或无。花期4月至6月，果期7月至8月。

国内主产于西南地区至中部地区，生于海拔900~3 600 m的沟谷杂木林下阴湿处。凉山州各县市有分布。猫儿屎的果肉可食用；根和果药用，有清热解毒之效。

### 11.3 八月瓜属 *Holboellia* Diels

#### 11.3.1 五月瓜藤 *Holboellia angustifolia* Wall.

别名：五加藤、八月果、白果藤、五枫藤

常绿木质藤本。**掌状复叶有小叶5~7片**；叶柄长2~5 cm；**小叶近革质或革质，线状长圆形、长圆状披针形至倒披针形**，先端常渐尖、急尖或钝圆，基部钝圆、阔楔形或近圆形；小叶柄长5~25 mm。花雌雄同株，花较小，**红色、紫红色、暗紫色、绿白色或淡黄色**，数朵组成伞房式的短总状花序。**果紫色，长圆形**，顶端圆而具凸头。花期4月至5月，果期7月至8月。

中国特有，生于海拔500~3 000 m的山坡杂木林中或沟谷林中。凉山州各县市有分布。五月瓜藤的果可食用；根药用，可治咳嗽；果药用，可治肾虚腰痛、疝气；种子可榨油。

#### 11.3.2 牛姆瓜 *Holboellia grandiflora* Réaub.

常绿缠绕藤本。全株无毛。掌状复叶具（4）5~7片小叶，叶柄长5~15 cm，**小叶革质，倒卵形、长圆形、卵形，稀倒披针形，长5~15 cm，宽2.5~6.5 cm**，先端骤尖，基部楔形至圆形，下面灰绿色，网脉不明显；小叶柄长1~4 cm。**花白色或淡紫白色**，微芳香；总状伞房花序长4~9（12）cm，雌雄同株；雄花几朵；雌花1~2朵，花梗长2.5~4（7）cm，萼片6枚，卵形，肉质。果圆柱形，不裂，长5~9 cm，径1.5~3 cm，稍内曲。

中国特有，生于海拔1 100~3 000 m的山地杂木林中或沟边灌丛内。凉山州的盐源、雷波、木里、越西、甘洛、德昌、美姑、普格等地有分布。牛姆瓜的果实可食。

### 11.3.3 八月瓜 *Holboellia latifolia* Wall.

别名：三叶莲、刺藤果、五风藤

常绿木质藤本。**茎与枝具明显的线纹。掌状复叶有小叶3~5片；**小叶近革质，卵形或卵状长圆形，先端渐尖，基部圆形或阔楔形，有时近截平，上面暗绿色，有光泽，下面淡绿色；侧脉每边5~6条；小叶柄纤细。花数朵组成伞房花序式的总状花序；总花梗纤细，长1~3.5（5）cm；**雄花绿白色；雌花紫色。**果为不规则的长圆形或椭圆形，熟时红紫色，长5~7 cm，直径2~3 cm。花期4月至5月，果期7月至9月。

中国特有，生于海拔1 700~2 700 m的山地杂木林中或沟谷中。凉山州各县市有分布。八月瓜果实香甜可食。

## 11.4 串果藤属 *Sinofranchetia* (Diels) Hemsl.

**串果藤 *Sinofranchetia chinensis* (Franch.) Hemsl.**

落叶木质藤本。幼枝被白粉。**叶具羽状3小叶，**通常与花序同自芽鳞片中抽出；叶柄长10~20 cm；**小叶纸质，顶生小叶菱状倒卵形，**长9~15 cm，先端渐尖，基部楔形，侧生小叶较小，基部略偏斜，上面暗绿色，下面苍白灰绿色；侧脉每边6~7条；小叶柄中顶生的长1~3 cm，侧生的极短；**总状花序长而纤细，下垂，**长15~30 cm，基部为芽鳞片所包托；花稍密集着生于花序总轴上。成熟心皮浆果状，椭圆形，淡紫蓝色，长约2 cm。花期5月至6月，果期9月至10月。

中国特有，生于海拔900~2 450 m的山沟密林中、林缘或灌丛中。凉山州的雷波、甘洛、金阳、美姑、布拖、昭觉等县有分布。串果藤的果可食用及酿酒。

# 12 防己科 Menispermaceae

## 12.1 木防己属 *Cocculus* DC.

### 木防己 *Cocculus orbiculatus* (Linn.) DC.

**木质藤本**。叶片纸质至近革质，形状变异极大，线状披针形至阔卵状近圆形、狭椭圆形至近圆形、倒披针形至倒心形，有时卵状心形，顶端短尖或钝而有小突尖，边全缘或3裂，有时掌状5裂，通常长3~8 cm；**掌状脉常3条**；叶柄长1~3 cm。**聚伞花序少花，腋生，或排成多花；狭窄聚伞圆锥花序，顶生或腋生**，长可达10 cm或更长，被柔毛；雄花的萼片、花瓣、雄蕊的数量均为6；雌花的萼片和花瓣的数量与雄花相同。**核果近球形，蓝黑色、红色、紫红色**，径通常7~8 mm。

国内长江流域中下游及其以南各地常见，生于灌丛、村边、林缘等处。凉山州的西昌、盐源、雷波、木里、甘洛、德昌、金阳、冕宁、会东、普格等县市有分布。木防己的根可以入药，能清热解毒、活血、祛风止痛；能用来酿酒。木防己的植株可作垂直绿化植物。

## 12.2 风龙属 *Sinomenium* Diels

### 风龙 *Sinomenium acutum* (Thunb.) Rehd. et Wils.

**木质大藤本**。**叶革质至纸质，心状圆形至阔卵形**，长6~18 cm，顶端渐尖或短尖，基部常心形，有时近截平或近圆，边全缘、有角或5~9裂，裂片尖或钝圆；掌状脉5条；叶柄长5~15 cm。**圆锥花序通常不超过20 cm**。雄花：小苞片2片，紧贴花萼；花瓣稍肉质；雌花：退化雄蕊丝状；心皮无毛。**核果红色至暗紫色，径5~7 mm**。花期夏季，果期秋末。

国内常生于长江流域及其以南各地。凉山州的盐源、德昌、布拖、普格等县有分布。风龙的根、茎可入药治疗风湿；枝条可编藤器。

# 13 马兜铃科 Aristolochiaceae

## 13.1 马兜铃属 *Aristolochia* L.

### 13.1.1 寻骨风 *Aristolochia mollissima* Hance

木质藤本。幼枝、叶柄及花密被灰白色长绵毛。叶卵形或卵状心形，长3.5~10 cm，先端钝圆或短尖，基部心形，弯缺深1~2 cm，上面被糙伏毛，**下面密被灰白色长绵毛**。花单生于叶腋。花梗长1.5~3 cm，直立或近顶端下弯；花被筒中部膝状弯曲，下部长1~1.5 cm，径3~6 mm，**檐部盘状，径2~2.5 cm，淡黄色，具紫色网纹或无，浅3裂，裂片平展**，喉部近圆形，径2~3 mm，稍具紫色领状突起。蒴果长圆状倒卵圆形或倒卵圆形，长3~5 cm，具6处波状棱或翅。花期4月至6月，果期7月至9月。

中国特有，生于海拔2 400~2 700 m的山坡处、沟边或路旁。凉山州的西昌、宁南等县市有分布。寻骨风全株可药用，性平、味苦，有祛风湿、通经络和止痛的功效，可治疗胃痛、筋骨痛等。

### 13.1.2 宝兴马兜铃 *Aristolochia moupinensis* Franch.

木质藤本。**叶膜质或纸质，卵形或卵状心形**，长6~16 cm，宽5~12 cm，**基部深心形**，弯缺深1~2.5 cm，边全缘，上面疏生灰白色糙伏毛，下面密被黄棕色长柔毛；基出脉5~7条，侧脉每边3~4

条，网脉两面均明显。花单生或2朵聚生于叶腋；花梗长3~8 cm，花喉常伸长，密被长柔毛；花被管中部急速弯曲而略扁；**檐部盘状，近圆形，直径3~3.5 cm，内面黄色，有或无紫红色斑点**，边缘浅3裂；裂片常稍外翻，顶端具突尖。蒴果长圆形，长6~8 cm，有6棱，棱通常波状弯曲。花期5月至6月，果期8月至10月。

中国特有，生于海拔2 000~3 200 m的林中、沟边或灌丛中，凉山州的西昌、盐源、雷波、木里、会东、越西、宁南、德昌、冕宁、美姑、布拖等县市有分布。

# 14 胡椒科 Piperaceae

## 胡椒属 *Piper* L.

### 石南藤 *Piper wallichii* (Miq.) Hand.–Mazz.

攀缘藤本。**叶硬纸质，椭圆形、狭卵形至卵形**，长7~14 cm，宽4~6.5 cm，顶端长渐尖，有小尖头，基部短狭或钝圆；叶脉5~7条，最上1对互生或近对生，离基1~2.5 cm从中脉发出。花单性，雌雄异株，**聚集成与叶对生的穗状花序**。雄花序于花期几乎与叶片等长；花序轴被毛；苞片圆形，边缘不整齐，盾状，直径约1 mm；雄蕊2枚，偶有3枚，花药肾形，2裂，比花丝短。雌花序比叶片短。**浆果球形，直径3~3.5 mm，有疣状突起**。花期5月至6月。

国内产于湖北、湖南、广西、贵州、云南、四川等多地，生于海拔310~2 600 m的林中阴处或湿润地。凉山州的雷波、普格等县有分布。石南藤的茎可入药，可祛风寒、强腰膝、补肾壮阳。

# 15 辣木科 Moringaceae

辣木属 *Moringa* Adans.

### 辣木 *Moringa oleifera* Lam.

乔木。枝有明显的皮孔及叶痕，小枝被短柔毛。**叶常为三回羽状复叶**，长25~60 cm，羽片的基部具线形或棍棒状稍弯的腺体，腺体多数脱落；叶柄基部鞘状；羽片4~6对；小叶3~9枚，薄纸质，卵形、椭圆形或长圆形，长1~2 cm，通常顶端的1片较大，下面苍白色，无毛，叶脉不明显。花序广展，长10~30 cm；苞片小，线形；花白色，芳香，直径约2 cm。**蒴果长20~50 cm，径1~3 cm，下垂，3瓣裂。**

原产印度，凉山州的德昌、会东等县有栽培。该树种可栽培供观赏；根、叶和嫩果有时亦作食用；种子油为一种清澈透明的可用于高级钟表的润滑油。

# 16 远志科 Polygalaceae

## 16.1 远志属 *Polygala* Linn.

### 16.1.1 荷包山桂花 *Polygala arillata* Buch.–Ham. ex D. Don

灌木。小枝密被短柔毛，具纵棱。叶椭圆形、长圆状椭圆形至长圆状披针形，侧脉5~6对。**总状花序与叶对生，下垂；萼片5枚，外1枚兜状，中间2枚卵形，内2枚花瓣状；花瓣3瓣，黄色**，侧生花瓣较龙骨瓣短，2/3以下与龙骨瓣合生；基部耳状，龙骨瓣盔状，具条裂鸡冠状附属物；雄蕊8枚，2/3以下连合成鞘，并与花瓣贴生；子房扁圆形，具狭翅及缘毛，基部花盘肉质，花柱顶端弯曲。**蒴果阔肾形至略心形**，先端微缺具尖头，边缘具狭翅及缘毛，果爿具同心圆状肋。花期5月至10月，果期6月至11月。

国内产于陕西、四川、贵州、云南等多地，常生于海拔1 000~3 000 m的山坡林下或林缘。凉山州各县市有分布。荷包山桂花的根皮可入药，具有清热解毒、祛风除湿、补虚消肿之功效。

### 16.1.2　尾叶远志 *Polygala caudata* Rehd. et Wils.

灌木。单叶，**绝大部分螺旋状紧密地排列于小枝顶部；叶片近革质，长圆形或倒披针形**，长6~10 cm，先端具尾状渐尖或细尖，基部渐狭至楔形，全缘，略反卷，**且波状**；侧脉7~12对。总状花序顶生或生于顶部数个叶腋内，数个密集成伞房状花序或圆锥状花序，长2.5~7 cm，被紧贴短柔毛；花长约5 mm；萼片5枚，早落，花瓣状；**花瓣3瓣，白色、黄色或紫色**。蒴果长圆状倒卵形，长8 mm，径约4 mm，先端微凹，基部渐狭，具杯状环，边缘具狭翅。花期11月至次年5月，果期5月至12月。

中国特有，生于海拔1 000~2 100 m的石灰山林下。凉山州的布拖、雷波、美姑、普格等县有分布。本种之根入药，有止咳、平喘、清热利湿、通淋之功效。

# 17　蓼科 Polygonaceae

### 酸模属 *Rumex* L.

### 戟叶酸模 *Rumex hastatus* D. Don

灌木。高50~90 cm，**一年生枝草质，老枝木质。叶互生或簇生，戟形，近革质，长1.5~3 cm，宽1.5~2 mm**，中裂线形或狭三角形，顶端尖，两侧裂片向上弯曲。花序圆锥状，顶生，分枝稀疏；花梗细弱，中下部具关节；花杂性；花被片6片，成2轮，雄花的雄蕊6枚；雌花的外花被片椭圆形，果时反折，**内花被片膜质，半透明，淡红色，**果时增大，圆形或肾状圆形。瘦果卵形，具3棱，长约2 mm。花期4月至5月，果期5月至6月。

国内产于云南、四川及西藏等地，喜生于海拔600~3 200 m的沙质荒坡或山坡阳处。凉山州各县市有分布。本种可作坡坎水土保持植物。

# 18　亚麻科 Linaceae

**石海椒属** *Reinwardtia* Dumort.

**石海椒** *Reinwardtia indica* Dum.

常绿灌木。叶椭圆形或倒卵状椭圆形，长2~8.8 cm，先端稍圆，具小尖头，基部楔形；全缘或具细钝齿。**花单生叶腋，或簇生枝顶，**花径1.4~3 cm；萼片5枚，披针形，长0.9~1.2 cm，宿存；花瓣有5片或4片，**黄色，**分离，长1.7~3 cm，宽1.3 cm。蒴果球形，6裂，每裂瓣里1粒种子。花果期4月至次年1月。

国内产于广西、四川、贵州和云南等多地，生于海拔550~2 300 m的林下、山坡灌丛处、路旁和沟坡潮湿处。凉山州的西昌、雷波、宁南、德昌、金阳、冕宁、会东、美姑、布拖、普格等县市有分布。石海椒的花黄色，较大，可栽培供观赏；嫩枝、叶可入药，有消炎解毒和清热利尿的功效。

# 19  千屈菜科 Lythraceae

## 19.1  萼距花属 *Cuphea* Adans. ex P. Br.

### 19.1.1  萼距花 *Cuphea hookeriana* Walp.

灌木或亚灌木状。分枝细，**密被短柔毛**。叶披针形或卵状披针形；顶部的叶线状披针形，长2~4 cm，宽5~15 mm，顶端长渐尖；基部圆形至阔楔形，下延至叶柄，侧脉约4对，叶柄极短。花单生于叶柄之间或近腋生，组成少花的总状花序；花梗纤细；花萼基部上方具短距，带红色，密被黏质的柔毛或绒毛；**花瓣6枚，其中上方2枚特大，矩圆形**、深紫色、波状、具爪，其余4枚极小，锥形。花期6月至9月。

原产墨西哥，凉山州的西昌、会理、盐源、甘洛、喜德、宁南、德昌、金阳、普格、昭觉等县市引种栽培。萼距花是园林绿化中常见的地被观赏植物。

### 19.1.2  披针叶萼距花 *Cuphea lanceolata* Ait.

小灌木。**茎具黏质柔毛或硬毛**。叶对生，矩圆形或披针形，稀近卵形，长2~4.5 cm，宽0.6~2 cm，顶端渐尖，基部短尖，中脉在下面突起，有叶柄。花单生，花梗长2~6（15）mm，花萼长16~24 mm，被紫色**黏质柔毛或粗毛**，基部有距；花瓣6枚，背面2枚较大，近圆形、**淡紫红色**，其余4枚较小，倒卵形或倒卵状圆形；雄蕊稍突出萼外。花期7月至9月。

原产墨西哥，凉山州西昌市引种栽培。披针叶萼距花价值同萼距花。

## 19.2 紫薇属 *Lagerstroemia* Linn.

### 紫薇 *Lagerstroemia indica* Linn.

落叶灌木或小乔木。**树皮平滑**。叶互生或有时对生；叶椭圆形、阔矩圆形或倒卵形，长2.5~7 cm，宽1.5~4 cm，顶端短尖或钝形，有时微凹，基部阔楔形或近圆形；侧脉3~7对；叶柄短或无。**花淡红色或紫色、白色，常组成顶生圆锥花序**；花梗较短；花萼外面平滑无棱，但有时萼筒有微突起短棱，裂片6片，三角形；**花瓣6枚，皱缩，长12~20 mm，具长爪**。蒴果椭圆状球形或阔椭圆形，幼时绿色至黄色，成熟时或干燥时呈紫黑色，室背开裂。花期6月至9月，果期9月至12月。

原产亚洲，凉山州各县市多有栽培。紫薇树姿优美，树干光滑洁净，花色艳丽，花期长，为优良庭园绿化和观赏树。其木材坚硬、耐腐，可作农具、家具、建筑等用材。紫薇树皮、叶及花为强泻剂。

# 20　石榴科　Punicaceae

## 石榴属 *Punica* Linn.

### 石榴 *Punica granatum* Linn.

落叶灌木或乔木。枝顶具尖锐长刺，幼枝具棱角。叶对生或近簇生，矩圆状披针形，长2~9 cm，顶端短尖、钝尖或微凹，基部短尖至稍钝形；叶柄短。花大，1~5朵生于枝顶；萼筒通常红色或淡黄色，裂片略外展，卵状三角形；**花瓣通常大，红色、黄色或白色，长1.5~3 cm，顶端圆形**；花丝长达13 mm；花柱的长超过雄蕊。**浆果近球形，直径5~13 cm，通常为淡黄褐色或淡黄绿色，有时白色，稀暗紫色**。种子红色至乳白色，肉质的外种皮可供食用。

原产巴尔干半岛至伊朗及其邻近地区，我国已有多年栽培史。凉山州各县市均有栽培。石榴是常见的果树，也是重要的园林绿化和观赏树种；果皮入药，可治慢性下痢及肠痔出血等症；根皮可驱绦虫和蛔虫。

# 21 柳叶菜科 Onagraceae

## 倒挂金钟属 *Fuchsia* L.

### 倒挂金钟 *Fuchsia hybrida* Hort. ex Sieb. et Voss.

别名：灯笼花

灌木。茎直立，分枝常下垂。叶对生，卵形或狭卵形，长3~9 cm，宽2.5~5 cm，中部的较大，先端渐尖，基部浅心形或钝圆，边缘具浅齿或齿突；脉常带红色，侧脉6~11对；叶柄常带红色。**花下垂，花梗纤细，淡绿色或带红色；花管红色，筒状，上部较大；萼片4枚，红色，长圆状或三角状披针形，先端渐狭，开放时反折；花瓣色多变，紫红色、红色、粉红或白色，排成覆瓦状，宽倒卵形，先端微凹。**果紫红色，倒卵状长圆形。花期4月至12月。

倒挂金钟是常见观赏植物，凉山州各县市常有栽培。倒挂金钟花形奇特，极为雅致，具有较高观赏价值。

# 22 瑞香科 Thymelaeaceae

## 22.1 瑞香属 *Daphne* Linn.

### 22.1.1 短管瑞香 *Daphne brevituba* H. F. Zhou ex C. Y. Chang

常绿直立灌木。当年生枝被灰黄色或淡黄色绒毛。**叶互生，薄革质或纸质**；叶通常密集生于小枝顶端，**倒披针形或倒卵状披针形**，长2.5~6 cm，宽0.8~1.6 cm；先端钝形或圆形，**微凹下**，基部下延至叶柄，狭楔形；边缘全缘，微反卷；中脉纤细，中脉在上面凹下，在下面显著隆起，侧脉7~11对；叶柄短，无毛。花白色，**通常3~5朵组成头状花序**，顶生或侧生，**花序下具苞片**；花梗短，密被黄褐色绒毛；**花萼筒外面疏生灰白色短绒毛，裂片4片**；花盘薄，环状，边缘流苏状。果实卵形，柱头宿存，成熟时红色。花期3月至4月，果期4月至5月。

中国特有，生于海拔2 000~2 500 m的密林中或山谷疏林中。凉山州的西昌、盐源等县市有分布。

### 22.1.2 滇瑞香 *Daphne feddei* Lévl.

常绿直立灌木。幼枝散生暗灰色短绒毛。**叶密生于新枝上，纸质，倒披针形或长圆状披针形至倒卵状披针形**，长5~12 cm，宽1.4~3.5 cm，先端急尖或渐尖，基部楔形；边缘全缘；中脉在上面凹下，在下面隆起，侧脉11~16对，近边缘通常分叉而网结；叶柄短，具狭翅。**花白色或带淡紫色，芳香**，8~12朵组成顶生的头状花序；**花序下具苞片，早落**。花序梗短，被淡黄色丝状柔毛；**花萼筒筒状，密被短柔毛，不久部分脱落**；**裂片4片**，卵形或卵状披针形，顶端钝形或尖，外面通常无毛。果实橙红色，圆球形，直径约4.5 mm。花期2月至4月，果期5月至6月。

中国特有，生于海拔1 800~2 600 m的疏林下或灌丛中。凉山州的西昌、会理、盐源、木里、喜德、宁南、德昌、布拖等县市有分布。滇瑞香的树皮纤维韧性强，可作造纸原料；鲜花可提取芳香油；全株入药，可治跌打风湿痛。

### 22.1.3  凹叶瑞香  *Daphne retusa* **Hemsl.**

常绿灌木。叶常簇生于小枝顶部，革质或纸质，长圆形、长圆状披针形或倒卵状椭圆形，长1.5~7 cm，宽0.6~1.5 cm，**先端钝圆形，尖头凹下**，幼时具一束白色柔毛，基部下延；边缘全缘，微反卷；**上面多皱纹，**中脉在上面凹下，在下面稍隆起，侧脉在两面不明显；叶柄极短或无。花淡紫红色或白色，**无毛，**芳香，数花组成头状花序，顶生；花序梗短，长2 mm，密被褐色糙伏毛，花梗极短或无；花萼筒圆筒形，**裂片4片，外面无毛。**果实浆果状，卵形或近圆球形，直径7 mm，成熟后红色。花期4月至5月，果期6月至7月。

中国特有，生于海拔3 000~3 900 m的高山草坡上或灌木林下。凉山州的盐源、木里、普格等县有分布。本种茎皮纤维为优良的造纸原料；可作庭园观赏植物。

### 22.1.4  白瑞香 *Daphne papyracea* **Wall. ex Steud.**

### 22.1.4a 白瑞香（原变种）*Daphne papyracea* Wall. ex Steud. var. *papyracea*

常绿灌木。当年生枝被粗绒毛，渐无毛。叶互生，**膜质或纸质，长椭圆形或长圆状披针形，长6~16 cm**，宽1.5~4 cm，先端钝尖、长渐尖至尾尖，基部楔形；上面中脉凹下，侧脉7~15对；叶柄长0.4~1.5 cm，几无毛。**多花簇生于小枝顶端成头状花序，花白色**；花序梗长2 mm，被丝状柔毛，**具叶状苞片**；苞片早落，被毛；花萼筒外面被淡黄色丝状柔毛；裂片4片，卵状披针形或卵状长圆形，长**5~7 mm**，宽2~4 mm。果卵形或倒梨形，长0.7~1 cm，成熟时红色；果梗长6 mm，被丝状毛。花期11月至次年1月，果期4月至5月。

国内产于广东、广西、云南、贵州、四川等地，生于海拔700~2 400 m的疏林下及林缘。凉山州的西昌、盐源、喜德、德昌、金阳、冕宁、会东、布拖等县市有分布。

### 22.1.4b 山辣子皮（变种）*Daphne papyracea* var. *crassiuscula* Rehd.

**别名：小构皮**

常绿灌木。**小枝粗短，几无毛**，紫褐色或暗紫色；叶密集生于小枝顶端，**薄革质至厚革质，椭圆形或披针形**；长6~16 cm，宽1.5~4 cm，先端渐尖，尖头钝形或急尖，基部楔形，边缘全缘，有时微反卷，两面无毛；侧脉6~15对，纤细；叶柄长4~15 mm，几无毛。**顶生头状花序，花密集，白色**；花萼筒漏斗状，长5~6 mm，宽2.3 mm；**裂片4片**，卵形，长4 mm，宽3~4 mm。果实为浆果，成熟时红色，卵形或倒梨形，长0.8~1 cm。花期11月至次年1月，果期4月至5月。

中国特有，生于海拔1 000~3 100 m的山坡灌丛中或草坡上。凉山州的冕宁、会东等县有分布。本

种可作庭园观赏植物。

### 22.1.5 穗花瑞香 *Daphne esquirolii* Lévl.

落叶直立灌木。叶互生，膜质，倒卵形或倒卵状长圆形，长2.5~7.5 cm，宽1.4~3.2 cm，先端圆形，稀微急尖，基部楔形；上面黄绿色，下面灰白色或粉白色，两面无毛；叶柄无毛。**花黄色，顶生穗状花序**，长达6 cm，具几朵至多花；花序梗粗壮，花梗极短，均无毛；花萼筒狭圆筒状，长8~15 mm，无毛；**裂片5片**，广卵形或长圆状广卵形，长3~5 mm，先端钝形，开展，具细脉纹。花期5月，果期7月。

中国特有，生于海拔700~2 000 m的山坡处或河谷草坡处。凉山州的雷波等县有分布。本种可作庭园观赏植物。

### 22.1.6 尖瓣瑞香 *Daphne acutiloba* Rehd.

常绿灌木。**叶革质**，长圆状披针形至椭圆状倒披针形或披针形，长4~10 cm，宽1.2~3.6 cm，先端渐尖或钝形，基部常下延成楔形，两面均无毛；侧脉7~12对，在下面较上面显著；叶柄长2~8 mm，无毛。花白色，芳香，5~7朵组成顶生头状花序；**叶状苞片数枚，长圆状披针形，长3~3.5 cm，宽0.5~1 cm，通常宿存**；花梗短，长0.5~2 mm，被淡黄色丝状毛；花萼筒圆筒状，长9~12 mm，无毛；**裂片4片，长卵形，长5~6 mm，顶端常渐尖**。果实肉质，椭圆形，幼时绿色，成熟后红色。花期4月至5月，果期7月至9月。

中国特有，生于海拔1 400~3 000 m的丛林中。凉山州的西昌、木里、美姑、布拖、普格等县市有分布。韧皮纤维可作造纸原料；亦可引种于庭园内作观赏植物。

## 22.2　结香属 *Edgeworthia* Meisn.

### 22.2.1　滇结香 *Edgeworthia gardneri* (Wall.) Meisn.

小乔木。**小枝无毛或顶端疏被绢状毛**。叶窄椭圆形或椭圆状披针形，两面被平贴柔毛；侧脉8~9对；叶柄短，疏被柔毛。头状花序球形，具30~50朵花，顶生或腋生，总苞早落，苞片叶状窄披针形；花序梗弯垂，被白色绢毛；花无梗；花萼外面密被白色丝状毛，**内面黄色**，顶端4裂。果卵形，密被灰白色丝状长毛。花期冬末春初，果期夏季。

国内主产于西藏、云南等地，生于海拔1 000~2 500 m的江边、林缘、疏林湿润处或常绿阔叶林中。凉山州的会理、德昌等县市有发现，四川新记录。本种的树皮纤维为人造棉及造纸原料。

### 22.2.2　白结香 *Edgeworthia albiflora* Nakai

灌木。小枝纤细，叶痕清晰。叶倒披针形，长3.5~15 cm，先端尖，基部渐窄，侧脉8~10对；叶柄短，被柔毛。头状花序生枝顶叶腋内，具30~50朵花，花序梗密被丝状毛；花无梗，花萼外面密被白色丝状毛，**内面白色**，顶端4裂，裂片宽卵形；雄蕊8枚，2列。果卵形，被宿存花萼包裹，中部以上被绢毛。

四川特有，喜生于海拔1 300~1 600 m的沟谷常绿林下，凉山州的会理等地有分布。本种的树皮为造纸的原料。

## 22.3 荛花属 *Wikstroemia* Endl.

### 22.3.1 澜沧荛花 *Wikstroemia delavayi* Lecomte

直立灌木。多分枝。**叶对生，**披针状倒卵形、倒卵形或倒披针形，长3~5.5 cm，宽1.6~2.5 cm，先端圆具短而微钝的小尖头或短渐尖及锐尖，基部圆形或微心形，上面绿色，下面苍白色。**圆锥花序顶生，**长3~4 cm，有时延伸到10 cm；**花黄绿色或紫红色，**长8~10 mm，**花萼外面几无毛；裂片4片，**长圆形，长约2 mm。干果圆柱形，长约4 mm，径约1.2 mm。秋季开花，随即结果。

中国特有，生于海拔2 000~3 200 m的河边、林中、灌丛中或河谷石灰岩山地等处。凉山州的木里等县有分布。

### 22.3.2 纤细荛花 *Wikstroemia gracilis* Hemsl.

直立灌木。小枝纤弱，被长而平贴毛发状糙伏毛。叶对生或近对生，**椭圆形、卵圆形或长圆形，**长1.5~5 cm，宽0.8~2.8 cm，先端钝，基部钝圆或宽楔形；**两面均被极稀疏的糙伏毛，**后渐变为无毛，上面绿色，下面灰绿色；侧脉明显，纤细，每边5~6条。**花序总状或由总状花序组成的小圆锥花序，花序梗短；花黄色，外面被平贴毛，4裂，**裂片椭圆形，具明显的网纹。花期秋季。

中国特有，生于海拔1 000~2 250 m的山坡林荫下。凉山州的会东等县有分布。

# 23 紫茉莉科 Nyctaginaceae

## 23.1 叶子花属 *Bougainvillea* Comm. ex Juss.

### 23.1.1 叶子花 *Bougainvillea spectabilis* Willd.

**别名：三角梅、毛宝巾、九重葛**

藤状灌木。**枝、叶密生柔毛**；刺腋生，下弯。叶片椭圆形或卵形，基部圆形，有柄。花序腋生或顶生；苞片椭圆状卵形，基部圆形至心形，颜色暗红色、鲜红色、橙黄色、紫红色、乳白色等；**花被管密被柔毛**，顶端5~6裂，裂片开展，黄色，长3.5~5 mm；雄蕊通常8枚。果实密生毛。花期冬春间。

原产南美，凉山州各县市有栽培。本种常被用于绿化，放在庭园、公园、街道、路旁等处，做花篱、花坛、花带的配置。

### 23.1.2 光叶子花 *Bougainvillea glabra* Choisy

**别名：三角梅**

藤状灌木。**枝无毛或疏生柔毛**；刺腋生，长5~15 mm。叶纸质，卵形或卵状披针形，长5~13 cm，顶端急尖或渐尖，基部圆形或宽楔形，上面无毛，下面被微柔毛；叶柄长1 cm。花顶生枝端的3个苞片内，花梗与苞片中脉贴生，每个苞片上生一朵花；苞片叶状，紫色或品红色，长圆形或椭圆形，长2.5~3.5 cm，宽约2 cm，纸质；**花被管疏生柔毛**，有棱，顶端5浅裂；雄蕊6~8枚。花期冬春间，北方温室栽培3月至7月开花。

原产巴西，凉山州各县市有栽培。光叶子花常被用于绿化，放在庭园、公园、街道、路旁等处，做花篱、花坛、花带的配置。本种花入药，可调和气血，治白带异常和调经。

# 24  油蜡树科 Simmondsiaceae

油蜡树属 *Simmondsia* Nutt.

### 油蜡树 *Simmondsia chinensis* (Link) C. K. Schneid.

别名：西蒙得木

常绿灌木。分枝刚劲，被短柔毛。**单叶对生；叶椭圆形、倒卵形或长圆形**，长2~4 cm，宽1.5~3 cm，全缘，**厚革质**；无托叶，顶端圆钝，基部阔楔形。花整齐，雌雄异株，生于腋出的短花轴上；**雄花小，聚成头状，雌花单生**，均下垂，雄花萼片4~6枚，常5枚，无花瓣，雄蕊10~12枚，着生于扁平的花托上，几无花丝，花药大，呈矩圆形；雌花萼片4~6枚，常5枚，无花瓣，子房上位，每室具一顶生悬垂的倒生胚珠。蒴果卵形。

原产北美洲，凉山州的会东等县有引种栽培。该种是油料植物，种子可提取透明、呈浅黄色的液体蜡，该物质提炼后为一种可用于高级精密机械的润滑油。

# 25 山龙眼科 Proteaceae

## 25.1 银桦属 *Grevillea* R. Br.

### 银桦 *Grevillea robusta* A. Cunn. ex R. Br.

大乔木。嫩枝被锈色绒毛。叶长15~30 cm，**二次羽状深裂，裂片7~15对，边缘背卷**；叶柄被绒毛。总状花序腋生，或排成少分枝的顶生圆锥花序，花梗长1~1.4 cm；**花橙色或黄褐色，花被管长约1 cm，顶部卵球形，下弯**；花药卵球状；花盘半环状，子房具子房柄，花柱顶部圆盘状，稍偏侧，柱头锥状。果卵状椭圆形，稍偏斜，果皮黑色。花期3月至5月，果期6月至8月。

原产于澳大利亚东部。凉山州的西昌、会理、盐源、木里、甘洛、喜德、宁南、德昌、金阳、冕宁、会东、普格等县市有栽培。该树种树干通直、高大伟岸、树冠整齐，宜作行道树、庭荫树。

## 25.2 澳洲坚果属 *Macadamia* F. Muell.

### 澳洲坚果 *Macadamia integrifolia* Maiden & Betche

乔木。**叶革质，常3枚轮生或近对生，**长圆形至倒披针形，长5~15 cm，顶端急尖至圆钝，有时微凹，基部渐狭；侧脉7~12对；每侧边缘具疏生牙齿约10个，成龄树的叶近全缘；叶柄长4~15 mm。**总状花序腋生或近顶生，**长8~15 cm，疏被短柔毛；花淡黄色或白色；花梗长3~4 mm；花被管长8~11 mm，直立，被短柔毛。**果球形，直径约2.5 cm，**顶端具短尖，开裂；种子通常球形。花期4月至5月，果期7月至8月。

原产于澳大利亚。凉山州西昌市有引种栽培。澳洲坚果为著名干果，种子供食用；木材红色，适宜作细木工或家具等用料。

# 26 马桑科 Coriariaceae

## 马桑属 *Coriaria* L.

### 马桑 *Coriaria nepalensis* Wall.

别名：千年红、马鞍子、水马桑、野马桑、马桑柴、乌龙须、醉鱼儿

灌木。小枝四棱形或成四狭翅，**叶对生**，椭圆形或阔椭圆形，长2.5~8 cm，全缘，**基出3脉**；叶柄短。花序生于二年生枝上，雄花序先叶开放，多花密集；苞片和小苞片卵圆形；花梗极短；萼片卵形；花瓣极小，卵形状；雄蕊10枚；雌花序与叶同出；苞片稍大，带紫色；花梗短；萼片与雄花同；花瓣肉质，龙骨状。**果球形，果期花瓣肉质增大包于果外，成熟时由红色变紫黑色**；种子卵状长圆形。

国内产于西南各省及陕西、甘肃的中低海拔山坡、沟谷林地及灌丛中，凉山州各县市均有分布。马桑生命力强，常作水土保持树种；全株含马桑碱有毒，可作土农药。

# 27 海桐科 Pittosporaceae

## 27.1 海桐属 *Pittosporum* Banks ex Gaerth

### 27.1.1 光叶海桐 *Pittosporum glabratum* Lindl.

常绿灌木。嫩枝无毛，老枝有皮孔。**叶聚生于枝顶，薄革质，二年生，窄矩圆形或倒披针形**，先端尖锐，基部楔形，上面绿色，发亮，下面淡绿色；侧脉5~8对，边缘平展，有时稍皱折；叶柄长6~14 mm。花序伞形，1~4枝簇生于枝顶叶腋，多花；花梗长4~12 mm，有微毛或秃净；萼片卵形；花瓣分离，倒披针形；**子房无毛**。**蒴果椭圆形**，有宿存花柱，**3片裂开**；**果片薄，革质**，每片有种子约6粒；种子大，5~6 mm；果梗短而粗壮。

中国特有，凉山州的西昌、盐源、雷波、德昌、冕宁等县市有分布。光叶海桐的根供药用，有镇痛功效。

### 27.1.2　海金子 *Pittosporum illicioides* Mak.

常绿灌木。叶生于枝顶，3~8片簇生成假轮生状；叶**薄革质，倒卵状披针形或倒披针形，长5~10 cm，宽2.5~4.5 cm**，先端渐尖，基部窄楔形，常向下延；上面深绿色，下面浅绿色，无毛；侧脉6~8对，在上面不明显，在下面稍突起，网脉在下面明显，边缘平展或略皱折；**叶柄长7~15 mm**。伞形花序顶生，有花2~10朵；花梗长1.5~3.5 cm，纤细，无毛，常向下弯；萼片长约2 mm；花瓣长8~9 mm；子房长卵形，**侧膜胎座3个**。蒴果近圆形，长9~12 mm，3片裂开，果片薄木质；种子8~15个，长约3 mm。

国内东至台湾、西至四川等多地有产。凉山州的雷波、甘洛、布拖、普格、昭觉等县有分布。

### 27.1.3　昆明海桐 *Pittosporum kunmingense* Chang et Yan

常绿灌木或小乔木。**小枝无毛**。叶簇生于枝顶，二年生，薄革质，**矩圆状倒披针形或倒披针形，先端急尖或渐尖**，基部楔形，上面深绿色，稍发亮，下面无毛；侧脉6~7对，在上面不明显，网脉在两面均不明显；边缘稍有微波，叶柄长5 mm。**伞形花序或伞房花序顶生或近于顶生，基部有鳞状苞片**，有花2~12朵，苞片阔卵形，长2 mm，被毛；小苞片披针形，被毛；**花梗长6~10 mm，有褐色柔毛；萼片被褐色柔毛；花瓣分离**，长10~12 mm；花丝长5~7 mm，花药长1 mm；子房被毛，长卵形，子房壁薄，侧膜胎座2个。

国内产于云南、贵州，生于沟谷疏林中。凉山州的西昌、木里、普格等县市有发现，四川新记录。

### 27.1.4　广西海桐 *Pittosporum kwangsiense* Chang et Yan

常绿灌木或小乔木。小枝无毛，灰白色，多皮孔。叶簇生于枝顶，二年生叶革质，**倒卵状矩圆形**，长10~15 cm，宽4~6 cm，先端尖锐，基部楔形；上面绿色发亮，干后黄绿色，下面浅绿色，无毛；侧脉5~7对，在上面隐约可见，在下面稍突起，网脉在上下两面均不明显；叶柄长7~12 mm。**伞房花序3~7个生枝顶，呈复伞形花序**。果序柄长1.5~4 cm，秃净；果梗长5~12 mm。蒴果短圆形，稍压扁，长7 mm，宽9 mm，**2片裂开**，果片薄木质；**种子4粒**，扁圆形，红色，干后黑色；种柄长1 mm，扁而宽。

国内产于云南、广西。凉山州盐源有发现，四川新记录。

### 27.1.5　柄果海桐 *Pittosporum podocarpum* Gagnep.

### 27.1.5a　柄果海桐（原变种）*Pittosporum podocarpum* Gagnep. var. *podocarpum*

**别名：单花海桐**

常绿灌木。嫩枝无毛。叶簇生于枝顶，二年生或一年生，薄革质，倒卵形或倒披针形，稀为矩圆形，长7~13 cm，宽2~4 cm，先端渐尖或短急尖，基部收窄，楔形，常向下延；上面绿色，发亮，下面无毛，侧脉6~8对，叶柄长8~15 mm。**花1~4朵生于枝顶叶腋内**，花梗长2~3 cm，无毛；萼片卵形，长3 mm；**花瓣长约17 mm**，宽2~3 mm；**子房长卵形，密被褐色柔毛，侧膜胎座3个，子房柄长5 mm**。

**蒴果梨形或椭圆形，长2~3 cm**，3片裂开；果片薄，革质，外表粗糙，每片有种子3~4粒；种子长6~7 mm，扁圆形。

国内分布于四川、云南、贵州、湖北及甘肃等地，凉山州的会理、盐源、雷波、喜德、德昌、美姑、普格等县市有分布。

### 27.1.5b　线叶柄果海桐（变种）*Pittosporum podocarpum* Gagnep. var. *angustatum* Gowda

灌木。嫩枝无毛。**叶簇生于枝顶，带状或狭窄披针形，**长8~15 cm，宽1~2 cm，无毛。**伞形花序顶生，有花4~18朵**；苞片卵形，长2 mm；花梗长1~2 cm，无毛；萼片卵形，有睫毛，长2 mm；花瓣长11~14 mm，黄色或淡黄色；雄蕊长4~9 mm；子房被毛，花柱无毛，侧膜胎座3个，胚珠15~20个。蒴果梨形或椭圆形，长2~2.5 cm，3片裂开；果片薄，革质；种子6粒，红色，长5~6 mm，种柄长3 mm。

国内产于四川、湖北、云南、贵州、甘肃及陕西等地，常生于海拔2 200~2 700 m的沟谷或阔叶混交林中。凉山州的西昌、盐源、雷波、德昌等县市有分布。

### 27.1.6　异叶海桐 *Pittosporum heterophyllum* Franch.

灌木。嫩枝无毛，灰褐色。叶簇生于枝顶，二年生；**叶薄革质，线形、狭窄披针形**或倒披针形，长4~8 cm，宽1~1.5 cm，有时更狭窄，先端略尖，尖头钝，基部楔形；上面绿色，发亮，下面淡绿色；侧脉5~6对，与网脉在上下两面均不明显；边缘平展；叶柄长3~4 mm。**花1~5朵簇生于枝顶成伞**

状；花梗长7~15 mm，无毛；雄蕊长4~5 mm；雌蕊比雄蕊稍短，子房被毛，**侧膜胎座2个**，胚珠5~8个。蒴果近球形，直径6 mm，2片裂开；果片薄，木质，有种子5~8粒。种子长2.5 mm；宿存花柱长2 mm。

中国特有，生于海拔1 900~3 000 m的疏林下或沟谷中。凉山州的盐源、雷波、木里、越西、金阳、美姑、布拖等县有分布。

### 27.1.7 崖花子 *Pittosporum truncatum* Pritz.

别名：菱叶海桐

常绿灌木。**嫩枝有灰毛**。叶簇生于枝顶，硬革质，倒卵形或菱形，中部以上最宽；**先端宽而有一个短急尖**，有时有浅裂，中部以下急剧收窄而下延；上面深绿色，发亮，下面初时有白毛；侧脉7~8对，在上面明显，在下面稍突起；叶柄长5~8 mm。**花单生或数朵成伞状，生于枝顶叶腋内**；花梗纤细，无毛，或略有白绒毛，长1.5~2 cm；萼片卵形，长2 mm，无毛，边缘有睫毛；花瓣倒披针形；雄蕊长6 mm；子房被褐毛，**侧膜胎座2个**。蒴果短椭圆形，长9 mm，宽7 mm，2片裂开，果片薄；种子16~18粒。

中国特有，生于海拔1 000~2 500 m的疏林下。凉山州的西昌、木里、金阳、冕宁、布拖、美姑、普格等县市有分布。

### 27.1.8　海桐 *Pittosporum tobira* (Thunb.) Ait.

**常绿灌木或小乔木。嫩枝被褐色柔毛。叶革质**，聚生枝顶，倒卵形或倒卵状披针形，**先端圆或钝，常微凹**，基部窄楔形；侧脉6~8对，全缘；叶柄较长；**伞形花序顶生或近顶生，密被柔毛**，花梗较长；苞片披针形；小苞片被毛。**花白色，后变黄色**，有芳香；萼片卵形；花瓣倒披针形，离生；雄蕊二型，退化雄蕊短，正常雄蕊长；子房长卵形，密被柔毛，**侧膜胎座3个**，胚珠多数。蒴果圆球形，有棱或三角形，直径12 mm，具子房柄，3片裂开，果片木质。

国内分布于长江以南滨海各省。凉山州各县市多有栽培。该树种四季常青、叶具光泽、花香气袭人，为常见绿化观赏植物。

## 28　大风子科 Flacourtiaceae

### 28.1　山桐子属 *Idesia* Maxim.

#### 28.1.1　山桐子 *Idesia polycarpa* Maxim.

##### 28.1.1a　山桐子（原变种）*Idesia polycarpa* Maxim. var. *polycarpa*

落叶乔木。枝条平展，近轮生。**叶薄革质或厚纸质，卵形或心状卵形、宽心形**，长13~20 cm，宽12~15 cm，先端渐尖或尾状，基部常心形，边缘有粗齿；上面绿色，下面有白粉；沿脉有疏柔毛，脉腋有丛毛，**通常5条基出脉**；叶柄长6~12 cm，无毛。花单性，雌雄异株或杂性，黄绿色，有芳香；**花瓣缺，排列成顶生下垂的圆锥花序**；花序梗有疏柔毛，长10~20（80）cm；雄花比雌花稍大，直径约1.2 cm；萼片3~6片；雌花比雄花稍小，直径约9 mm；萼片3~6片。浆果熟后紫红色，扁圆形，高3~5 mm。花期4月至5月，果熟期10月至11月。

国内产于甘肃、台湾等17个地，生于海拔400~2 500 m的低山区的山坡、山洼等落叶阔叶林和针阔叶混交林中。凉山州的雷波、甘洛、美姑、甘洛、喜德等县有分布。山桐子的果实、种子均含油，为山地营造速生混交林和经济林的优良树种；木材可供建筑、家具等的用材；花多芳香，为蜜源植物；树形优美，果实累累，形似珍珠，为山地、园林的观赏树种。

**28.1.1b　毛叶山桐子（变种）*Idesia polycarpa* var. *vestita* Diels**

本变种叶下面密被柔毛，无白粉，棕灰色，脉腋无丛毛；叶柄有短毛。花序梗及花梗有密毛。成熟果实长圆球形至圆球状、血红色、高过于宽等特征与原变种相区别。

中国特有，常生于海拔900~2 000 m的落叶阔叶林中。凉山州的雷波、甘洛、美姑、金阳等县有分布，盐源等县有栽培。毛叶山桐子的果实、种子均含油，为值得开发利用的重要油料树种；其他用途同原变种。

## 28.2　山拐枣属 *Poliothyrsis* Oliv.

**山拐枣 *Poliothyrsis sinensis* Oliv.**

落叶乔木。叶厚纸质，卵形至卵状披针形，长8~18 cm，先端渐尖或急尖，基部圆形或心形，边缘有浅钝齿；上面脉上有毛，下面少有短柔毛；**掌状脉**，中脉在上面凹，在下面突起，近对生的侧脉5~8对。**花单性，雌雄同序**，顶生，稀腋生在上面一两片叶腋中；二至四回的圆锥花序，有淡灰色毛；雌花位于花序上端，比雄花稍大，直径6~9 mm，萼片5片，花瓣缺，子房卵形，有灰色毛；雄花位于花序的下部。蒴果长圆形，长约2 cm，常3片交错分裂；外果皮革质，有灰色毡毛。花期夏初，果期5月至9月。

国内甘肃、云南、四川等多地有产，生于海拔400~1 500 m的山坡、山脚的常绿落叶阔叶混交林和落叶阔叶林中。凉山州的雷波、甘洛、德昌、金阳、美姑、布拖、普格等县有分布。该树种木材材质优良，可供家具、器具等用；花多而芳香，为蜜源植物。

### 28.3　山羊角树属 *Carrierea* Franch.

**山羊角树 *Carrierea calycina* Franch.**

落叶乔木。树冠扁圆形。叶薄革质，长圆形，长9~14 cm，先端突尖，基部圆形、心状或宽楔形，边缘有稀疏锯齿；上面深绿色，常无毛，下面淡绿色，沿脉有疏绒毛；基出脉3条，侧脉4~5对；叶柄长3~7 cm。花杂性，白色；圆锥花序顶生，稀腋生，有密的绒毛；有叶状苞片2片，长圆形，对生；萼片4~6片；雌花比雄花小，直径0.6~1.2 cm。**蒴果木质，羊角状，有喙**，长4~5 cm，有棕色绒毛；果梗粗壮，有关节。花期5月至6月，果期7月至10月。

中国特有，生于海拔1 300~1 600 m的山坡林中和林缘。凉山州的雷波、宁南等县有分布。山羊角树木材可供建筑、家具等用；种子榨油可供工业用油；果形奇特，形似羊角，可供观赏。

# 29　柽柳科 Tamaricaceae

## 29.1　水柏枝属 *Myricaria* Desv

### 29.1.1　三春水柏枝 *Myricaria paniculata* P. Y. Zhang et Y. J. Zhang

直立灌木。当年生枝灰绿色或红褐色。叶披针形、卵状披针形或长圆形，长2~6 mm，**宽0.5~1 mm**，无柄，在枝上密生。有两种花序，一年开两次花；春季总状花序侧生于去年生枝上，夏秋大型圆锥花序生于当年生枝的顶端，较疏散，基部无宿鳞片。花大，5 mm以上，花瓣淡紫红色、粉红色。蒴果狭圆锥形，长8~10 mm，三瓣裂。花期3月至9月，果期5月至10月。

中国特有，常生于海拔1 000~2 650 m的沟谷石滩上。凉山州的西昌、会理、盐源、木里、喜德、美姑、普格等县市有分布。三春水柏枝的幼枝可药用，将其水煎服可用于治疗麻疹不透、发热咳嗽等。

### 29.1.2　具鳞水柏枝 *Myricaria squamosa* Desv.

直立灌木。枝条上有皮膜，当年生枝淡黄绿色至红褐色。叶披针形、卵状披针形、长圆形或狭卵形，长1.5~5（10）mm，**宽0.5~2 mm**，具狭膜质边。**总状花序侧生于老枝上，单生或数个花序簇生于枝腋**；花序在开花前较密集，以后伸长，较疏松，**基部被多数覆瓦状排列的鳞片**；花瓣倒卵形或长椭圆形，长4~5 mm，紫红色或粉红色。蒴果狭圆锥形，长约10 mm。花果期5月至8月。

国内产于西藏、新疆、青海、甘肃、四川等地，生于海拔2 400~4 600 m的山地河滩边及湖边砂地上。凉山州的木里等县有分布。

### 29.2 柽柳属 *Tamarix* L.

**柽柳 *Tamarix chinensis* Lour.**

乔木或灌木。**幼枝稠密细弱，常开展而下垂，红紫色或暗紫红色，有光泽；嫩枝繁密纤细，悬垂。**叶鲜绿色，从去年生木质化生长枝上生出的绿色营养枝上的叶长圆状披针形或长卵形，长**1.5~1.8 mm**；上部绿色营养枝上的叶钻形或卵状披针形，半贴生，先端渐尖而内弯，基部变窄，长**1~3 mm**。每年开花两三次。春季开花：总状花序侧生在去年生木质化的小枝上。夏秋季开花：总状花序长35 cm，生于当年生幼枝顶端，组成顶生大圆锥花序，疏松而通常下弯；花5出；花瓣粉红色。花期4月至9月。

国内产于辽宁、江苏等多地，喜生于河流冲积平原、海滨、滩头、潮湿盐碱地和沙荒地。凉山州的西昌、会理等县市有栽培。柽柳树形优美，在庭园中可作绿篱用，适于水滨、池畔、桥头、河岸栽植。

# 30 番木瓜科 Caricaceae

### 番木瓜属 *Carica* L.

**番木瓜 *Carica papaya* L.**

常绿软木质小乔木。高达10 m，**具乳汁。**茎不分枝或有时于损伤处分枝，托叶痕螺旋状排列。叶大，聚生茎顶，近盾形，径达60 cm，5~9处深裂，每裂片羽状分裂；叶柄中空，长0.6~1 m。花单性或两性，有些品种在雄株上偶尔产生两性花或雌花，并结果，有时雌株亦出现少数雄花。**浆果肉质，成熟时橙黄色或黄色，长球形、倒卵状长球形、梨形或近球形，长10~30 cm或更长。**

原产热带美洲。凉山州的会理、盐源、宁南、德昌、金阳、会东、布拖等县市有栽培。本种果实成熟可作水果，未成熟的果实可作蔬菜，果和叶均可药用。

# 31 仙人掌科 Cactaceae

仙人掌属 *Opuntia* Mill.

### 仙人掌 *Opuntia dillenii* (Ker Gawl.) Haw

**丛生肉质灌木。**上部分枝变态成宽倒卵形、倒卵状椭圆形或近圆形，先端圆形，基部楔形或渐狭，绿色至蓝绿色，无毛。小窠疏生，明显突出，成长后刺常增粗并增多，每小窠具3~10根刺，密生短绵毛和倒刺刚毛。叶钻形，绿色，早落。花辐状；花托倒卵形，顶端截形并凹陷，基部渐狭，绿色，疏生突出的小窠，小窠具短绵毛、倒刺刚毛和钻形刺；瓣状花被片倒卵形或匙状倒卵形。**浆果倒卵球形，顶端凹陷，**基部多少狭缩成柄状，表面平滑无毛，紫红色。花期6月至10月或12月。

原产南美洲北部地区。凉山州各县市常有栽培。仙人掌常种植作围篱；茎供药用；浆果酸甜可食。

# 32 山茶科 Theaceae

## 32.1 山茶属 *Camellia* L.

### 32.1.1 西南山茶 *Camellia pitardii* Cohen Stuart

别名：西南红山茶、西南白山茶

灌木或小乔木。**幼枝无毛**。叶长圆状椭圆形、长圆状倒披针形或椭圆形，长5~13 cm，**先端渐尖或尾尖**，边缘具尖锐细锯齿，**叶背无毛**；叶柄较长。花单生小枝近顶端，白色或粉红色；无花梗；小苞片和萼片9~11枚，半圆形或近圆形；花瓣5~6枚，倒卵形或阔倒卵形，先端凹入，基部连合；雄蕊长2~3 cm，外轮花丝近中部以下合生成花丝管，**花丝无毛**；**子房密被白色绒毛**，3室，花柱多少合生。蒴果扁球形、近球形、梨形等；**果皮粗糙**，直径4~9 cm，3室。花期12月至次年3月，果期8月至10月。

中国特有，广泛分布于金沙江流域地区，生于海拔1 700~2 700 m的阔叶林下、林缘或灌丛中。凉山州各县市有分布。分布在金沙江流域地区的西南山茶在性状上具有连续的变异性和交叉性，在该地区不适于"小种"分类。西南山茶植株树枝优美、叶色深绿、冬季开花、花红艳美观，可栽植观赏；种子可榨油供工业用。

### 32.1.2 怒江红山茶 *Camellia saluenensis* Stapf ex Bean

灌木至小乔木。高2~5 m。**嫩枝通常被毛**。叶长圆形，**长3.5~6 cm**，先端略尖或钝，基部阔楔形或圆形；侧脉6~7对，在下面突起，边缘有细锯齿，**叶背有毛**。花顶生，红色或白色，无柄；**苞片及萼片外面无毛**；花瓣长2.5~3.5 cm，6~7片，基部与雄蕊合生1~1.2 cm，外侧1~2片外被毛，先端凹入或圆形。雄蕊长1.5~2 cm，外轮花丝合生，具短管；子房被毛，花柱上部无毛，3裂。**蒴果圆球形，直径约2.5 cm**；种子每室1~2粒，半圆形。

中国特有，生于海拔1 500~2 300 m的疏林中。凉山州的西昌、会理、德昌、会东等县市有分布。怒江红山茶可作为绿化观赏植物；种子含油，可榨油供工业用。

### 32.1.3 五柱滇山茶 *Camellia yunnanensis* (Pitard ex Diels) Coh. St.

别名：光果山茶、膜萼离蕊茶、尖齿离蕊茶

灌木至小乔木。**茎暗红色。幼枝被长绒毛。叶椭圆形至卵形**，长4~7 cm，上面中脉被短毛，下面中脉被长毛；侧脉7~8对，边缘密生细锯齿。叶柄被粗毛。花顶生，白色，无梗。苞片及萼片8~9片；花瓣8~12片，长2~3 cm，基部略相连，倒卵形至圆形，最外侧2~3片较短；**雄蕊密集**，长1.5~2 cm，基部略与花瓣连生，**排列成4~5轮**；子房4~5室，花柱4~5条。**蒴果球形，表面光滑，径3.5~5 cm**，果爿4~5裂。花期11月至12月。

中国特有，生于海拔2 000~3 200 m的山地林中。凉山州的会理等县市有分布。五柱滇山茶是优良观赏植物，可观其茎、叶、花及果实；种子含油，可榨油供工业用。

### 32.1.4 川滇连蕊茶 *Camellia synaptica* Sealy

灌木。嫩枝初时有灰白色长绵毛。叶革质，椭圆形，长6~8.5 cm，**宽2~3 cm，先端渐尖或尾状，尾长1~1.5 cm**，基部阔楔形或钝，上面无光泽；中脉有褐色短毛，叶上面的中脉基部有长毛，侧脉7~9对；边缘上半部有小锯齿，叶柄有短粗毛。花顶生，花梗长5 mm；苞片5~6片；**萼片近圆形，无毛**；花瓣6~7片，长1.5~2 cm，外面2片有毛；雄蕊与花瓣等长，外轮雄蕊有短管；**子房、花柱无毛**，先端3浅裂。**蒴果椭圆形，表面近光滑，长2.5 cm，宽1.5 cm**，3室，花柱常宿存。花期6月至7月。

中国特有，凉山州的德昌等县有分布。

### 32.1.5　四川毛蕊茶 *Camellia lawii* Sealy

灌木。嫩枝有褐色柔毛。叶革质，椭圆形，长4~8 cm，先端渐尖或尾状渐尖，**基部楔形**；上面深绿色，**沿中脉有残存短毛，**下面黄绿色，沿中脉有稀疏毛；表皮突起呈瘤状；侧脉9~10对，以45°开角斜行，在上面稍下陷，在下面隐约可见；边缘有相隔2 mm的尖锐小锯齿，叶柄长3 mm，有毛。花顶生及腋生，花梗长1~1.5 mm；苞片4片，有睫毛；**萼片阔卵形，有睫毛；**花冠白色，**花瓣5片**，基部与雄蕊连生；雄蕊长14 mm，无毛，外轮形成短的花丝管；雌蕊长15 mm，**子房有丝毛**，花柱无毛，先端3裂，裂片长3~4 mm。花期2月至3月。

中国特有，凉山州的雷波等县有分布。

### 32.1.6　油茶 *Camellia oleifera* Abel.

灌木或中乔木。**幼枝被粗毛**。叶椭圆形、长圆形或倒卵形，边缘具细锯齿；叶柄短。花顶生，近无梗，苞片与萼片约10片，由外向内渐增大，阔卵形；花瓣白色，5~7片，倒卵形，先端凹或2裂，基部近离生，**背面或最外侧被丝毛**；雄蕊长1~1.5 cm，外侧仅基部略连生，偶有花丝管长达7 mm；子房被黄长毛，3~5室，**花柱先端3裂**。蒴果球形或卵圆形，**果皮光滑，径2~4 cm**，3室或1室，每室有种子1~2粒。花期冬春间。

从长江流域到华南各地广泛栽培。凉山州的西昌、会理、德昌、雷波、宁南、冕宁、会东等县市有栽培。油茶是重要木本油料植物，种子油可供食用或工业用；植株可在庭园、园林、街道等处栽植，供绿化和观赏。

### 32.1.7　杜鹃叶山茶 *Camellia azalea* C. F. Wei

常绿灌木。叶互生或轮生，多聚集于枝梢上部；叶片**倒卵形、长倒卵形或倒心状披针形，先端圆钝或者稍微有凹陷，基部楔形；叶上表面光亮碧绿，下表面浅绿色，两面均无毛，稍被灰粉；侧脉5~8对；叶柄长0.6~1.2 cm，无毛。**枝顶往下常一腋一花，每梢生1~8个花芽。花艳红色或粉色，无花梗；**花在枝上自下而上渐次开放，整个植株形成连续开花的现象。花瓣5~9片，柱头2~5裂，雄蕊外轮连成桶状；子房卵形，无毛。蒴果卵球形、纺锤形或圆锥形，2~4室。

中国特有。凉山州的西昌、美姑、喜德、德昌、昭觉等县市有栽培。杜鹃叶山茶具花大、鲜艳、叶片独特、树冠优美等特征，为观赏价值极高的名贵木本观赏植物。

### 32.1.8　山茶 *Camellia japonica* L.

灌木或小乔木。**嫩枝无毛。**叶革质，椭圆形，**先端略尖，或急短尖有钝尖头，**基部阔楔形；上面深绿色，下面浅绿色，**两面无毛；**侧脉7~8对。叶柄长8~15 mm，无毛。花顶生，红色或淡红色，无柄；**苞片及萼片外面有绢毛，**脱落；花瓣6~7片，外侧2片近圆形，几离生，**外面有毛，**内侧5片基部连生，约8 mm，倒卵圆形，无毛；雄蕊3轮，外轮花丝基部连生，花丝管无毛；**子房无毛，**花柱长2.5 cm，先端3裂。蒴果圆球形，2~3室，每室有种子1~2粒。花期1月至4月。

中国特有。凉山州各县市有栽培。山茶栽培品种众多，花多为红色或淡红色，重瓣，供观赏；花有止血功效。

## 32.2 木荷属 *Schima* Reinw. ex Blume

### 32.2.1 银木荷 *Schima argentea* Pritz ex Diels

**32.2.1a 银木荷（原变种）** *Schima argentea* Pritz ex Diels var. *argentea*

乔木。嫩枝有柔毛，老枝有白色皮孔。叶厚革质，长圆形或长圆状披针形，长8~12 cm，宽2~3.5 cm，先端尖锐，基部阔楔形；上面发亮，**下面有银白色蜡被**，侧脉7~9对，全缘；叶柄长1.5~2 cm。花数朵生枝顶，直径3~4 cm，花梗有毛；苞片2片，有毛；萼片圆形，长2~3 mm，外面有绢毛；花瓣长1.5~2 cm，最外1片较短，外面有绢毛，**内面无毛**；子房有毛，花柱长7 mm。**蒴果近球形，直径1.2~1.5 cm**。花期7月至8月。

中国特有，常生于海拔1 800~2 600 m的山坡、林地等处。凉山州各县市有分布。银木荷木材细腻坚硬，耐腐，可作工具、建筑、家具等用材；可选作耐火树种。

**32.2.1b 扁果银木荷（变种）** *Schima argentea*Pritz. var. *platycarpa* Q. Luo

扁果银木荷的花更大，花瓣长2~2.6 cm，宽1.6~2.2 cm，**内面基部被柔毛，蒴果扁球形，直径1.7~2.1 cm，高1~1.3 cm**等特征与原变种——银木荷相区别。在电子扫描显微镜下观察了银木荷和扁果银木荷的花粉粒，银木荷花粉粒外壁为网状，具穿孔，而扁果银木荷花粉粒外壁为网状，不穿孔。

四川特有，生于海拔2 000~2 300 m的山坡疏林或沟谷灌木林中。凉山州西昌、德昌等县市有分布。用途同银木荷。

## 32.3 柃木属 *Eurya* Thunb.

### 32.3.1 短柱柃 *Eurya brevistyla* Kobuski

灌木或小乔木。**全株除萼片外均无毛。嫩枝粗壮，略具2棱。**叶革质，倒卵形或椭圆形至长圆状椭圆形，顶端短渐尖至急尖，基部楔形或阔楔形，边缘有锯齿；两面无毛，中脉上凹下凸，**侧脉9~11对，两面均甚明显；**叶柄长3~6 mm。花1~3朵腋生。雄花萼片外面无毛，但边缘有纤毛；花瓣白色，长圆形或卵形；**雄蕊13~15枚，**花药不具分格，退化子房无毛。雌花的小苞片和萼片与雄花同；子房圆球形，**花柱长约1 mm，3枚离生。**果实圆球形，成熟时蓝黑色。花期10月至11月，果期次年6月至8月。

中国特有，生于海拔850~2 800 m的山坡沟谷林或林缘路旁灌丛中。凉山州的西昌、盐源、雷波、越西、德昌、金阳、冕宁、美姑、普格等县市有分布。短柱柃为优良的冬季蜜源植物。

### 32.3.2 岗柃 *Eurya groffii* Merr.

灌木或小乔木。**嫩枝密被黄褐色披散柔毛。**叶革质或薄革质，披针形或披针状长圆形，长**4.5~10 cm，宽1.5~2.2 cm，**顶端渐尖或长渐尖，基部钝或近楔形，边缘密生细锯齿；上面无毛，下面密被贴伏短柔毛；中脉在上面凹下，在下面突起，侧脉10~14对；**叶柄密被柔毛**。花1~9朵簇生于叶腋。雄花萼片5枚，革质，外面密被黄褐色短柔毛；花瓣5片，白色；雄蕊约20枚，花药不具分格，退化子房无毛。雌花的小苞片和萼片与雄花相同，子房无毛，花柱长2~2.5 mm，3裂或3深裂几达基部。果实圆球形，直径约4 mm，成熟时黑色。花期9月至11月，果期次年4月至6月。

中国特有，多生于海拔300~2 700 m的山坡路旁林中、林缘及山地灌丛中。凉山州的雷波、德昌、昭觉等县有分布。

### 32.3.3  丽江柃 *Eurya handel-mazzettii* H. T. Chang

灌木或小乔木。**嫩枝圆柱形，密被短柔毛**。叶薄革质，长圆状椭圆形或椭圆形，长4~7 cm，顶端短尖或短渐尖，尖头钝，基部楔形，边缘有细锯齿；上面无毛，下面沿中脉上有长柔毛，侧脉9~12对；叶柄被短柔毛。花1~3朵腋生；花梗长1.5~3 mm，被短柔毛。雄花小苞片外面有短柔毛；**萼片膜质**，5枚，外面疏被短柔毛，边缘有纤毛；花瓣5片；雄蕊13~15枚。雌花的小苞片与雄花同；子房无毛，花柱长约1.5 mm，**分离**。果实圆球形，成熟时蓝黑色。花期10月至12月，果期次年1月至5月。

中国特有，多生于海拔1 000~3 200 m的山地沟谷疏林或密林中，有时也见于林缘路旁灌丛中。凉山州的西昌、会理、德昌、盐源、冕宁等县市有分布。

### 32.3.4  贵州毛柃 *Eurya kueichouensis* Hu et L. K. Ling

灌木或小乔木。**嫩枝圆柱形，密被黄褐色披散柔毛**。叶革质或坚革质，**长圆状披针形或长圆形**，通常中部以上较宽，长6.5~9 cm，宽1.5~2.5 cm；顶端渐尖至尾状渐尖，**尾长1~1.5 cm**，基部阔楔形或钝形，**边缘除基部外，密生细锯齿**；上面无毛，下面疏被贴伏短柔毛；侧脉10~13对；叶柄被短柔毛。

花1~3朵腋生，花梗长2~3 mm；雄花萼片膜质，外面疏被短柔毛或几无毛；花瓣白色；雄蕊15~18枚，**花药具4~6个分格**。雌花子房被柔毛，花柱长3.5~4.5 mm，顶端3裂。果实卵状椭圆形，长约5 mm，疏被柔毛。花期9月至10月，果期次年4月至7月。

中国特有，多生于海拔600~1 800 m的山地林中阴湿地处或山谷溪岸岩石边。凉山州的雷波、德昌等县有分布。

### 32.3.5 细枝柃 *Eurya loquaiana* Dunn

灌木或小乔木。**嫩枝纤细，密被微毛**。叶薄革质，**窄椭圆形或长圆状窄椭圆形**，有时为卵状披针形，长4~9 cm，宽1.5~2.5 cm，顶端长渐尖，基部楔形；上面无毛，下面仅中脉被微毛，侧脉约10对；叶柄被微毛。花1~4朵簇生于叶腋，花梗被微毛。雄花萼片5枚，外面被微毛或偶有近无毛；花瓣5片，白色；**雄蕊10~15枚，花药不具分格**。雌花的小苞片和萼片与雄花同，**子房无毛，花柱长2~3 mm**，顶端3裂。果实圆球形，成熟时黑色，直径3~4 mm。花期10月至12月，果期次年7月至9月。

中国特有，多生于海拔1 600~2 000 m的山坡沟谷、溪边林中或林缘，以及山坡路旁阴湿灌丛中。凉山州的西昌、会理、盐源、雷波、甘洛、喜德、德昌、冕宁、美姑、布拖、普格、昭觉等县市有分布。细枝柃茎、叶供药用，具有祛风通络、活血止痛的功效。

### 32.3.6 细齿叶柃 *Eurya nitida* Korthals

灌木或小乔木。**全株无毛**；嫩枝稍纤细，具2棱。叶薄革质，**椭圆形、长圆状椭圆形或倒卵状长圆形**，长4~6 cm，顶端渐尖或短渐尖，基部楔形，边缘密生锯齿或细钝齿，两面无毛；侧脉9~12对。花1~4朵簇生于叶腋，花梗较纤细，长约3 mm。雄花小苞片无毛；萼片5枚，几膜质无毛；花瓣5片，白色；雄蕊14~17枚，**花药不具分格**。雌花的小苞片和萼片与雄花同，**子房无毛，花柱长约3 mm**，顶端3浅裂。果实圆球形，直径3~4 mm，成熟时蓝黑色。花期11月至次年1月，果期次年7月至9月。

国内东至浙江、西至四川等多地有产，多生于海拔1 300 m以下的山地林中、灌丛中、林缘及山坡路旁中。凉山州的雷波等县有分布。细齿叶柃是优良的蜜源植物；其枝、叶及果实可作染料。

### 32.3.7　矩圆叶柃 *Eurya oblonga* Yang

灌木或小乔木。**全株无毛**；嫩枝具2棱。叶革质或薄革质，**长矩圆形**，长6~13.5 cm，宽2.5~4 cm，顶端渐尖至尾状渐尖，**尾长约1 cm**，基部楔形或近圆形，边缘密生细锯齿，上面深绿色，下面淡绿色，**均有光泽**；中脉在上面凹下，在下面突起；**侧脉8~14对，在上面稍凹下，在下面明显突起**；叶柄长5~10 mm。花1~3朵腋生。雄花萼片5枚；花瓣5片，白色；雄蕊13~15枚，花药不具分格。雌花子房无毛，花柱长约1 mm，3深裂几达基部。果实圆球形，有时稍扁，直径5~6 mm，成熟时黑色。花期11月至12月，果期次年6月至8月。

中国特有，多生于海拔1 100~2 500 m的山坡处、山顶林中或林缘阴湿地。凉山州的雷波、德昌、美姑等县有分布。

### 32.3.8　钝叶柃 *Eurya obtusifolia* H. T. Chang

灌木或小乔木状。**嫩枝被微毛**。叶革质，长圆形或长圆状椭圆形，长3~5.5（7）cm，宽1~2.2（3）cm，**顶端钝、略圆或有粗尖头**，边缘上半部有钝齿；上面暗绿色，下面黄绿色，两面均无毛；

侧脉5~7对，在两面均不明显；叶柄被微毛。花1~4朵腋生，花梗长1~1.5 mm，被微毛或疏生短柔毛。雄花小苞及萼片被微毛；花瓣白色；雄蕊约10枚，**花药不具分格**。雌花的小苞片和萼片与雄花同，**子房无毛，花柱长约1 mm，顶端3浅裂**。果实圆球形，直径3~4 mm，成熟时蓝黑色。花期2月至3月，果期8月至10月。

中国特有，多生于海拔400~2 250 m的山地疏林或密林中及林缘路旁灌丛中。凉山州的西昌、普格等县市有分布。该树种的果实入药，可治泻痢等症。

### 32.4 厚皮香属 *Ternstroemia* Mutis ex Linn. f.

#### 厚皮香 *Ternstroemia gymnanthera* (Wight et Arn.) Beddome

灌木或小乔木。嫩枝浅红褐色或灰褐色。**叶聚生于枝端呈假轮生状**，椭圆形、椭圆状倒卵形至长圆状倒卵形，长5.5~9 cm，先端短渐尖或急短尖，基部楔形，全缘；侧脉5~6对；叶柄较短。花两性或单性，花梗通常下弯；两性花：小苞片2枚，三角形或三角状卵形；萼片5枚，卵圆形或长圆卵形；花瓣5片，淡黄白色，倒卵形，顶端圆；雄蕊约50枚；子房圆卵形，花柱短。**果实圆球形，小苞片和萼片宿存**。花期5月至7月，果期8月至10月。

国内主产于长江流域及其以南地区，多生于海拔1 900~2 600 m的山地林中、林缘路边或近山顶疏林中。凉山州各县市有分布。厚皮香可作为园林绿化树种或防火树种。

# 33 猕猴桃科 Actinidiaceae

## 33.1 猕猴桃属 *Actinidia* Lindl.

### 33.1.1 软枣猕猴桃 *Actinidia arguta* (Sieb. et Zucc.) Planch. ex Miq.

**33.1.1a 软枣猕猴桃（原变种）** *Actinidia arguta* (Sieb. et Zucc.) Planch. ex Miq. var. *arguta*

别名：紫果猕猴桃、心叶猕猴桃

大型落叶藤本。**小枝无毛，**茎髓白色至淡褐色，片层状。叶膜质，阔椭圆形，稀椭圆形，长8~12 cm，宽5~10 cm，顶端急短尖，基部圆形至浅心形；腹面深绿色，无毛，背面常被卷曲柔毛；**横脉和网状小脉细，不发达，**侧脉6~7对；叶柄长3~10 cm。花序腋生或腋外生，为1~2回分枝，1~7朵花，被淡褐色短绒毛，花序梗长7~10 mm；花梗8~14 mm。花绿白色或黄绿色，芳香，直径1.2~2 cm；萼片4~6枚；花瓣4~6片，花药暗紫色；子房瓶状，洁净无毛。**果圆球形至柱状长圆形，长2~3 cm，有喙，无毛，无斑点，不具宿存萼片，**成熟时绿黄色或紫红色。

国家二级保护野生植物，国内黑龙江、云南等多地有产。凉山州的雷波、甘洛、美姑、西昌、德昌、普格等县市有分布。软枣猕猴桃的果实可生食，酿酒，加工蜜饯、果脯等；本种可作绿化和观赏植物。

**33.1.1b 陕西猕猴桃（变种）** *Actinidia arguta* var. *giraldii* (Diels) Voroshilov

别名：凸脉猕猴桃

叶坚纸质，近圆形，长6~9 cm，宽4.5~8 cm，顶端急尖，基部圆形或浅心形，两侧稍不对称；边缘锯齿不内弯；背面脉腋和主脉及侧脉下段的两侧有少量卷曲柔毛；叶脉在两面均显著，侧脉6~7对，上段常分叉。**果熟时紫褐色，柱状长圆形，长2.5~3 cm，顶端有短喙。**

中国特有，生于海拔900~2 500 m的山林中。凉山州的盐源等县有分布。本种果可食。

### 33.1.2 硬齿猕猴桃 *Actinidia callosa* Lindl.

#### 33.1.2a 硬齿猕猴桃（原变种）*Actinidia callosa* Lindl. var. *callosa*

大型落叶藤本。茎髓淡褐色，片层状或实心；小枝薄被绒毛。**叶矩卵形**，两侧不对称，长8~10 cm，宽4~6 cm，**边缘锯齿短小斜举，叶背侧脉腋上有髯毛**，或沿中脉有较稀短绒毛；叶柄水红色，长2~8 cm，有较稀短绒毛；花序有花1~3朵，通常1花单生；花序梗长7~15 mm，花梗长11~17 mm。**花小，直径约15 mm**；萼片5片，**两面被黄褐色短绒毛**；花瓣**白色**，5片，倒卵形，长8~10 mm；子房近球形，被灰白色绒毛。果墨绿色，近球形至卵珠形或乳头形，长1.5~4.5 cm，有显著的淡褐色圆形斑点，具反折的萼片。

国内产于台湾、云南及四川等地。凉山州的雷波、盐源、木里、越西、甘洛、普格、昭觉等县有分布。硬齿猕猴桃果可食。

#### 33.1.2b 京梨猕猴桃（变种）*Actinidia callosa* var. *henryi* Maxim.

**小枝较坚硬**，干后土黄色，洁净无毛；叶卵形或卵状椭圆形至倒卵形，长8~10 cm，宽4~5.5 cm，顶端钝，基部微心形，边缘锯齿细小，**背面脉腋上有髯毛**；果墨绿色，乳头状至矩圆圆柱状，长可达**5 cm**。

中国特有，喜生于山谷溪涧边或其他湿润处。凉山州的雷波、德昌、昭觉、喜德等县有分布。京梨猕猴桃的果可食。

### 33.1.3 中华猕猴桃 *Actinidia chinensis* Planch.

#### 33.1.3a 中华猕猴桃（原变种）*Actinidia chinensis* Planch. var. *chinensis*

**大型落叶藤本。幼枝被有灰白色绒毛、褐色长硬毛或铁锈色硬毛状刺毛，**老时秃净或留有断损残毛；隔年枝完全秃净无毛；髓白色至淡褐色，片层状。**叶纸质，倒阔卵形，长6~8 cm，宽7~8 cm，顶端大多为截平形并中间凹入；**无毛，或中脉和侧脉上有少量软毛或散被短糙毛；背面苍绿色，密被灰白色或淡褐色星状绒毛，侧脉5~8对；叶柄被灰白色绒毛。花枝上的长聚伞花序1~3花；花初放时白色，后变淡黄色；花瓣阔倒卵形；子房密被金黄色的压紧交织绒毛或不压紧、不交织的刷毛状糙毛。**果近球形，长4~4.5 cm，被柔软的绒毛，**成熟时秃净或不秃净，具小而多的淡褐色斑点；宿存萼片反折。

国家二级保护野生植物，中国特有。凉山州的雷波、越西、甘洛、喜德、德昌、美姑、普格等县有自然分布或栽培。中华猕猴桃品种众多，味道酸甜可口，风味极佳。果实除鲜食外，也可以加工成各种食品和饮料，具有丰富的营养价值。

**33.1.3b　美味猕猴桃（变种）***Actinidia chinensis* var. *deliciosa* (A. Chevalier) A. Chevalier

别名：硬毛猕猴桃

本变种花枝多数较长，长15~20 cm，被黄褐色长硬毛，毛落后仍可见到硬毛残迹。叶倒阔卵形至倒卵形，长9~11 cm，宽8~10 cm，顶端常具突尖，叶柄被黄褐色长硬毛。花较大，直径3.5 cm左右；子房被刷毛状糙毛。果近球形、圆柱形或倒卵形，长5~6 cm，**被常分裂为2~3束束状的刺毛状长硬毛**等特征与原变种——中华猕猴桃相区别。

中国特有，分布于海拔800~1 600 m的山林地带中。凉山州的雷波、盐源、喜德、金阳、冕宁、美姑等县市有分布。该树种价值同中华猕猴桃。

**33.1.4　狗枣猕猴桃***Actinidia kolomikta* (Maxim. & Rupr.) Maxim.

大型落叶藤本。植物体洁净无毛；**髓褐色，片层状**。叶膜质或薄纸质，阔卵形、长方卵形至长方倒卵形，长6~15 cm，宽5~10 cm，顶端急尖至短渐尖，**基部收窄，并呈浅心形**，边缘有单锯齿或重锯齿；两面近同色，**腹面散生软弱的小刺毛**，背面侧脉腋上髯毛有或无；侧脉6~8对，**侧脉中的最下两对基端相靠很近，几近基出**。聚伞花序，雄性的有花3朵，雌性的通常1花单生。**花白色或粉红色**，直径15~20 mm；子房无毛。**果柱状长圆形、卵形或球形，有时为扁体长圆形，长达2.5 cm，果皮洁净无毛，无斑点**，未熟时暗绿色，成熟时淡橘红色，并有深色的纵纹；果熟时花萼脱落。种子长约2 mm。花期5月下旬（四川），果熟期9月至10月。

国内黑龙江、云南等多地有产，生于海拔800~2 900 m的山地混交林或杂木林中的开阔地。凉山州的雷波、越西、甘洛、喜德、冕宁、美姑、布拖、普格、昭觉等县有分布。

### 33.1.5 葛枣猕猴桃 *Actinidia polygama* (Sieb. & Zucc.) Maxim.

大型落叶藤本。植物体洁净无毛；**髓实心，白色**。叶膜质至薄纸质，卵形或椭圆卵形，长7~14 cm，宽4.5~8 cm，顶端急渐尖至渐尖，**基部圆形或阔楔形**，边缘有细锯齿；**腹面绿色，散生少数小刺毛**，背面浅绿色。花序1~3花，花序梗长2~3 mm，花梗长6~8 mm，均薄被微绒毛；花白色，芳香，直径2~2.5 cm；**萼片5片**；花瓣5片，倒卵形至长方倒卵形；子房瓶状，洁净无毛。果成熟时淡橘色，**卵珠形或柱状卵珠形**，长2.5~3 cm，**无毛，无斑点，顶端有喙**，基部有宿存萼片。花期6月中旬至7月上旬，果熟期9月至10月。

国内黑龙江、云南、贵州等多地有产，生于海拔500~2 100 m的山林中。凉山州的雷波、越西、甘洛、德昌、美姑、普格等县有分布。果实可食。

### 33.1.6 美丽猕猴桃 *Actinidia melliana* Hand. –Mazz.

中型半常绿藤本。**当年生枝和隔年生枝都密被长6~8 mm的锈色长硬毛**；茎髓白色，片层状。叶膜质至坚纸质，隔年叶革质；**叶长方椭圆形、长方披针形或长方倒卵形**，长6~15 cm，宽2.5~9 cm，顶端短渐尖至渐尖，基部浅心形至耳状浅心形；**两面的中脉和侧脉被长硬毛，背面密被糙伏毛**；边缘具硬尖小齿，上部边缘常向背面反卷；叶柄被锈色长硬毛。聚伞花序腋生，两回分歧，被锈色长硬毛；花白色；萼片5片，花瓣5片；子房密被茶褐色绒毛。果成熟时秃净，圆柱形，长16~22 mm，有显著的疣状斑点，宿存萼片反折。花期5月至6月。

中国特有，生于海拔200~1 250 m的山地树丛中。凉山州的雷波等县有分布。果可食。

### 33.1.7　革叶猕猴桃 *Actinidia rubricaulis* Dunn var. *coriacea* (Fin. & Gagn.) C. F. Liang

半常绿藤本。**除子房外，全体洁净无毛；**茎髓实心，污白色。叶革质，长圆形至倒披针形，长7~12 cm，宽3~4.5 cm，**顶端渐尖至急尖，**基部钝圆形至阔楔状钝圆形，边缘有较稀疏的硬尖头小齿；腹面深绿色，背面淡绿色；叶脉不发达，侧脉8~10对，弯拱形；叶柄水红色，长1~3 cm。**花序通常单花，少2~3花。花红色，**径约1 cm；萼片4~5片，花瓣5片；子房被茶褐色短绒毛。果暗绿色，卵圆形至柱状卵珠形，长1~1.5 cm，幼时被茶褐色绒毛，有枯褐色斑点，晚期仍有反折的宿存萼片。花期4月中旬至5月下旬。

中国特有，生于海拔1 000 m以上的山地阔叶林中。凉山州的雷波、美姑、昭觉等县有分布。果实可食。

### 33.1.8　昭通猕猴桃 *Actinidia rubus* Lévl.

中型落叶藤本。**着花小枝密被红褐色长硬毛；**茎髓白色，片层状。**叶纸质，长方阔卵形至倒长方阔卵形，**长7.5~9 cm，宽6~7 cm，顶端短渐尖、急尖或钝形，基部截平形至浅心形，边缘有大小相同的、波状的、具芒尖的小齿；**腹面薄被小糙伏毛，背面淡绿色；中脉上有少量毛，侧脉上有更少量的刺状短硬毛；**叶柄长5~6 cm，被相当多的红褐色长硬毛；花黄色，单生或数花密集近簇生，花梗长1~1.3 cm，被硬毛；萼片5片，花瓣5片；子房密被绒毛。果近球形、椭圆形、卵形或倒卵形，长2~4 cm，宽2~3.2 cm。花期6月。

中国特有，生于海拔1 300~2 000 m的沟谷疏林下。凉山州的雷波等县有分布。果实可食。

### 33.1.9 显脉猕猴桃 *Actinidia venosa* Rehder

**33.1.9a 显脉猕猴桃（原变种）*Actinidia venosa* Rehder var. *venosa***

大型落叶藤本。着花小枝无毛或幼嫩时局部被有微薄的尘埃状柔毛，茎髓白色，片层状。叶纸质，长卵形或长圆形，长5~15 cm，宽3~8 cm，顶端短尖或渐尖，基部阔楔形或截平形，边缘有锯齿或很浅的小齿；腹面绿色，无毛，背面浅绿色或苍绿色，无毛或薄被白色尘埃状柔毛；**叶脉很发达，在叶背呈圆线形**。聚伞花序一回分枝或二回分枝；花淡黄色，径约1.5 cm；萼片两面密被黄褐色短绒毛；花瓣5片；子房密被黄褐色短绒毛。**果绿色，卵珠形或球形，长约1.5 cm，渐老渐变秃净，有淡褐色圆形斑点**；顶端有宿存花柱，并可能残留若干绒毛；基部有反折的宿存萼片。花期6月下旬至7月中旬。

中国特有，生长于海拔1 200~2 700 m的山地树林中。凉山州各县市均有分布。该植株可在庭园、园林栽培，供绿化和观赏；果实可食用，风味甚佳。

**33.1.9b 凉山猕猴桃（变种）*Actinidia mianningensis* Q. Luo et J. L. Liu**

新变种与原变种显脉猕猴桃的主要区别在于隔年生枝片状髓褐色或淡褐色；叶通常椭圆形、长椭圆形，少长倒卵形，基部通常楔形，有时狭楔形或阔楔形，下面被尘埃状淡褐色柔毛；子房较大，长4~4.5 mm；宽3~3.5 mm，花柱较长，长5~7 mm；**果实较大，通常长圆状柱形，有时倒卵状柱形，长2.5~3.5 cm，直径1.4~1.8 cm，表面被白霜**和具不规则斑点；种子较小，长约1.5 mm，宽约1 mm。

四川特有，生于海拔2 500 m左右的山林中。凉山州冕宁县有分布。果实可食。

### 33.1.10　全毛猕猴桃 *Actinidia holotricha* Fin. et Gagn.

大型落叶藤本。**着花小枝薄被粗糙毛，**茎髓白色，片层状。叶膜质至薄纸质，近圆形至长卵形，长8~16 cm，宽6.5~9.5 cm，顶端短渐尖至长渐尖，基部圆形、截形至浅心形；边缘有大小相同的硬尖头斜举小锯齿；幼叶两面被糙伏毛，很快脱落，**老叶仅剩两面的中脉残留少量小刺毛，**甚至两面基本无毛；侧脉7~8对；**叶柄长5~8 cm，薄被粗糙长毛。**聚伞花序梗很短，具2~3花。果近球形，近无毛，直径约2.5 cm，密被黄褐色斑点，萼片宿存。花期5月下旬。

中国特有，生于海拔1 400 m的山地疏林中。凉山州的雷波等县有分布。果可食。

## 33.2　藤山柳属 *Clematoclethra* Maxim.

### 33.2.1　藤山柳 *Clematoclethra scandens* Maxim.

**别名：刚毛藤山柳、粗毛藤山柳、四川藤山柳**

木质藤本。**小枝被刚毛，**老枝无毛。叶纸质，卵形、长圆形、披针形或倒卵形，长9~15 cm，先端渐尖或稍尾尖，基部宽楔形或圆形，具细尖齿；上面叶脉被刚毛，下面被绒毛，**叶脉兼具刚毛；**叶柄长2~7 cm，被刚毛。**聚伞花序具3~6花，被绒毛或兼具刚毛，**花序梗长1.5~2 cm；小苞片被细绒毛，披针形，长3~5 mm；花梗长0.7~1 cm；花白色；萼片矩圆形；花瓣瓢状倒矩卵形。果径0.8~1 cm。花期6月，果期7月至8月。

中国特有，生于海拔1 800~2 500 m的山林中，凉山州的昭觉、木里、美姑、布拖、普格、金阳等县有分布。

**33.2.2　猕猴桃藤山柳** *Clematoclethra scandens* **subsp.** *actinidioides* **(Maxim.) Y. C. Tang & Q. Y. Xing**

木质藤本。**小枝褐色，无毛或被微柔毛。**叶卵形或椭圆形，长3.5~9 cm，宽1.5~4 cm，顶端渐尖，基部阔楔形至微心形，叶缘有纤毛状小齿，很少全缘；腹面无毛，背面粉绿色，无毛或仅在脉腋上有髯毛，叶干后腹面枯褐色；**叶柄无毛或略被微柔毛。**花序梗长1~2 cm，被微柔毛，具1~3花。花白色；萼片倒卵形；花瓣长6~8 mm，宽4 mm。果近球形，熟时紫红色或黑色，干后直径5~7 mm。花期5月至6月，果期7月至8月。

中国特有，生于海拔2 400~2 900 m的山地沟谷林缘或灌丛中。凉山州的西昌、越西、甘洛、喜德、冕宁、金阳、美姑、布拖、普格、昭觉等县市有分布。

# 34　水东哥科 Saurauiaceae

水东哥属 *Saurauia* Willd.

### 尼泊尔水东哥 *Saurauia napaulensis* DC.

乔木。叶薄革质，椭圆形或倒卵状矩圆形，**长13~36 cm，宽7~15 cm，**顶端短渐尖或锐尖，基部钝或近圆形，稀楔形，叶缘具细锯齿，齿端内弯，有或无尖头；**侧脉30~40对，稀达46对。**叶柄长2.5~5 cm，疏被鳞片。花序圆锥式，于叶腋单生，长12~33 cm，疏生鳞片；花梗长1.7~2.5 cm；**花粉红色至淡紫色，直径8~15 mm；**萼片5片，花瓣5片，基部合生，雄蕊50~90枚。果扁球形或近球形，径7~12 mm，绿色或淡黄色，具明显或不明显5棱。花果期7月至12月。

国内产于四川、云南、广西、贵州等地，常生长于海拔700~1 800 m的干旱山区。凉山州的会理、德昌、美姑等县市有分布。尼泊尔水东哥可作为园林绿化树种；果味甜，可食；树皮可药用，具有止血生肌、散瘀消肿的功效。

# 35　桃金娘科 Myrtaceae

## 35.1　红千层属 *Callistemon* R. Br.

### 垂枝红千层 *Callistemon viminalis* (Soland.) Cheel.

常绿灌木或小乔木。幼枝和幼叶有白色柔毛。叶互生，条形，长3~8 cm，宽2~5 mm，坚硬，无毛，有透明腺点，中脉明显，无柄。**穗状花序，有多数密生的花**；花期长，较集中于春末夏初，花红色，无梗；萼筒钟形，裂片5片，脱落；花瓣5片，脱落；**雄蕊多数，红色**；子房下位。**蒴果顶端开裂，半球形**，直径达7 mm。花期3月至5月及10月，果熟期8月及12月。

原产澳大利亚，凉山州的西昌、会理、德昌、盐源、喜德、宁南、冕宁、美姑、普格等县市引种栽培。垂枝红千层为观赏植物。

## 35.2　桉属 *Eucalyptus* L'Herit

### 35.2.1　桉 *Eucalyptus robusta* Smith

大乔木。**树皮宿存，深褐色，厚达2 cm，稍软松，有不规则斜裂沟**；嫩枝有棱。幼态叶对生，叶片厚革质，卵形，长11 cm，有柄；成熟叶卵状披针形，厚革质，不等侧，长8~17 cm，宽3~7 cm；侧脉多而明显，以80° 开角缓斜走向边缘；叶柄长1.5~2.5 cm。伞形花序粗大，有花4~8朵，总梗压扁，长在2.5 cm以内；花梗短；花蕾长1.4~2 cm，宽7~10 mm；蒴管半球形或倒圆锥形，长7~9 mm，宽6~8 mm；**帽状体约与萼管同长**，先端收缩成喙。**蒴果卵状壶形**，长1~1.5 cm，上半部略收缩。花期4月至9月。

原产澳大利亚，凉山州的西昌、会理、盐源、甘洛、宁南、德昌、冕宁、会东、普格等县市有引种栽培。该树种木材重且坚硬，抗腐能力强，可用于建筑、家具等；可作行道树和防风固沙树种。

### 35.2.2  赤桉 *Eucalyptus camaldulensis* Dehnh.

大乔木。**树皮平滑，暗灰色，片状脱落**，树干基部有宿存树皮。**幼态叶对生**，叶片阔披针形，长6~9 cm，宽2.5~4 cm；成熟叶片薄革质，狭披针形至披针形，长6~30 cm，宽1~2 cm，稍弯曲，两面有黑色腺点；叶柄长1.5~2.5 cm，纤细。**伞形花序腋生，有花5~8朵**；总梗圆形，纤细，长1~1.5 cm；花梗长5~7 mm；花蕾卵形，长8 mm；萼管半球形，长3 mm；**帽状体长6 mm，近先端急剧收缩，尖锐。**蒴果近球形，宽5~6 mm，果缘突出2~3 mm，果瓣4瓣，有时为3或5。花期8月至12月。

原产澳大利亚，凉山州的西昌、会理、盐源、木里、宁南、德昌、金阳、会东等县市引种栽培。赤桉木材红色，抗腐性强，适用于枕木及木桩等；叶含油量高；绿化树种，被广泛用作庇荫树、庇护树。

### 35.2.3  细叶桉 *Eucalyptus tereticornis* Smith

大乔木。树皮平滑，灰白色，长片状脱落，干基有宿存的树皮；嫩枝圆形，纤细，下垂。幼态叶片卵形至阔披针形，宽达10 cm；过渡型叶阔披针形；成熟叶片狭披针形，长10~25 cm，宽1.5~2 cm，稍弯曲，两面有细腺点；叶柄长1.5~2.5 cm。**伞形花序腋生**，有花5~8朵；总梗圆形，粗壮，长1~1.5 cm；花梗长3~6 mm；花蕾长卵形，长1~1.3 mm或更长；萼管长2.5~3 mm，宽4~5 mm；**帽状体长7~10 mm，渐尖。**蒴果近球形，宽6~8 mm，果缘突出萼管2~2.5 mm，果瓣4瓣。

原产地在澳大利亚，凉山州的西昌、德昌等县市引种栽培。细叶桉木材苍白，可供建筑、车辆、船舶、机械等用。

### 35.2.4　蓝桉 *Eucalyptus globulus* Labill.

大乔木。树皮灰蓝色，片状剥落。幼态叶对生，叶片卵形，基部心形，无柄，有白粉；成长叶片革质，披针形，镰状，两面有腺点，侧脉不很明显，以35°~40°开角斜行；叶柄稍扁平。**花大，单生或2~3朵聚生于叶腋内**；无花梗或极短；萼管倒圆锥形，表面有4条突起棱角和小瘤状突，被白粉；帽状体稍扁平，中部为圆锥状突起，比兽管短，2层，外层平滑，早落；雄蕊多列，花丝纤细，花药椭圆形；花柱粗大。**蒴果半球形，有4棱**，宽2~2.5 cm，果缘平而宽，果瓣不突出。

原产澳大利亚，凉山州的西昌、甘洛、宁南、德昌、冕宁、会东、普格等县市引种栽培。其木材抗腐力强，可作船只及码头用材。

### 35.2.5　直杆蓝桉 *Eucalyptus globulus* subsp. *maidenii* (F.Mueller) Kirkptrick

大乔木。树皮光滑，灰蓝色，逐年脱落，基部有宿存树皮。幼态叶多对，对生，叶片卵形至圆形，基部心形，无柄或抱茎，灰色；成熟叶片披针形，革质，稍弯曲，侧脉以64°开角斜行，边脉离叶缘0.5 mm，两面多黑腺点；叶柄长1~1.5 cm。**伞形花序有花3~7朵**，总梗压扁或有棱；花梗长约2 mm；花蕾椭圆形，两端尖；萼管倒圆锥形，有棱；帽状体三角锥状，与萼管同长。蒴果钟形或倒圆锥形，果缘较宽，果瓣3~5瓣，先端突出萼管外。

原产澳大利亚，凉山州的西昌、会理、盐源、喜德、宁南、德昌、美姑、布拖、普格、木里等县市引种栽培。直杆蓝桉树干挺直，被视为川滇一带理想的树种；成叶含油率有2%~3%，可提炼高级芳香油。

### 35.2.6　葡萄桉 *Eucalyptus botryoides* Smith

乔木。树皮宿存到粗大枝条，不规则纵裂，多纤维；小枝的树皮光滑，片状脱落。幼态叶对生，叶片卵形略圆，先端圆，有柄；**成熟叶片薄革质，卵形或长卵形，长8~12 cm，宽4~6 cm，先端尖，基部圆。伞形花序有花6~10朵**，总梗压扁，无花梗或有极短花梗；花蕾长倒卵形，长7 mm；萼管狭倒圆锥形，长5 mm，有2棱；帽状体钝三角形，长2~2.5 mm，先端钝。蒴果钟形或倒圆锥形，长6~8 mm，宽5~6 mm，果缘内藏，果瓣4~5瓣，不突出或与蒴口平齐。花期8月至10月。

原产澳大利亚，凉山州的德昌、西昌等县市有引种栽培。

## 35.3 白千层属 *Melaleuca* Linn.

### 35.3.1 白千层 *Melaleuca cajuputi* subsp. *cumingiana* (Turczaninow) Barlow

乔木。叶互生；叶片革质，**披针形或狭长圆形**，长4~10 cm，宽1~2 cm，两端尖，基出脉3~5（7）条，多油腺点，香气浓郁；叶柄极短。**花白色，密集于枝顶成穗状花序**，长达15 cm，花序轴常有短毛；萼管卵形，长3 mm，有毛或无毛；萼齿5处，圆形，长约1 mm；花瓣5片，卵形，长2~3 mm，宽3 mm；雄蕊约长1 cm，常5~8枚成束；花柱线形，比雄蕊略长。蒴果近球形，直径5~7 mm。花期每年多次。

原产澳大利亚，凉山州的会理等地有引种栽培。该树种常种植在道路旁作行道树；树皮及叶供药用，有镇静神经之效；枝、叶含芳香油，可供药用。

### 35.3.2 溪畔白千层 *Melaleuca bracteata* F. Muell.

别名：黄金串钱柳、千层金、金叶白千层

常绿灌木或小乔木。主干直立，小枝细柔至下垂，微红色，被柔毛。**叶互生，革质，金黄色**，披针形或狭长圆形，长1 ~ 2 cm，宽2 ~ 3 mm，两端尖，基出脉5条，具油腺点，香气浓郁。**穗状花序生于枝顶，开花后花序轴能继续伸长；花白色**；萼管卵形，先端有5处小圆齿裂；花瓣5片；雄蕊多数，分成5束；花柱略长于雄蕊。蒴果近球形，3裂。

原产澳大利亚，凉山州的西昌、会理、盐源、甘洛、德昌、会东等县市引种栽培。溪畔白千层是形态优美的彩色树种。

### 35.4 番石榴属 *Psidium* Linn.

**番石榴 *Psidium guajava* Linn.**

**别名：秋果、鸡矢果、喇叭果、红心果**

乔木。叶片革质，长圆形至椭圆形，先端急尖或钝，基部近于圆形，上面稍粗糙，下面有毛，侧脉12~15对，网脉明显。**花单生或2~3朵组成聚伞花序**；萼管钟形，有毛，萼帽近圆形，不规则裂开；花瓣长1~1.4 cm，白色；雄蕊长6~9 mm；子房下位，与萼合生，花柱与雄蕊同长。**浆果球形、卵圆形或梨形，顶端有宿存萼片**，果肉白色及黄色，胎座肥大，肉质，淡红色。

原产南美洲，凉山州的西昌、会理、盐源、宁南、德昌、金阳、会东、布拖、普格等县市有栽培或逸为野生。番石榴果供食用；叶含挥发油及鞣质等，供药用有止痢、健胃等功效；叶经煮沸去掉鞣质，可晒干作茶叶用，有清热作用。

### 35.5 鱼柳梅属 *Leptospermum* J. R. Forst. & G. Forst.

**松红梅 *Leptospermum scoparium* J. R. Forst. et G. Forst.**

常绿小灌木。**分枝繁茂，枝条红褐色**，较为纤细，新梢通常具有绒毛；叶互生，**叶片线状或线状披针形**，叶长0.7~2 cm，宽0.2~0.6 cm；花有单瓣、重瓣之分，花色有红色、粉红色、桃红色、白色等多种颜色，花朵直径0.5~2.5 cm；蒴果革质，成熟时先端裂开。自然花期晚秋至春末。

原产新西兰、澳大利亚等地区，凉山州的西昌等县市有引种栽培。该树种因叶似松叶、花似红梅而得名。其花朵虽然不大，但花色艳丽、花形精美，具有较高观赏价值。

### 35.6 蒲桃属 *Syzygium* Gaertn.

### 蒲桃 *Syzygium jambos* (L.) Alston

乔木。**叶片革质，披针形或长圆形**，长12~25 cm，先端长渐尖，基部阔楔形，叶面多透明细小腺点，侧脉12~16对，网脉明显；叶柄长6~8 mm。**聚伞花序顶生，有花数朵**，总梗长1~1.5 cm；花梗长1~2 cm，花白色，直径3~4 cm；萼管倒圆锥形，长8~10 mm；萼齿4处，半圆形，长6 mm，宽8~9 mm；花瓣分离，阔卵形，长约14 mm；**雄蕊长2~2.8 cm**。果实球形，果皮肉质，直径3~5 cm，成熟时黄色，有油腺点。花期3月至4月，果实5月至6月成熟。

原产东南亚，凉山州的宁南、德昌等县有引种栽培。其果可食用。

# 36 野牡丹科 Melastomataceae

### 36.1 金锦香属 *Osbeckia* L.

### 星毛金锦香 *Osbeckia stellata* Ham. ex D. Don: C. B. Clarke

**别名**：朝天罐、棍毛金锦香

灌木。茎四棱形。**叶对生或3叶轮生**；叶长圆状披针形、卵状披针形或椭圆形，先端急尖或近渐尖，基部钝或近心形，长4~9（13）cm，基出脉5条。**总状花序顶生，分枝各节有两花，或聚伞花序组成圆锥花序，长4~9 cm；花4朵**；花萼常紫红或紫色黑色，具多轮有柄刺毛状星状毛，裂片线状披针形或钻形；花瓣紫红色，倒卵形。蒴果卵圆形，宿存萼片紫色或黑紫色；萼管长坛状，顶端平截，密被多轮有柄刺毛状星状毛。花期8月至11月，果期10月至12月。

中国特有，常生于海拔800~3 100 m的山坡向阳草地、地埂或矮灌木丛中。凉山州的西昌、甘洛、普格、喜德等县市有分布。星毛金锦香全株入药，有清热、收敛止血的功效，也可治痢疾等。

## 36.2 野牡丹属 *Melastoma* L.

### 印度野牡丹 *Melastoma malabathricum* Linnaeus

别名：野牡丹、展毛野牡丹、多花野牡丹

灌木。**茎钝四棱形或近圆柱形**，分枝多。**叶片坚纸质，披针形、卵状披针形或近椭圆形**，顶端渐尖，基部圆形或近楔形，长5.4~13 cm，**基出脉5条**，叶面密被糙伏毛；叶柄密被糙伏毛。**伞房花序生于分枝顶端**，近头状，有花3朵至多朵；花梗密被糙伏毛；**花萼密被鳞片状糙伏毛**；花瓣粉红色至红色，稀紫红色，倒卵形。蒴果坛状球形，顶端平截，与宿存萼贴生；宿存萼密被鳞片状糙伏毛。花期2月至5月，果期8月至12月，稀1月。

国内产于西藏、台湾等地，生于海拔300~2 800 m的山坡处、山谷林下或疏林下等。凉山州的宁南、金阳、会东等县有分布。印度野牡丹果可食；全草入药，可治消化不良、肠炎腹泻、痢疾等；捣烂外敷，可治外伤出血、刀枪伤。

# 37 使君子科 Combretaceae

## 37.1 榄仁树属 *Terminalia* L.

### 37.1.1 滇榄仁 *Terminalia franchetii* Gagnep.

#### 37.1.1a 滇榄仁（原变种）*Terminalia franchetii* Gagnep. var. *franchetii*

别名：毛叶榄仁

落叶乔木。小枝被金黄色短绒毛。叶互生，叶片纸质，椭圆形至长椭圆形或阔卵形，长5~6.5 cm，宽2.5~4.5 cm，先端钝或微缺，稍有小突尖，基部钝圆或楔形，叶面被绒毛，背面密被白色或黄色丝状伏毛；侧脉8~15对，两面明显；叶柄长1~1.5 cm，密被棕黄色绒毛。**穗状花序腋生或顶生，被毛；花长9 mm。果序长约6 cm，在上部密集；果具等大的3翅，轮廓倒卵形，被黄褐色长柔毛**，长5~8 mm，宽3~5 mm，先端渐尖，基部钝圆，横切面三角形。花期4月，果期5月至8月。

中国特有，常生于海拔1 400~2 200 m的干燥灌丛及杂木林中。凉山州的西昌、盐源、雷波、木里、德昌、宁南、金阳、会东、布拖、普格等县市有分布。

#### 37.1.1b 光叶滇榄仁（变种）*Terminalia franchetii* Gagnep var. *glabra* Exell

与原变种不同之处在于叶背无毛或近无毛，如具疏毛，亦非丝状平伏毛；叶干后通常黄绿色。

中国特有，生于海拔1 000~1 800 m的金沙江流域的干燥河谷中，多见于阳坡。凉山州的西昌、会理、盐源、木里、德昌、冕宁、宁南、金阳、会东等县市有分布。光叶滇榄仁的茎皮纤维柔韧，且富含鞣质。

**37.1.1c 错枝榄仁（变种）*Terminalia franchetii* var. *intricata* (Handel-Mazzetti) Turland & C. Chen**

别名：云南榄仁

灌木。茎皮红棕色。叶较小，互生；叶片纸质，倒卵形或卵形，长1.5~3.8 cm，宽1.2~2.5 cm，两端钝圆，全缘；**两面无毛**，但密被乳突，侧脉6~10对；叶柄纤细，长4~9 mm，上面稍有沟。**穗状花序短小**，紧密，单生枝顶或腋生，基部较疏。果小，长7~10 mm，**红褐色，被毛**，具等大的三翅。花期5月至6月，果期7月。

中国特有，凉山州的木里等县有分布。

**37.1.2 小叶榄仁 *Terminalia neotaliala* Capuron**

落叶大乔木。主干直立，冠幅2~5 m，侧枝轮生，呈水平展开；树冠呈伞形，层次分明，质感轻细。叶小，长3~8 cm，宽2~3 cm，**提琴状倒卵形**，全缘，具4~6对羽状脉，4~7叶轮生，深绿色，冬季落叶前变红色或紫红色；穗状花序腋生，花两性，花萼5裂，无花瓣；雄蕊10枚，两轮排列，着生于萼管上；子房下位，1室，胚珠2个，花柱单生伸出；核果纺锤形。

原产非洲，凉山州的西昌等县市有引种栽培。小叶榄仁树形优美，可用作行道树、景观树。

**37.1.3 毗黎勒 *Terminalia bellirica* (Gaertn.) Roxb.**

落叶乔木。叶聚生枝顶，宽卵形或倒卵形，长18~26 cm，全缘或微波状，先端钝或短尖；两面无毛，疏生白色细瘤点；侧脉5~8对；叶柄常在中上部有2腺体。穗状花序腋生，在茎上部常聚成伞房状，长5~12 cm，密被红褐色丝毛；上部为雄花，基部为两性花；花淡黄色，长4.5 mm。**假核果卵圆形，密被锈色绒毛**，长2~3 cm，具5纵棱。花期3月至4月，果期5月至7月。

国内产于云南，生于海拔540~1 350 m的山坡阳处及疏林中。凉山州的德昌等县有栽培。本种木材浸水后更坚韧；未成熟果实用以通便，成熟果实为收敛剂；核仁可食，但多食有麻醉作用。

### 37.1.4 诃子 *Terminalia chebula* Retz.

乔木。叶互生或近对生，卵形、椭圆形或长椭圆形，长7~14 cm，先端短尖，基部钝圆或楔形，偏斜，全缘或微波状；两面无毛，密被细瘤点，侧脉6~10对；叶柄近顶端有2（4）腺体。穗状花序腋生或顶生，有时成圆锥花序，长5.5~10 cm；花长约8 mm；花萼杯状，淡绿带黄色，萼齿5处，三角形，内面被黄棕色柔毛；雄蕊10枚，伸出花萼；子房被毛。**核果，坚硬，卵圆形或椭圆形，长2.4~4.5 cm，无毛，熟时黑褐色。**花期5月，果期7月至9月。

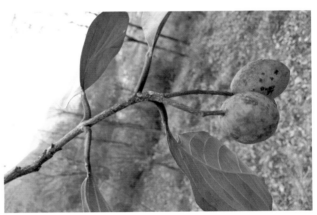

国内产于云南，生于海拔800~1 840 m的疏林中。凉山州的德昌等县有栽培。诃子果实供药用，能敛肺涩肠，为治疗慢性痢疾的有效良药。其木材供建筑、车辆、农具、家具等用。

# 38 金丝桃科 Hypericaceae

## 38.1 金丝桃属 *Hypericum* Linn.

### 38.1.1 金丝梅 *Hypericum patulum* Thunb. ex Murray

灌木。茎幼时具4纵线棱，很快具2纵线棱，有时最后呈圆柱形。叶**坚纸质**，披针形或长圆状披针形至卵形或长圆状卵形，长1.5~6 cm，宽0.5~3 cm，**先端钝形至圆形，常具小尖突**，基部狭或宽楔形至短渐狭，下面较为苍白色，**主侧脉3对**。花序具1~15花；花梗长2~4（7）mm；花直径2.5~4 cm；**花瓣金黄色，无红晕**，多少内弯，长圆状倒卵形至宽倒卵形，长1.2~1.8 cm。雄蕊5束；花柱离生，**长度约为子房4/5至几与子房相等**。蒴果宽卵珠形，长0.9~1.1 cm。花期6月至7月，果期8月至10月。

中国特有，生于海拔300~2 600 m的山坡处、山谷疏林下、路旁或灌丛中。凉山州各县市多有分布。金丝梅花朵硕大、花形美观，可作园林观赏植物；根供药用，具有舒筋活血、催乳、利尿之功效。

### 38.1.2　川滇金丝桃 *Hypericum forrestii* (Chittenden) N. Robson

丛状小灌木。幼茎四棱形，很快呈圆柱形。**叶排列成4列**，叶片坚纸质，披针形或三角状卵形至多少呈宽卵形，长2~5.5 cm，先端钝形至圆形或略微凹，基部宽楔形至圆形，边缘平坦，下面淡绿色；**主侧脉4~5对**，与中脉的分枝形成波状的近边缘脉。花序具1~20花，近伞房状；花梗长0.4~1 cm。花直径3.5~6 cm。萼片分离，卵形或多少呈宽椭圆形至近圆形。花瓣金黄色，明显内弯，宽倒卵形。雄蕊5束；**花柱离生，长度在子房1.5倍以下**。蒴果多少呈宽卵珠形。花期6月至7月，果期8月至10月。

中国特有，生于海拔1 500~3 300 m的林缘或灌丛中。凉山州各县市有分布。川滇金丝桃可作园林观赏植物。

### 38.1.3　北栽秧花 *Hypericum pseudohenryi* N. Robson

灌木。**当年生枝长时间具4棱**。叶片坚纸质，卵形或卵状长圆形至披针形或披针状长圆形，长

2~6.6（8）cm，**先端常圆形**，基部狭楔形至多少宽的楔形；**主侧脉2~3对**，上方者形成明显波状的近边缘脉，中脉在上方分枝。花序近伞房状，常1~7花；**苞片叶状至狭披针形，宿存**。花星状至浅杯状；花瓣金黄色，无红晕，开张至反折，倒卵形。雄蕊5束，每束有雄蕊约40枚；**花柱长5.5~11 mm，长于子房，离生**，近直立至略叉开，近顶端外弯。蒴果卵珠状圆锥形至卵珠形。花期6月至7月，果期11月。

中国特有，生于海拔1 400~3 800 m的松林下、灌丛中、草坡处或石坡上。凉山州的西昌、会理、雷波、木里、昭觉、会东等县市有分布。本种可作园林观赏植物。

### 38.1.4 栽秧花 *Hypericum beanii* N. Robson

灌木。茎长时间具4棱及两侧压扁。叶排列成4行；叶片狭椭圆形或长圆状披针形至披针形或卵状披针形，长2.5~6.5 cm，宽1~3.5 cm，**先端常锐尖或具小突尖**，基部楔形至圆形；边缘平坦；坚纸质至近革质，下面淡绿色或苍白色。花序具1~14花。花直径3~4.5 cm，星状至杯状。萼片分离，萼片先端锐尖至钝形，在花蕾及结果时直立至开张。花瓣金黄色，长圆状倒卵形至近圆形。雄蕊5束，每束有雄蕊40~55枚。蒴果狭卵珠状圆锥形至卵珠形。花期5月至7月，果期8月至9月。

中国特有，生于海拔1 500~2 100 m的疏林或灌丛中，以及溪旁、草坡或石坡上。凉山州的盐源、雷波、德昌等县有分布。本种可作园林观赏植物。

### 38.1.5 展萼金丝桃 *Hypericum lancasteri* N. Robson

灌木。幼茎具4纵线棱，很快就具2纵线棱，最后呈圆柱形。叶片长圆状披针形或披针形至三角状披针形，长3~6 cm，先端锐尖至圆形，基部楔形至圆形；主侧脉3~4对。花序具1~11花；花梗长1.3~3 cm。花直径3~5.5 cm，多少呈星状至近杯状。**萼片分离，在花蕾时外弯至广为开张，结果时常开**

张至下弯，披针形至卵形或长圆状卵形。花瓣金黄色，长圆状倒卵形，长1.7~2.8 cm。雄蕊5束。子房卵珠形，长5~6.5 mm。蒴果卵珠形，长1.3~1.7 cm。花期5月至7月，果期8月至10月。

中国特有，生于海拔1 750~2 550 m的草坡上及溪边，凉山州的德昌、金阳、会东等县有分布。

### 38.1.6　纤枝金丝桃 *Hypericum lagarocladum* N. Robson

灌木。**枝条柔弱且常较为纤细**。茎具4纵线棱，两侧不压扁；节间长1~3.3 cm，短于叶。**叶常排列成2列**，叶柄长1~1.5 mm；叶片常狭椭圆形，长1.8~4 cm，宽0.6~1.5（2.5）cm，先端锐尖至圆形，基部楔形；主侧脉3（4）对，**近边缘无脉**。花序具1~3花，自顶端第1节生出。花直径3~4.5 cm，近星状至浅杯状。萼片离生或近离生，在花蕾时直立或顶端外弯。花瓣金黄色，多少呈浅内弯，略呈狭至稍宽的倒卵形，长1.8~2.3 cm。雄蕊5束，最长者长1.2~1.8 cm，**长度为花瓣的3/5至7/10**。蒴果卵珠状圆锥形至圆锥形，长约1.2 cm。花期4月至5月，果期6月至8月。

中国特有，生于海拔900~2 500 m的山谷中或山坡路旁、沟边、灌丛中。凉山州的西昌、美姑、木里、喜德、德昌等县市有分布。

# 39 杜英科 Elaeocarpaceae

## 39.1 杜英属 *Elaeocarpus* Linn.

### 39.1.1 杜英 *Elaeocarpus decipiens* Hemsl.

常绿乔木。**嫩枝及顶芽初时被微毛，后秃净**。叶革质，**披针形或倒披针形**，长7~12 cm，宽2~3.5 cm；上面深绿色，下面秃净无毛；**先端渐尖，尖头钝**，基部楔形，**侧脉7~9对**，边缘有小钝齿。总状花序多生于叶腋及无叶的去年枝条上，长5~10 cm。花梗长4~5 mm；花白色，萼片披针形，长5.5 mm，宽1.5 mm，先端尖，两侧有微毛；花瓣倒卵形，与萼片等长，上半部撕裂，裂片14~16条；**雄蕊25~30枚**。核果椭圆形，长2~2.5 cm，外果皮无毛，内果皮坚骨质。花期6月至7月。

国内广东、台湾、浙江、贵州和云南等多地有产，生长于海拔400~2 000 m的林中。凉山州的雷波、越西、甘洛、宁南、德昌、金阳、冕宁、美姑等县有栽培。本种为绿化观赏树种。

### 39.1.2 山杜英 *Elaeocarpus sylvestris* (Lour.) Poir.

小乔木。**小枝通常秃净无毛**。叶纸质，**倒卵形或倒披针形**，长4~8 cm，宽2~4 cm，**两面无毛，先端钝或略尖**，基部窄楔形；**侧脉5~6对**，边缘有钝锯齿或波状钝齿。总状花序生于枝顶叶腋内。花梗长3~4 mm，纤细，通常秃净；花白色，萼片5片，披针形，无毛；花瓣白色，撕裂，**裂片10~12条**，外侧基部有毛；**雄蕊13~15枚**。核果小，椭圆形，长1~1.2 cm。花期4月至5月。

国内产于广东、海南、贵州、四川及云南等多地，生于海拔350~2 000 m的常绿林中。凉山州的西昌、会理、盐源、雷波、宁南、德昌、普格等县市有栽培。山杜英适应性强，生长较快，其独具浓绿树冠中常年带红叶，具有极好的观赏价值。

## 39.2 猴欢喜属 *Sloanea* L.

### 长叶猴欢喜*Sloanea sterculiacea* var. *assamica* (Bentham) Coode

乔木。**叶聚生于枝顶，薄革质，长圆形或倒卵状长圆形，长15~28 cm，宽5~8 cm，先端急短尖，尖头钝**，下半部渐变狭窄，基部窄而钝，有时窄而略圆；上面干后无光泽，下面无毛，仅在脉腋间有毛束；侧脉8~10对，在上面能见，在下面突起，网脉明显，全缘或靠近先端有不明显稀疏小钝齿；叶柄长2~4 cm，通常无毛。花数朵生于枝顶叶腋内；花梗长5~7 cm，被微毛；萼片及花瓣已脱落；**花盘肿大**；子房被褐色毛。**蒴果3~4片裂开，果爿长3.5~4.5 cm**；针刺长**1.5 cm**。花期7月。

国内产于云南。凉山州的盐源等县有发现，四川新记录。

# 40 椴树科 Tiliaceae

## 40.1 椴树属 *Tilia* Linn.

### 40.1.1 华椴 *Tilia chinensis* Maxim.

#### 40.1.1a 华椴（原变种）*Tilia chinensis* Maxim. var. *chinensis*

乔木。嫩枝无毛。**叶阔卵形**，长5~10 cm，宽4.5~9 cm，先端急短尖，基部斜心形或近截形；上面无毛，**下面被灰色星状绒毛**；侧脉7~8对；边缘密具细锯齿，齿刻相隔2 mm，**齿尖长1~1.5 mm**；叶柄长3~5 cm，稍粗壮，被灰色毛。**聚伞花序长4~7 cm，有花3朵**，花序梗有毛；花梗长1~1.5 cm；**苞片无柄**，窄长圆形，长4~8 cm，**上面有疏毛，下面毛较密**；萼片长卵形，长6 mm，外面有星状柔毛；花瓣长7~8 mm。**果实椭圆形，有5条棱突**，长1 cm，两端略尖，被黄褐色星状绒毛。花期夏初。

中国特有。常生于海拔2 200~2 900 m的阔叶林中。凉山州的盐源、雷波、木里、越西、甘洛、喜德、宁南、德昌、会东、美姑、布拖、普格等县市有分布。

### 40.1.1b  多毛椴（变种）*Tilia chinensis* var. *intonsa* (E. H. Wilson) Y. C. Hsu & R. zhuge

乔木。**嫩枝被长绒毛**。叶卵圆形，长10~13 cm，宽8~10 cm，先端急短尖，尖尾长，基部心形或截形，偏斜或整齐；上面脉上有柔毛，**下面被星状绒毛，侧脉7~9对**，边缘有细锯齿；叶柄短，被绒毛。聚伞花序有花1~6朵，花序梗与小花梗被星状绒毛，苞片**具短柄**，窄长圆形或窄倒披针形，两面被毛，先端圆，基部狭窄或钝；萼片长卵形，被星状绒毛；花瓣长8~9 mm；退化雄蕊花瓣状，比花瓣短；子房有毛，花柱短。果实卵圆形，**有5棱，**被星状绒毛。花期5月至6月。

中国特有，常生于海拔2 200~2 900 m的阔叶混交林中。凉山州的西昌、会理、盐源、雷波、木里、金阳、美姑、普格、昭觉等县市有分布。本种可作绿化和观赏树种。

### 40.1.2  大椴 *Tilia nobilis* Rehd. et Wils.

乔木。嫩枝无毛。叶阔卵状圆形，**长12~17 cm，宽8~13 cm**，先端短锐尖，基部不等侧心形或近圆形；上面无毛，**下面脉腋内有毛丛，其余无毛**；侧脉6~8对，边缘有锐利锯齿，齿尖长1 mm；叶柄长4~9 cm，圆柱形，无毛。聚伞花序长7~12 cm，有花2~5朵，无毛，下部有3.5~4.5 cm与苞片合生；花梗长4~7 mm；**苞片狭窄长圆形，几无柄**，长7~9 cm；萼片5片，有疏毛；花瓣长圆形，长7~8 mm；子房有毛。**果实椭圆状卵形，有5条突起的棱**，长1~1.2 cm，宽7~9 mm，被毛。花期7月至8月。

中国特有，生于海拔1 800~2 500 m的山地森林中。凉山州的雷波、冕宁、会东、普格等地有分布。

### 40.1.3　少脉椴 *Tilia paucicostata* Maxim.

乔木。嫩枝纤细，无毛。叶薄革质，卵圆形，长6~10 cm，宽3.5~6 cm，有时稍大，先端急渐尖，基部斜心形或斜截形；上面无毛，下面秃净或有稀疏微毛，**脉腋有毛丛**，边缘有细锯齿；叶柄长2~5 cm，纤细，无毛。聚伞花序长4~8 cm，有花6~8朵，花序梗纤细，无毛；花梗长1~1.5 cm；**苞片基部有长7~12 mm的柄**，狭窄倒披针形，长5~8.5 cm，宽1~1.6 cm，上下两面近无毛；萼片长卵形，长4 mm，外面无星状柔毛；花瓣长5~6 mm；子房被星状绒毛。果实倒卵形，长6~7 mm。

中国特有，生于海拔1 300~2 100 m的森林中。凉山州的盐源、木里、越西、甘洛等县有分布。

# 41　梧桐科 Sterculiaceae

## 41.1　梭罗树属 *Reevesia* Lindl.

### 梭罗树 *Reevesia pubescens* Mast.

**别名：毛叶梭罗**

乔木。小枝幼时被星状短柔毛。叶薄革质，椭圆状卵形、矩圆状卵形或椭圆形，长7~16 cm，宽

4~7.5 cm，顶端渐尖或急尖，基部钝形、圆形或浅心形；上面被稀疏的短柔毛或几无毛，下面密被星状短柔毛。**聚伞状伞房花序顶生**，长约7 cm，被毛；花梗长8~11 mm；花萼倒圆锥状，长8 mm，5裂；花瓣5片，白色或淡红色，条状匙形，长1~1.5 cm，外面被短柔毛。**蒴果梨形或矩圆状梨形**，长2.5~3.5（5）cm，有5棱，密被淡褐色短柔毛。花期5月至6月。

国内产于广东、海南、广西、云南、贵州和四川等地，生于海拔550~2 700 m的山坡上或山谷疏林中。凉山州的盐源、会理、德昌、布拖、普格等县市有分布。梭罗树枝条上的纤维可用于造纸和编绳。

### 41.2　火绳树属 *Eriolaena* DC.

**火绳树 *Eriolaena spectabilis* (DC.) Planchon ex Mast.**

落叶灌木或小乔木。叶卵形或宽卵形，长8~14 cm，上面疏被星状柔毛，**下面密被灰白色或带褐色星状绒毛，边缘有不规则浅齿，基出脉5~7条；**叶柄长2~5 cm，有绒毛。聚伞花序腋生，密被绒毛；花梗与花等长或略短；小苞片线状披针形，全缘，稀浅裂；萼片5片，线状披针形，长1.8~2.5 cm，密被星状绒毛；花瓣5片，白色或带淡黄色，倒卵状匙形，与萼片等长，被长柔毛。**蒴果木质，卵圆形或卵状椭圆形，长约5 cm，具瘤状突起和棱脊。**

国内产于云南和贵州，生于海拔500~1 300 m的山坡上、疏林中或稀疏灌丛中。凉山州的会理、西昌、宁南、金阳、会东等县市有栽培。本种为紫胶虫的主要寄主；树皮的纤维可编绳。

### 41.3 酒瓶树属 *Brachychiton* Schott & Endl.

**槭叶瓶干树** *Brachychiton acerifolius* (A. Cunn. ex G . Don) F . Muell.

别名：澳洲火焰木

落叶乔木。主干通直，冠幅较大，树枝层次分明，幼树枝条绿色。**叶互生，掌状**，苗期3裂，长成大树后**叶5~9裂**，先端锐尖，革质；叶片宽大，长18~25 cm，宽15~20 cm。夏季开花，圆锥状花序，腋生，花色艳红；**花小，铃钟形或小酒瓶状，先叶开放**，量大而红艳，一般可维持30~45天。**蓇葖果，长圆状菱形**，果瓣赤褐色，近木质，长约20 cm。花期4月至7月，果期9月至10月。

原产于澳大利亚，凉山州西昌市引种栽培。本种可作园林观赏树或行道树。

### 41.4 梧桐属 *Firmiana* Marsili

**梧桐** *Firmiana simplex* (L.) W. Wight

落叶乔木。**树皮青绿色，平滑。叶心形，掌状，3~5裂**，宽15~30 cm，**裂片三角形**，顶端渐尖，基部心形，**基出脉7条**，叶柄与叶片等长。**圆锥花序顶生**，长约20~50 cm；单性花；花淡黄绿色；花萼5深裂几至基部；**萼片条形，向外卷曲**，长7~9 mm，外面被淡黄色短柔毛，内面仅在基部被柔毛；雄花的雌雄蕊柄与萼等长；雌花的子房圆球形，被毛。蓇葖果膜质，有梗，成熟前开裂成叶状。花期6月。

国内多地有产，凉山州的西昌、会理、喜德、宁南、德昌、冕宁、会东、布拖、普格等县市有分

布。本种木材轻软，为制作木匣和乐器的良材；种子炒熟可食或榨油；茎、叶、花、果和种子均可药用，有清热解毒的功效；树皮的纤维可用以造纸和编绳等。

# 42 木棉科 Bombacaceae

## 42.1 木棉属 *Bombax* L.

### 木棉 *Bombax ceiba* L.

别名：攀枝花、英雄树

落叶大乔木。**幼树干具圆锥状粗刺；分枝平展。掌状复叶；小叶5~7片**，长圆形至长圆状披针形，长10~16 cm，全缘；叶柄长10~20 cm。**花单生于枝顶叶腋，通常红色，有时橙红色，干旱地区通常先花后叶**；萼杯状，萼齿3~5处，半圆形；**花瓣肉质，倒卵状长圆形，长8~10 cm。蒴果长圆形，密被灰白色长柔毛和星状柔毛**。花期3月至4月，果夏季成熟。

国内主产于华南地区及西南地区，生于海拔1 700 m以下的干热河谷、稀树草原及沟谷季雨林内。凉山州的西昌、会理、盐源、雷波、宁南、德昌、金阳、会东、布拖、普格等县市有分布。本种花大而美，树姿巍峨，可为庭园观赏树、行道树；花可供蔬食，入药清热除湿；根皮入药，可祛风湿、治跌打；果内绵毛可作枕、褥、救生圈等的填充材料。

## 42.2 吉贝属 *Ceiba* Mill.

### 美丽异木棉 *Ceiba speciosa* (A. St. –Hil.) Ravenna

落叶乔木。树干下部膨大；幼树树皮深绿色，**密生圆锥状皮刺**；侧枝放射状水平伸展或斜向伸展。**掌状复叶；小叶5 ~ 9片**，椭圆形。**花单生，花冠淡紫红色，中心白色**，也有粉红、黄色等，即使同一植株也可能黄花、白花、黑斑花并存，因而更显珍奇稀有。蒴果椭圆形。花期长，夏至冬均有花开放，以冬季为盛。

原产于南美洲，凉山州的宁南、西昌、德昌等县市引种栽培。本种为优良的观花乔木，可作道路、庭园绿化树。

### 42.3 瓜栗属 *Pachira* Aubl.

**瓜栗 *Pachira aquatica* AuBlume**

小乔木。**掌状复叶，叶柄长11~15 cm；小叶5~11片，**具短柄或近无柄，长圆形至倒卵状长圆形；**中央小叶长13~24 cm，**外侧小叶渐小，先端渐尖，基部楔形，全缘；侧脉16~20对。花单生于枝顶叶腋；花梗粗壮，被黄色星状绒毛，脱落；萼杯状，近革质，疏被星状柔毛，内面无毛；花瓣淡黄绿色，狭披针形至线形，上半部反卷。蒴果近梨形，果皮厚，木质，开裂。花期5月至11月，果先后成熟。

原产中美洲墨西哥至哥斯达黎加，凉山州的西昌、会理、德昌、冕宁、会东等县市有引种栽培。本种为观赏植物；果皮未熟时可食，种子可炒食。

# 43 锦葵科 Malvaceae

## 43.1 苘麻属 *Abutilon* Miller

### 43.1.1 金铃花 *Abutilon pictum* (Gillies ex Hooker) Walp.

常绿灌木。**叶掌状，3~5深裂，**裂片卵状渐尖形，先端长渐尖，边缘具锯齿或粗齿，两面均无毛或仅下面疏被星状柔毛；叶柄长3~6 cm。**花单生于叶腋，花梗下垂，**长7~10 cm；花萼钟形，长约2 cm，裂片5片，卵状披针形，深裂达萼长的3/4，密被褐色星状短柔毛；**花钟形，橘黄色，具紫色条纹，**长3~5 cm，直径约3 cm，花瓣5片，倒卵形。花期5月至10月。

原产南美洲，凉山州的西昌、喜德等县市有栽培。本种为园林观赏植物。

### 43.1.2 红萼苘麻 *Abutilon megapotamicum* (Spreng.) A. St. –Hil. & Naudin

常绿蔓性灌木。枝条细长柔垂，多分枝。叶互生，掌状叶脉，心形，长5~12 cm；叶端尖，边缘有钝锯齿，有时分裂；叶柄细长；**花生于叶腋，具长梗，下垂；花冠状，如风铃；花萼红色，半套着黄色花瓣；**花瓣5片，花蕊深棕色，伸出花瓣。全年均能开花。

原产于国外，国内南方多省有引种栽培。凉山州的西昌、会理、德昌、喜德等县市有引种栽培。本种可为观赏植物。

### 43.1.3 圆锥苘麻 *Abutilon paniculatum* Hand. –Mazz.

落叶灌木。**全株被星状绒毛**。**叶卵心形**，长4~9 cm，宽4~7 cm，**先端长尾状，基部心形**，边缘具不规则细圆齿；两面均密被星状绒毛；叶柄长3~5 cm，被绒毛；托叶线形，长1~2 cm。塔状圆锥花序顶生，或少花腋生；小花梗长2~3 cm，近端具节；花萼盘状，裂片5片，卵形，长7~10 mm；**花黄色至黄红色**，直径1.5~2 cm；花瓣倒卵形，长15~17 mm。果近圆球形，分果片10，卵形，顶端圆。花期6月至8月。

中国特有，生于海拔2 300~3 000 m的山坡灌丛中或路边。凉山州的木里、盐源等县有分布。本种可作观赏植物。

## 43.2 木槿属 *Hibiscus* Linn.

### 43.2.1 木芙蓉 *Hibiscus mutabilis* Linn.

别名：芙蓉花

落叶灌木或小乔木。小枝、叶柄、叶片、花梗和花萼密被星状毛和绵毛。**叶宽卵形至圆卵形或心形，直径10~15 cm，常5~7裂**，裂片三角形，具钝圆锯齿；**掌状主脉7~11条**；叶柄较长。**花单生于枝端叶腋间**，花梗近端具节；小苞片8片，线形，密被星状绵毛，基部合生；萼钟形，裂片5片，卵形；花白色或淡红色，后变深红色；花瓣近圆形，外面被毛，基部具髯毛。蒴果扁球形。花期8月至10月。

中国特有，凉山州各县市多有栽培。本种为栽培历史悠久的园林观赏植物；树皮纤维可搓绳、织布；根、花、叶均可入药，外敷有消肿解毒之效。

### 43.2.2　木槿 *Hibiscus syriacus* Linn.

落叶灌木。小枝密被黄色星状绒毛。**叶菱形至三角状卵形**，具深浅不同的3裂或不裂，先端钝，基部楔形，边缘具不整齐齿缺；叶下面沿叶脉微被毛或近无毛。**花单生于枝端叶腋间**；花萼钟形，密被星状短绒毛，裂片5片，三角形；花朵颜色有纯白色、淡粉红色、淡紫色、紫红色等；花形呈钟状，有单瓣、复瓣、重瓣几种。花瓣外面疏被纤毛和星状长柔毛。蒴果卵圆形，密被黄色星状绒毛。花期7月至10月。

中国特有，凉山州各县市多有栽培。本种为常见园林观赏植物；茎皮富含纤维，可供造纸原料；可入药治疗皮肤癣疮。

### 43.2.3　朱槿 *Hibiscus rosa-sinensis* Linn.

#### 43.2.3a　朱槿（原变种）*Hibiscus rosa-sinensis* Linn. var. *rosa-sinensis*

常绿灌木。小枝圆柱形，疏被星状柔毛。**叶阔卵形或狭卵形**，长4~9 cm，先端渐尖，基部圆形或楔形，边缘具粗齿或缺刻；叶柄长5~20 mm；托叶线形，被毛。**花单生于上部叶腋间，常下垂**，花梗长3~7 cm，近端有节；小苞片6~7片，线形，基部合生；萼钟形，长约2 cm，被星状柔毛，裂片5片，卵形至披针形；**花冠漏斗形**，直径6~10 cm，玫瑰红色或淡红、淡黄等色，裂片5片；**花瓣倒卵形**，先端圆或微有缺刻；雄蕊柱长4~8 cm。蒴果卵形，平滑无毛，有喙。花期全年。

我国南方多地有栽培。凉山州的西昌、会理、德昌、普格等多县市有栽培。朱槿花大色艳，四季常开，可供园林观赏用。

**43.2.3b　重瓣朱槿（变种）** *Hibiscus rosa-sinensis* **var.** *rubro-plenus* **Sweet**

重瓣朱槿与原变种朱瑾的主要不同处在于：**花重瓣，有**红色、淡红色、橙黄色等色。

　　重瓣朱槿栽培于我国广东、广西、云南、四川、北京等地。凉山州的西昌、会理、德昌、会东、普格等县市有栽培。价值同朱槿。

**43.3　悬铃花属** *Malvaviscus* **Fabr.**

**垂花悬铃花** *Malvaviscus penduliflorus* **Candolle**

　　灌木。叶卵状披针形，长6~12 cm，先端长尖，基部广楔形至近圆形，边缘具钝齿；两面近乎无毛，**主脉3条**；叶柄长1~2 cm，上面被长柔毛；托叶线形，长约4 mm，早落。**花单生于叶腋**，花梗长约1.5 cm，被长柔毛；小苞片匙形，长1~1.5 cm，边缘具长硬毛，基部合生；萼钟状，直径约1 cm，裂片5片，较小苞片略长，被长硬毛；**花红色，下垂，筒状，仅上部略开展**，长约5 cm。花期3月至4月。

　　原产南美洲，凉山州的西昌、德昌、会理、会东等多县市引种栽培。本种为常见园林观赏植物。

# 44 大戟科 Euphorbiaceae

## 44.1 雀舌木属 *Leptopus* Decne.

### 44.1.1 雀儿舌头 *Leptopus chinensis* (Bunge) Pojark.

别名：黑钩叶、断肠草

小灌木。**叶片膜质至薄纸质，卵形、近圆形、椭圆形或披针形，顶端钝或急尖，基部圆或宽楔形**；叶腹面深绿色，叶背面浅绿色；侧脉每边4~6条。**花小，雌雄同株**，单生或2~4朵簇生于叶腋；萼片、花瓣和雄蕊的数量均为5；雄花的**花盘腺体5个，分离**；雄蕊离生。雌花：花梗长1.5~2.5 cm；花瓣倒卵形；萼片与雄花的相同；花盘环状，10裂至中部，裂片长圆形；子房近球形，花柱3枚，2深裂。**蒴果圆球形或扁球形，基部有宿存的萼片**。花期2月至8月，果期6月至10月。

中国特有，生于海拔500~3 400 m的向阳山地灌丛中或路旁。凉山州的各县市有分布。本种可作庭园绿化灌木；叶可制杀虫农药；嫩枝、叶有毒，羊类多吃会致死。

### 44.1.2 缘腺雀舌木 *Leptopus clarkei* (Hook. f.) Pojark.

直立灌木。叶片膜质至薄纸质，椭圆形或长卵形，长3~7 cm，宽1.5~3 cm；叶腹面绿色，叶背面浅绿色；侧脉每边4~6条，在叶腹面扁平，**在叶背面稍突起**。花雌雄同株，单生或2~3朵簇生于叶腋；萼片、花瓣和雄蕊的数量均为5；雄花**花盘腺体5个，顶端全缘**；雄蕊离生。雌花：花梗长1.5~2 cm；花瓣膜质；花盘腺体10裂至中部。蒴果圆球形或扁球形，直径约8 mm，成熟时开裂成3个2片裂。花果期5月至8月。

国内产于云南、贵州、四川等地。凉山州的西昌、甘洛、普格、德昌等县市有分布。

## 44.2　铁苋菜属 *Acalypha* L.

### 尾叶铁苋菜 *Acalypha acmophylla* Hemsl.

灌木。**叶卵形、长卵形或菱状卵形，长3~10 cm，先端尾尖或渐尖**，基部楔形或圆钝，疏生长腺齿；两面中脉、侧脉均被柔毛，**基脉3条，侧脉2~3对**；叶柄长1~3.5（5）cm，具柔毛；托叶窄三角形，具疏柔毛。穗状花序腋生，长4~6 cm，雌花1朵生于花序下部，其上为雄花，有时全花序均为雄花；花萼裂片4片；雌花单生苞腋，花梗几无；萼片3~4片，花柱长4~5 mm，撕裂。蒴果，径3 mm，被柔毛和散生小瘤状毛。花期4月至8月。

中国特有，生于海拔150~1 950 m的山谷、沟旁坡地灌木丛中。凉山州的德昌、木里等县有分布。

## 44.3　山麻秆属 *Alchornea* Sw.

### 山麻秆 *Alchornea davidii* Franch.

别名：山麻杆、荷包麻

落叶灌木。幼枝被灰白色绒毛。**叶宽卵形或近圆形，长8~15 cm，先端渐尖**，基部近平截或心形，**边缘具锯齿**；下面被绒毛；**基出脉3条**；叶柄长2~10 cm，具柔毛，托叶披针形。雌雄异株。**雄花序穗状，长不及4 cm**，雄花5~6朵簇生于苞腋。雌花序总状顶生，长4~8 cm，被柔毛；苞片三角形；具花4~7朵；雌花花梗长约0.5 mm；萼片5片，长三角形；花柱3。**蒴果近球形，径1~1.2 cm，密生柔毛**。花期3月至5月，果期6月至7月。

中国特有，生于海拔300~1 200 m的沟谷或溪畔、河边的坡地灌丛中。凉山州的雷波、金阳等县有分布。山麻秆茎皮纤维为制纸原料；叶可作饲料。

## 44.4　变叶木属 *Codiaeum* A. Juss.

### 变叶木 *Codiaeum variegatum* (L.) A. Juss.

小乔木或灌木状。**叶薄革质，叶形、大小、色泽因品种不同有很大变异**；叶椭圆形、卵形、线形、线状披针形、披针形、倒卵形、匙形或提琴形，长5~30 cm，先端渐尖、短尖或圆钝，基部楔形或钝圆，全缘、浅裂、深裂或细长中脉连接2枚叶片；两面无毛；**叶绿色、黄色、黄绿相间、紫红色、紫红与黄绿相间或绿色散生黄色斑点或斑块**。花雌雄同株异序；总状花序腋生，长8~30 cm。雄花白色，花梗纤细；雌花淡黄色，花梗较粗。蒴果近球形，径约9 mm。花期9月至10月。

原产于亚洲马来半岛至大洋洲，现广泛栽培于热带地区。凉山州的西昌等县市有引种栽培。本种是热带、亚热带地区常见的庭园或公园观叶植物，园艺品种多。

## 44.5　丹麻秆属 *Discocleidion* (Müll. Arg.) Pax & K. Hoffm.

### 毛丹麻秆 *Discocleidion rufescens* (Franch.) Pax et Hoffm.

别名：假枲包叶

灌木或小乔木。**小枝、叶柄、花序均密被白色或淡黄色长柔毛**。叶纸质，卵形或卵状椭圆形，长7~14 cm，顶端渐尖，基部圆形或近截平，稀浅心形或阔楔形，边缘具锯齿；上面被糙伏毛，下面被绒毛；叶脉上被白色长柔毛；**基出脉3~5条，侧脉4~6对**，近基部两侧常具褐色斑状腺体2~4个；叶柄顶端具2枚线形小托叶，被毛，边缘具黄色小腺体。总状花序，或下部多分枝成圆锥花序；雄花3~5朵簇生于苞腋；雌花1~2朵生于苞腋。**蒴果扁球形，被柔毛**。花期4月至8月，果期8月至10月。

中国特有，生于海拔250~1 100 m的林中或山坡灌丛中。凉山州的西昌、甘洛、德昌、金阳、冕宁、布拖等县市有分布。本种茎皮纤维可制编织物；叶有毒。

### 44.6　大戟属 *Euphorbia* L.

#### 44.6.1　紫锦木 *Euphorbia cotinifolia* L.

常绿乔木。**叶3枚轮生；叶圆卵形，先端钝圆**，基部近平截；侧脉多对，近平行，梗不达叶缘而网结；边缘全缘；**两面红色**；叶柄略带红色。**花序生于二歧分枝的顶端**，具长约2 cm的梗；总苞阔钟状，边缘4~6裂，裂片三角形；腺体4~6枚，半圆形，深绿色，边缘具白色附属物，附属物边缘分裂。雄花多数；苞片丝状；雌花梗伸出总苞外。蒴果三棱状卵形，高约5 mm，直径约6 mm，光滑无毛。

原产于热带美洲，凉山州的西昌、宁南、德昌等县市有引种栽培。本种叶形美观，枝叶常年紫红色，是极好的彩色景观树。

#### 44.6.2　铁海棠 *Euphorbia milii* Ch. des Moulins

**蔓生灌木。茎褐色，具纵棱，密生锥状刺**，刺长1~2 cm，常3~5列排于棱脊上。叶互生，常集生于嫩枝，倒卵形或长圆状匙形，长1.5~5 cm，先端圆，具小尖头，基部渐窄，全缘，无柄或近无柄。花序2个、4个或8个组成二歧状复花序，生于枝上部叶腋，复花序具梗；**苞叶2枚，红色**，肾圆形，长8~10 mm，宽12~14 mm，先端圆且具小尖头，基部渐狭，无柄。蒴果三棱状卵圆形，平滑。花果期全年。

原产于非洲，凉山州的西昌、德昌、喜德等县市有栽培。本种为观赏植物；全株可入药，外敷可治瘀痛、骨折及恶疮等。

### 44.6.3　一品红 *Euphorbia pulcherrima* Willd. ex Kl.

落叶灌木。茎叶含乳汁。叶卵状椭圆形、长椭圆形或披针形，长6~25 cm，边缘全缘、浅裂或波状浅裂；叶梗长2~5 cm。**苞叶5~7枚，狭椭圆形，全缘或边缘浅波状分裂，朱红色**。花序数个聚伞状排列于枝顶；花序梗短；总苞坛状，边缘齿状5裂，裂片三角形；腺体1（2）枚，黄色。雄花多数，伸出总苞外；苞片丝状；雌花1枚，子房柄伸出总苞外。蒴果三棱状圆形。花果期10月至次年4月。

原产于中美洲，广泛栽培于热带和亚热带。凉山州的西昌、会理、盐源、德昌、普格、冕宁、会东等多县市有栽培。本种可作为园林观赏植物，也可盆栽观赏；茎叶可入药，有消肿的功效，可治跌打损伤。

### 44.6.4　霸王鞭 *Euphorbia royleana* Boiss.

多年生肉质状灌木。**茎和枝具5~7棱，棱脊突起，具波状齿**。叶互生，密集分枝于顶端，倒披针形至匙形，肉质，先端钝或近平截，基部渐窄，边缘全缘；托叶刺状，成对着生于叶迹两侧。花序二歧聚伞状，着生于节间凹陷处，且常生枝顶部；花序基部具短梗；总苞杯状，黄色；腺体5个，椭圆形，暗黄色。蒴果三棱状，直径1.5 cm。花果期5月至7月。

国内产于广西、四川及云南。凉山州的西昌、会理、宁南、德昌等县市有分布或栽培。本种为观赏植物；全株及乳汁入药，具祛风、消炎、解毒的功效，但有毒，供外用，忌内服。

### 44.6.5　绿玉树 *Euphorbia tirucalli* Linn.

小乔木。**茎与枝幼时绿色**；小枝肉质，具乳汁。叶互生，长圆状线形，长0.7~1.5 cm，先端钝，基部渐窄，全缘，无柄或近无柄；常生于当年生嫩枝上，稀疏，旋脱落，常呈无叶状；由茎行使光合功能。花序密集于枝顶，总苞陀螺状。蒴果棱状球形。花果期7月至10月。

原产于非洲东部，现广泛栽培于热带和亚热带。凉山州的德昌等县有栽培。本种可作行道树或温室栽培观赏；为人造石油的重要原料之一。

### 44.7　海漆属 *Excoecaria* L.

### 44.7.1　红背桂花 *Excoecaria cochinchinensis* Lour.

常绿灌木。叶对生，稀兼有互生或近3片轮生；叶纸质；叶片狭椭圆形或长圆形，顶端长渐尖，基部渐狭，边缘有疏细齿；腹面绿色，**背面紫红或血红色**；叶柄长3~10 mm。花单性，雌雄异株，聚集成腋生或稀兼有顶生的总状花序；雄花序长1~2 cm；雌花序由3~5朵花组成。蒴果球形，基部截平，顶端凹陷。花期几乎全年。

国内产于广西等地，凉山州西昌等县市有引种栽培。本种株型优美、枝叶茂密、清新秀丽，极具观赏价值，常用于庭园、公园、林缘等处的绿化；全树可入药，有通经活络、止痛的功效。

### 44.7.2 云南土沉香 *Excoecaria acerifolia* Didr.

灌木至小乔木。叶互生，纸质；叶片卵形或卵状披针形，稀椭圆形，长6~13 cm，顶端渐尖，基部渐狭或短尖，边缘有尖的腺状密锯齿，侧脉6~10对。**花单性，雌雄同株同序；花序顶生和腋生，长2.5~6 cm**；雌花生于花序轴下部，雄花生于花序轴上部。雄花：花梗极短；苞片阔卵形或三角形，每一苞片内有花2~3朵；雄蕊3枚。雌花：花梗极短或不明显；苞片卵形；小苞片2片，长圆形。**蒴果近球形，具3棱**，直径约1 cm。花期6月至8月。

国内产于云南和四川，生于海拔1 200~3 000 m的山坡、溪边或灌丛中。凉山州的盐源、木里、冕宁等县有分布。

## 44.8 麻风树属 *Jatropha* L.

### 44.8.1 麻风树 *Jatropha curcas* L.

别名：麻疯树、小桐子

小乔木或灌木状。枝条苍灰色，无毛，疏生突起皮孔。**叶纸质，卵圆形，先端短尖，基部心形，全缘或3~5浅裂**，老叶无毛。花序腋生，苞片披针形；雄花花瓣长圆形，合生至中部，雄蕊10枚，外轮5枚离生，内轮下部花丝合生；雌花萼片离生，花瓣和腺体与雄花同，子房3室，花柱顶端2裂。**蒴果椭圆状球形，黄色**。花期9月至10月。

原产于美洲热带，我国福建、台湾、四川、云南等地有栽培或逸为野生，生于海拔500~1 700 m
的干旱荒地。凉山州的西昌、盐源、会理、雷波、德昌、会东、宁南、金阳、布拖、普格等县市有栽
培。本种种子含油率高，可提炼生物油。

### 44.8.2　变叶珊瑚花 *Jatropha integerrima* Jacq.

灌木。株高2~3 m。植物体具乳汁，有毒。单叶互生，倒阔披针形，叶基有2~3对锐刺，先端渐
尖；叶上面为浓绿色，叶下面为紫绿色；叶柄具绒毛；叶面平滑，**常丛生于枝条顶端。二歧聚伞花
序，花单性，雌雄同株，花冠红色或粉红色**；花序中央一朵雌花先开，两侧分枝上的雄花后开，雌、
雄花不同时开放。

原产于西印度群岛，凉山州的德昌、西昌等县市有栽培。本种为优良观赏植物。

## 44.9　野桐属 *Mallotus* Lour.

### 44.9.1　红叶野桐 *Mallotus tenuifolius* var. *Paxii* (Pampanini) H．S．Kiu

别名：山桐子

灌木。**小枝、叶柄及花序均被黄色星状短绒毛或间生星状长柔毛。**叶互生，纸质，卵状三角形，
长6~18 cm，先端渐尖，基部圆形或平截，具不规则锯齿，**上部常具1~2裂片或粗齿；**上面疏生白色星
状柔毛，下面被灰白色星状绒毛和散生橘红色颗粒状腺体；**基出脉5条，近基部两条常纤细，侧脉4~6
对；**叶柄长8~10 cm；花雌雄异株，**花序总状，**雄花序顶生，有雄花3~8朵；雌花序长5~16 cm，有雌花
1~3朵，花萼裂片被淡黄色星状毛和颗粒状腺体。**蒴果球形，疏生紫红色软刺，**被星状毛和散生橙红色
颗粒状腺体。花期6月至8月，果期10月至11月。

中国特有，生于海拔100~2 000 m的沟谷杂木林中。凉山州的西昌、雷波等县市有分布。

### 44.9.2　白背叶 *Mallotus apelta* (Lour.) Muell. Arg.

灌木或小乔木。小枝、叶背面、叶柄和花序均密被星状柔毛和疏颗粒状腺体。叶卵形或阔卵形，长和宽6~25 cm；**基出脉5条，侧脉6~7对**；下面被灰白色星状绒毛；基部近叶柄处具腺体2个；叶柄长达15 cm。花雌雄异株，**雄花序为开展的圆锥花序或穗状，长15~30 cm**，雄花多朵簇生卵状苞片内；雌花序穗状，长15~30 cm，花序梗长5~15 cm。**蒴果近球形，密被生星状毛的线形的软刺**。花期6月至9月，果期8月至11月。

国内产于云南、广西、海南及四川等地，生于海拔30~2 400 m的山坡处或山谷灌丛中。凉山州的西昌、会理等县市有分布。本种为山坡、荒地、撂荒地绿化的优良树种；茎皮可供编织。

### 44.9.3　粗糠柴 *Mallotus philippinensis* (Lam.) Muell. Arg.

小乔木或灌木。小枝、嫩叶和花序均密被黄褐色短星状柔毛。**叶近革质，卵形、长圆形或卵状披针形，顶端渐尖**，基部圆形或楔形，边缘近全缘；下面被灰黄色星状短绒毛；**基出脉3条，侧脉4~6对**；近基部有褐色斑状腺体2~4个；叶柄被星状毛。花雌雄异株，花序总状，顶生或腋生，单生或数个簇生；雄花序长5~10 cm，雄花1~5朵簇生于苞腋。雌花序长3~8 cm；花萼裂片3~5枚。**蒴果扁球形，密被红色颗粒状腺体和粉末状毛，常具2个分果爿**。花期4月至5月，果期5月至8月。

国内产于四川、云南、江西等省，生于海拔300~1 800 m的沟谷或山坡密林中。凉山州的盐源、西昌、宁南、会东、布拖、普格等县市有分布。本种木材淡黄色，为家具等用材；果实有毒，不能食用。

### 44.9.4　石岩枫 *Mallotus repandus* (Willd.) Muell. Arg.

**攀缘灌木**。嫩枝、叶柄、花序和花梗均密生黄色星状柔毛。**叶互生，纸质，卵形或椭圆状卵形，**长3.5~8 cm，先端骤尖或渐尖，全缘或波状，老叶下面脉腋被毛及散生黄色腺体；**基出脉3条，侧脉4~5对**；叶柄长2~6 cm。花雌雄异株，总状花序或下部有分枝；雄花序常顶生，花萼裂片3~4片，雄蕊40~75枚；雌花序顶生，花萼裂片5片；花柱2~3条。蒴果具2（3）个分果片，径约1 cm，密被黄色粉状毛及腺体。花期3月至5月，果期8月至9月。

国内主产于广西、海南、台湾等地，生于海拔250~1 400 m的山地疏林中或林缘。凉山州的雷波、甘洛等县有分布。本种茎皮纤维可编绳用。

### 44.10　木薯属 *Manihot* Mill.

### 木薯 *Manihot esculenta* Crantz

灌木，具圆柱状块根。**叶纸质，近圆形，长10~20 cm，掌状深裂近基部；裂片3~7（11）片，倒披针形，长8~18 cm**；先端渐尖，全缘；叶柄长8~22 cm，稍盾状着生。圆锥花序长5~8 cm；萼带紫红色，有白霜；雄花花萼长约7 mm，内面被毛，花药顶部被白毛；雌花花萼长约1 cm，子房具6纵棱，柱头外弯，折扇状。蒴果椭圆形，具6条波状纵翅。

原产于巴西，凉山州宁南、冕宁、会东等县有栽培。木薯的块根富含淀粉，是工业淀粉原料之一；因块根含氰酸毒素，经漂浸处理后方可食用。

### 44.11 蓖麻属 *Ricinus* L.

**蓖麻 *Ricinus communis* L.**

灌木。小枝、叶和花序通常被白霜。叶近圆形，掌状7~11裂，裂缺几达中部；裂片卵状长圆形或披针形，顶端急尖或渐尖，边缘具锯齿；掌状脉7~11条；叶柄长可达40 cm，中空，顶端和基部具盘状腺体；总状花序或圆锥花序；苞片阔三角形。雄花：花萼裂片卵状三角形；雄蕊多束。雌花：萼片卵状披针形；子房密生软刺或无刺。蒴果卵球形或近球形，果皮具软刺或平滑。花期几全年或6月至9月。

原产于非洲，现热带至温暖带各国广泛栽培。凉山州各县市有栽培。本种为油脂植物；种子有毒。

## 44.12 乌桕属 *Triadica* Lour.

### 乌桕 *Triadica sebifera* (Linn.) Small.

别名：腊子树、柏子树、乌楮、桕树、木子树、虹树、蜡烛树

乔木。枝具乳状汁液。**叶菱形、菱状卵形，稀有菱状倒卵形，**长3~8 cm，侧脉6~10对；叶柄顶端具2个腺体。花单性，雌雄同株；**总状花序顶生；雌花生于下部，雄花生于上部或整个花序。**雄花：每苞片内具10~15朵花；花萼杯状，3浅裂；雄蕊2（3）枚。雌花：每苞片内仅1朵雌花；花萼3深裂；子房卵球形，3室。蒴果梨状球形，熟时黑色。花期4月至7月，果期8月至9月。

国内黄河以南各地有产，生于海拔600~2 000 m的疏林中或路旁。凉山州各县市有分布。本种木材优质；植株具较高观赏价值。

## 44.13 油桐属 *Vernicia* Lour.

### 油桐 *Vernicia fordii* (Hemsl.) Airy Shaw

别名：桐油树、桐子树、罂子桐、荏桐

落叶乔木。叶卵圆形，顶端短尖，**基部截平至浅心形，全缘，稀1~3浅裂；**成长叶上面深绿色，无毛，下面灰绿色，被贴伏微柔毛；**掌状脉5（7）条；**叶柄与叶片近等长，几无毛，顶端有2枚扁平、无柄的腺体。花雌雄同株，先叶或与叶同时开放；花萼长约1 cm，2（3）裂，外面密被棕褐色微柔毛；**花瓣白色，有淡红色脉纹，**倒卵形。雄花：雄蕊8~12枚。雌花：子房密被柔毛，3~5（8）室，每室有1颗胚珠。**核果近球状，直径4~8 cm，果皮光滑。**花期3月至4月，果期8月至9月。

国内主产于陕西、河南、江苏等地，主要生于海拔1 500 m以下的山地丘陵及江边。凉山州各县市有分布或栽培。本种是重要的工业油料植物，种子油称为桐油，为带干性植物油，用于木器、竹器、舟船等的防水、防腐锈；果皮可制活性炭或提取碳酸钾。

## 44.14 算盘子属 *Glochidion* J. R. Forst. & G. Forst.

### 44.14.1 革叶算盘子 *Glochidion daltonii* (Muell. Arg.) Kurz

灌木或乔木。**除叶柄和子房外，全株均无毛。**叶片纸质或近革质，披针形或椭圆形；叶长3~12 cm，有时呈镰刀状，顶端渐尖或短渐尖，**基部宽楔形，两侧对称；两面无毛，下面灰白色；侧脉每边5~7条，下面突起，网脉不显；**叶柄长2~4 mm。花簇生于叶腋内，基部有2枚苞片；雌花生于小枝上部，雄花生于小枝下部。雄花：花梗长5~8 mm；萼片6片；雄蕊3枚。雌花：几无花梗；萼片6片；子房扁球状，4~6室，**花柱合生，呈明显的棍棒状，**顶端3~6裂。蒴果扁球状，具4~6条纵沟，基部有宿存的萼片。花期3月至5月，果期4月至10月。

国内主产于华南及西南地区，生于海拔1 600~1 900 m的山地疏林中。凉山州的西昌、盐源、雷波、德昌、普格等县市有分布。本种叶、茎皮和幼果均含丰富鞣质，可提炼制栲胶。

### 44.14.2 长柱算盘子 *Glochidion khasicum* (Muell. Arg.) Hook. f.

灌木或小乔木。**全株均无毛。**叶片革质，长圆形或卵状披针形，长7~10 cm，宽2.5~4 cm，顶端渐尖，基部急尖并下延至叶柄；**下面淡绿色；**侧脉每边5~6条；叶柄粗壮，长4~6 mm；托叶卵状三角形，长2.5 mm。花数朵簇生于叶腋内。雄花：花梗短；萼片6片，倒披针形，不等大，长3~3.5 mm；雄蕊3枚，合生。雌花：几无花梗；萼片6片，卵状长圆形，长3.5~4 mm；子房圆球状，3室；**花柱合生，呈伸长、粗而近棍棒状，**顶端不具等的3齿裂。蒴果扁球状，顶部和基部凹陷，直径约8 mm，具3纵沟。

国内产于广西、云南和四川，生于海拔900~1 300 m的山地疏林或山谷灌木丛中。凉山州的德昌等县有分布。

### 44.14.3 甜叶算盘子 *Glochidion philippicum* (Cav.) C. B. Rob.

乔木。**小枝幼时被短柔毛，老渐无毛。**叶片纸质或近革质，卵状披针形或长圆形，长5~15 cm，宽2.5~5.5 cm，顶端渐尖至钝，基部急尖或宽楔形，通常偏斜；**上面深绿色，两面均无毛；**侧脉每边6~8条；叶柄长4~6 mm。花3~10朵簇生于叶腋内。雄花：花梗长6~7 mm；萼片6片，雄蕊3枚。雌花：花梗长2~4 mm；**子房圆球状，被柔毛，4~7室；**花柱合生，呈粗而短的圆锥状。蒴果扁球状，直径8~12 mm，高4.5~5.5 mm，顶端中央凹陷，**被稀疏白色柔毛，**边缘具8~10条纵沟；花柱宿存；果梗长3~8 mm。花期4月至8月，果期7月至12月。

国内产于四川、云南等地，生于山地阔叶林中。凉山州的西昌、德昌等县市有分布。

### 44.14.4 算盘子 *Glochidion puberum* (Linn.) Hutch.

直立灌木。**小枝、叶片下面、萼片外面、子房和果实均被短柔毛。**叶片纸质或近革质，长圆形、**长卵形或倒卵状长圆形，**稀披针形，长3~8 cm，宽1~2.5 cm，顶端钝、急尖、短渐尖或圆，基部楔形至钝形；上面灰绿色，仅中脉被疏短柔毛或几无毛，下面粉绿色；**侧脉每边5~7条，下面突起，网脉明显；叶柄长1~3 mm。**雌雄同株或异株，花小，2~5朵簇生于叶腋内；雄花梗长4~15 mm；雌花梗长约1 mm；子房圆球状，**花柱合生呈环状，**长宽与子房几相等。蒴果扁球状，直径8~15 mm，边缘有8~10条纵沟，成熟时带红色，顶端具有环状而稍伸长的宿存花柱。花期4月至8月，果期7月至11月。

中国特有，生于海拔300~2 200 m的山坡处、溪旁灌木丛中或林缘。凉山州的西昌、盐源、雷波、甘洛、喜德、宁南、德昌、金阳、会东、美姑、布拖、普格等县市有分布。本种根、茎、叶和果实均可药用，有活血散瘀、消肿解毒之效。

### 44.14.5 里白算盘子 *Glochidion triandrum* (Blanco) C. B. Rob.

灌木或小乔木。**小枝具棱，被褐色短柔毛**。叶片纸质或膜质，长椭圆形或披针形，长4~13 cm，宽2~4.5 cm，顶端渐尖、急尖或钝，基部宽楔形或钝形，**两侧不等；上面绿色，初被毛，下面带苍白色，被白色短柔毛**；中脉和侧脉上面稍突起，下面突起；侧脉每边5~7条；叶柄长2~4 mm，被疏短柔毛。花5~6朵簇生于叶腋内，雌花生于小枝上部，雄花生在下部。雄花萼片6片；雄蕊3枚，合生。雌花：几无花梗；子房被短柔毛；花柱合生，呈圆柱状，顶端膨大。蒴果扁球状，直径5~7 mm，有8~10条纵沟，被疏柔毛，顶端常有宿存的花柱，基部萼片宿存。花期3月至7月，果期7月至12月。

国内于四川、贵州、云南、广西等地，生于海拔500~2 600 m的山地疏林或山谷、溪旁灌木丛中。凉山州的雷波、德昌等县有分布。

## 44.15 叶下珠属 *Phyllanthus* Linn.

### 44.15.1 越南叶下珠 *Phyllanthus cochinchinensis* (Lour.) Spreng.

灌木。幼枝被黄褐色柔毛。**叶互生或3~5枚着生于短枝**；叶革质，倒卵形、长倒卵形或匙形，长**1~2 cm，先端钝、圆或凹缺**，基部渐窄，侧脉不明显；叶柄长1~2 mm；托叶卵状三角形，长约2 mm，有缘毛。花雌雄异株，1~5朵腋生；苞片撕裂状。雄花：常单生；花梗长约3 mm；萼片6片，倒卵形或匙形。雌花：单生或簇生；花梗长2~3 mm；萼片6片。蒴果球形，径约5 mm，具3纵沟。花果期6月至12月。

国内产于福建、广东、海南、广西、四川、云南、西藏等地，生于海拔1 000 m以下的山坡灌丛中、山谷疏林下或林缘。凉山州的雷波、会理、木里等县市有分布。

### 44.15.2　云贵叶下珠 *Phyllanthus franchetianus* Levl.

灌木，高1~2 m。茎红棕色；全株均无毛。**叶紧密排列在小枝两侧，每侧12~20片**。叶纸质，斜椭圆形而稍镰刀状弯曲，长3~7 mm；叶柄长约0.5 mm。**花红色**，雌雄同株。雄花：通常单生于小枝下部的叶腋内；花梗长2~4 mm，丝状。雌花：单生于小枝上部叶腋内；花梗长5~8 mm。蒴果圆球状，直径约5 mm，光滑，轴柱和萼片宿存。花期2月至7月，果期6月至9月。

中国特有，生于海拔400~1 000 m的山坡灌木丛中或疏林下。凉山州的雷波、金阳等县有分布。

### 44.15.3　余甘子 *Phyllanthus emblica* Linn.

别名：滇橄榄、庵摩勒、油甘子

乔木。**叶2列，线状长圆形，长8~20 mm**，顶端截平或钝圆，基部浅心形而稍偏斜，边缘略向背面卷；侧脉4~7对。多朵雄花和1朵雌花或全为雄花组成腋生的聚伞花序；萼片6枚。雄花：萼片长倒卵形或匙形，近相等；雄蕊3枚；花丝合生，极短柱；花药长圆形；花盘腺体6个。雌花：萼片长圆形或匙形；花盘杯状，包藏子房一半以上。**蒴果呈核果状，圆球形或扁圆球形，直径1~2 cm**，外果皮肉质，内果皮硬壳质。花期4月至6月，果期7月至9月。

　　国内产于江西、福建、广西、海南、四川等地，生于海拔200~2 300 m的向阳干旱山地、沟谷、荒地或路旁等处。凉山州的西昌、会理、盐源、雷波、木里、宁南、德昌、金阳、冕宁、会东、美姑、布拖、普格等县市有分布。本种果实富含多种维生素，可供食用和药用；木材供农具和家具等用材；宜作荒山造林的先锋树种或庭园风景树。

### 44.16　秋枫属 *Bischofia* Bl.

#### 44.16.1　重阳木 *Bischofia polycarpa* (Lévl.) Airy Shaw

**落叶乔木**。三出复叶；叶柄长9~13.5 cm；顶生小叶较两侧的大；叶卵形或椭圆状卵形，有时长圆状卵形，顶端突尖或短渐尖，**基部圆形或浅心形**，边缘具钝细锯齿；顶生小叶柄较侧生小叶柄长1~3倍；托叶小。花雌雄异株，春季与叶同时开放，**组成总状花序**；花序着生于新枝下部，花序轴下垂。果实浆果状，圆球形，成熟时褐红色。花期4月至5月，果期10月至11月。

　　中国特有，常生于海拔1 200 m以下的山地林中。凉山州的西昌、会理、德昌等县市有引种栽植。本种木材可供建筑、船只、车辆、家具等用材；果肉可酿酒；为良好的庭荫和行道树种。

**44.16.2  秋枫** *Bischofia javanica* **Bl.**

**常绿或半常绿大乔木**。三出复叶，稀5小叶，总叶柄长8~20 cm；小叶片纸质，卵形、椭圆形、倒卵形或椭圆状卵形，顶端急尖或短尾状渐尖，**基部宽楔形至钝**，边缘有浅锯齿；顶生小叶柄长2~5 cm，侧生小叶柄长5~20 mm。花小，雌雄异株，**多朵组成腋生的圆锥花序**；雄花序被微柔毛至无毛；雌花序下垂。果实浆果状，圆球形或近圆球形，淡褐色。花期4月至5月，果期8月至10月。

国内主产于长江流域及其以南各地，常生于海拔1 000 m以下的山地潮湿沟谷林中。凉山州的西昌、宁南、德昌、会东等县市有栽培。本种木材可供建筑、桥梁、车辆、船只等用；果肉可酿酒；种子可食用；根药用，主治风湿骨痛、痢疾等。

# 45  交让木科 Daphniphyllaceae

**交让木属** *Daphniphyllum* **Blume**

**交让木** *Daphniphyllum macropodum* **Miq.**

灌木或小乔木。**叶革质，长圆形至倒披针形**，长11~25 cm，宽2.5~7 cm，先端渐尖，顶端具细尖头，基部楔形至阔楔形，**叶面具光泽**；侧脉纤细而密，12~18对，两面清晰；**叶柄紫红色**。雄花序长5~7 cm，雄花花梗长约0.5 cm；雄蕊8~10枚，花丝短；雌花序长4.5~8 cm，雌花花梗长3~5 mm；子房基部具不育雄蕊10枚。**果椭圆形，先端具宿存柱头，暗褐色，具疣状皱褶，果梗长10~15 cm，**纤细。花期3月至5月，果期8月至10月。

国内产于云南、四川、贵州、广西、广东等地。凉山州的西昌、盐源、雷波、越西、美姑、布拖、普格等县市有分布。本种树冠整齐，具有较高的观赏价值；叶和种子可药用，治疔毒红肿。

# 46　鼠刺科 Iteaceae

## 46.1　鼠刺属 *Itea* Linn.

### 46.1.1　冬青叶鼠刺 *Itea ilicifolia* Oliver

灌木。**叶厚革质**，阔椭圆形至椭圆状长圆形，稀近圆形；长5~9.5 cm，宽3~6 cm；先端锐尖或尖刺状，基部圆形或楔形，边缘具**较疏且坚硬的刺状锯齿**；侧脉5~6对，网脉不明显；叶柄长5~10 mm，无毛。**顶生总状花序，下垂**，长达25~30 cm；花序轴被短柔毛；苞片钻形；花多数，通常3个簇生；花梗短；萼筒浅钟状，萼片三角状披针形；花瓣黄绿色，线状披针形，顶端具硬小尖；花开放后，直立。蒴果卵状披针形。花期5月至6月，果期7月至11月。

中国特有，生于海拔1 500~2 100 m的山坡处、灌丛中、林下、山谷中、河岸边和路旁。凉山州的西昌、会理、盐源、雷波、木里、甘洛、宁南、金阳、冕宁、会东、布拖、普格、昭觉等县市有分布。本种植株常绿，叶形奇特，可供观赏。

### 46.1.2　滇鼠刺 *Itea yunnanensis* Franch.

灌木或小乔木。**叶薄革质**，卵形或椭圆形，长5~10 cm，宽2.5~5 cm，先端急尖或短渐尖，基部钝或圆形，**边缘具内弯刺状锯齿**；侧脉4~5对；叶柄较长。**顶生总状花序，俯弯至下垂**，长达20 cm；花序轴及花梗被短柔毛；苞片钻形；花多数，常3枚簇生，花梗短，果期下垂；萼筒浅杯状；萼片三角状披针形；花瓣淡绿色，线状披针形，花时直立，先端稍内弯；雄蕊短于花瓣；子房半下位，心皮2枚。蒴果锥状。花果期5月至12月。

中国特有，生于海拔1 000~3 000 m的山林中、河边或岩石处。凉山州的西昌、会理、盐源、雷波、木里、甘洛、宁南、金阳、冕宁、会东、布拖、普格、昭觉等县市有分布。本种树皮含鞣质，可制栲胶；植株可观赏。

# 47　茶藨子科 Grossulariaceae

## 47.1　茶藨子属 *Ribes* Linn.

### 47.1.1　长刺茶藨子 *Ribes alpestre* Wall. ex Decne.

别名：大刺茶藨、高山醋栗

落叶灌木。**在叶下部的节上着生3枚粗壮刺，刺长1~2 cm**，节间常疏生细小针刺或腺毛。叶宽卵圆形，长1.5~3 cm，宽2~4 cm；叶柄被细柔毛或疏生腺毛。花两性，2~3朵组成短总状花序或花单生于叶腋；花序轴短，具腺毛；花梗长5~8 mm；花萼绿褐色或红褐色，外面具柔毛；萼筒钟形，萼片长圆形或舌形，**花期向外反折**，果期常直立；花瓣椭圆形或长圆形；果实近球形或椭圆形，长12~15 mm，直径10~12 mm，紫红色，**具腺毛**。花期4月至6月，果期6月至9月。

国内产于山西、四川、云南、西藏等地，生于海拔1 000~3 900 m的阳坡疏林下、灌丛中、林缘、河谷草地上或河岸边。凉山州的盐源、雷波、木里、美姑、布拖、普格等县有分布。本种果实可供食用及酿酒等。

### 47.1.2 光萼茶藨子 *Ribes glabricalycinum* L. T. Lu

落叶小灌木。小枝初具柔毛。**叶卵圆形，长、宽均1~2 cm**，基部近平截或心形；两面被柔毛，常混生腺体或上面疏生腺毛；掌状3~5裂，裂片先端尖，边缘具钝重锯齿；叶柄长0.5~1 cm，具柔毛或稀疏腺毛。花单性，雌雄异株；**短总状花序**；雄花序长1~2.5 cm，具7~15花；雌花序较短，常具3~5花；花序轴和花梗具柔毛和疏腺毛。花梗长2~5 mm；**苞片长圆形或倒卵状长圆形；花萼绿色或黄绿色，无毛**；萼片卵圆形或舌形，花期开展，果期反折；**花瓣倒卵圆形或扇形。果红色，球形，无毛，径6~7 mm**。花期5月至6月，果期7月至8月。

四川特有，生于海拔2 700~3 200 m的高山混交林下和灌丛中，凉山州的西昌、木里等县市有分布。

### 47.1.3 冰川茶藨子 *Ribes glaciale* Wall.

落叶灌木。**叶长卵圆形或近圆形，长3~5 cm，宽2~4 cm**，基部圆形或截平；上面无毛或疏被腺毛，下面仅沿叶脉被微毛；**掌状3~5裂；顶生裂片三角状长卵圆形，比侧生裂片长2~3倍**，边缘具锯齿；叶柄较长，被疏腺毛。花单性；雌雄异株；总状花序直立；雄花序长于雌花序，具10~30花；雌花序具4~10花。花梗短；苞片卵状披针形或长圆状披针形；萼片卵圆形或舌形，直立；花瓣近扇形或楔状匙形。**果红色，近球形或倒卵状球形**。花期4月至6月，果期7月至9月。

国内产于陕西、甘肃、四川、西藏、贵州、云南等地，生于海拔900~3 000 m的山坡或山谷丛林及林缘、岩石。凉山州的西昌、会理、盐源、雷波、木里、越西、甘洛、喜德、美姑、布拖、昭觉等县市有分布。本种果实味酸，可供食用。

### 47.1.4 糖茶藨子 *Ribes himalense* Royle ex Decne.

落叶小灌木。叶卵圆形或近圆形，长5~10 cm，**基部心形；两面常具腺毛；**掌状3~5裂，裂片卵状三角形，具粗锐重锯齿或杂以单锯齿；叶柄长3~5 cm，近无毛。总状花序长5~10 cm，花8朵至20余朵密集排列；花序下部的苞片近披针形；花萼绿带紫红色或紫红色；萼筒钟形；萼片倒卵状匙形或近圆形；花瓣近匙形或扇形，边缘微有睫毛，红或绿带浅紫红色。**果近球形，径5~7 mm，红色或熟后紫黑色。**花期4月至6月，果期7月至8月。

国内产于湖北、四川、云南、西藏等地，生于海拔1 200~4 000 m的山谷、河边灌丛及针叶林下和林缘。凉山州的盐源、木里、越西、甘洛、冕宁、普格、昭觉等县有分布。

### 47.1.5 矮醋栗 *Ribes humile* Jancz.

低矮丛生小灌木。**叶近圆形或卵圆形，长1~2 cm，**基部截形至浅心脏形；**两面近无毛；常掌状3裂，裂片三角状卵圆形，顶生裂片稍长于侧生裂片，先端急尖，侧生裂片较小，先端圆钝，边缘具粗钝锯齿；**叶柄长5~10 mm。雌雄异株，花排成短**总状花序；**雄花序长1.5~3.5 cm，具花7朵至10余朵；雌花序较短；具花稍少；花序轴和花梗疏生短腺毛；花梗长2~4 mm；苞片长圆形或椭圆形，先端急尖至短渐尖，无柔毛或边缘微具疏腺毛；**花萼紫红色，外面无毛。**果实圆形，直径5~7 mm，红色，无毛。花期5月至6月，果期7月至8月。

中国特有，生于海拔1 000~3 300 m的林下或山坡灌丛中。凉山州的木里、普格、金阳等县有分布。

### 47.1.6 康边茶藨子 *Ribes kialanum* Jancz.

落叶灌木。**嫩枝具短柔毛和腺毛。叶近圆形或宽卵圆形，长2~5.5 cm，宽几与长相等，**基部近截形至浅心脏形；两面均被短柔毛和腺毛；常掌状，具3~5浅裂，顶生裂片三角状宽卵圆形，先端急尖或圆钝，与侧生裂片近等长，侧生裂片宽卵圆形；边缘具不整齐的圆钝锯齿或重锯齿；叶柄具短柔毛和腺毛。花单性，雌雄异株，**直立总状花序；雄花序长3.5~7 cm**，花朵密集；雌花序稍短；花序轴和花梗具短柔毛和腺毛；**花萼外面被短柔毛，常混生腺毛**；萼片卵圆形或舌形，先端圆钝，反折或开展；花瓣绿色带红紫色。果实近球形或椭圆形，长5~8 mm，**具短腺毛**。花期4月至5月，果期7月至9月。

中国特有，生于海拔2 500~4 000 m的灌丛、针叶林缘、沟边或路旁。凉山州的盐源、木里、雷波等县有分布。

### 47.1.7 紫花茶藨子 *Ribes luridum* Hook. f. et Thoms.

落叶灌木。**叶近圆形或宽卵圆形，长2~5 cm**，基部近截形至浅心脏形；**上面常具短柔毛并有稀疏短腺毛，下面脉微具不明显短腺毛**；掌状，具3~5较浅裂，顶生裂片卵圆形或菱状卵圆形，先端急尖，稍长于侧生裂片，侧生裂片先端稍钝，稀急尖；边缘具粗钝单锯齿或混生少数重锯齿；叶柄长1~3 cm，常疏生短腺毛。花单性，雌雄异株，总状花序直立；雄花序长3~5 cm；雌花序稍短，具花较少；花序轴被短柔毛和稀疏短腺毛；花梗长1~3 mm，微具柔毛或近无毛；**花萼紫红色或褐红色，外面无毛**；花瓣甚小，近扇形或楔状匙形。果实近球形，直径5~7 mm，黑色。花期5月至6月，果期8月至9月。

国内产于四川及云南，生于海拔2 800~4 100 m的山坡疏、密林下，林缘或河岸边。凉山州的雷波、木里、德昌、普格等县有分布。

### 47.1.8 华西茶藨子 *Ribes maximowiczii* Batalin

落叶灌木。**嫩枝密被长柔毛和腺毛。叶宽卵圆形，长6~10 cm，宽4.5~9 cm**，基部浅心脏形；上面**散生柔毛，下面灰绿色，被长柔毛**；通常掌状3浅裂，裂片三角状卵圆形，顶生裂片先端渐尖，比侧生裂片长，侧生裂片先端急尖；边缘具不整齐粗大钝锯齿或重锯齿；叶柄具长柔毛和腺毛。花单性，**雌雄异株，总状花序直立；雄花序长7~15 cm**，具15~30朵密集排列的花；雌花序长4~10 cm，其花比雄花序的少；花序轴和花梗密被长柔毛和长腺毛。花萼被长柔毛或长腺毛；子房球形，密被长柔毛和长腺毛。果实卵球形，熟时红色或带黄色，密被长柔毛和长腺毛。花期6月至7月，果期8月。

中国特有，生于海拔2 500~3 000 m的山谷林中或灌木丛内。凉山州的会理、雷波、金阳、普格等县市有分布。

### 47.1.9 四川茶藨子 *Ribes setchuense* Jancz.

落叶灌木。小枝具短柔毛。**叶卵圆形或宽三角状卵圆形，长4.5~8 cm，宽5~9 cm**，基部心脏形；幼时上面具短柔毛，下面被较密短柔毛；掌状3裂，稀5裂，裂片三角状长卵圆形，顶生裂片长于侧生裂片或与侧生裂片近等长，先端渐尖，侧生裂片先端急尖至短渐尖；边缘具不整齐的粗锐锯齿；叶柄具短柔毛。**花两性，总状花序长5~10 cm，下垂，常具15~30朵密集排列的花**；花序轴具短柔毛，几无花梗或具极短梗；苞片卵圆形或圆形，先端圆钝，微具短柔毛；**萼片直立**，边缘无睫毛；子房无毛。果实球形，几无梗，红色，无毛。花期4月至5月，果期6月至7月。

中国特有，生于海拔2 100~3 100 m的山坡阴处疏、密杂木林下，山谷针叶林，缓坡灌丛或草地。凉山州的西昌、盐源、木里、越西、德昌、布拖等县市有分布。

### 47.1.10　细枝茶藨子 *Ribes tenue* **Jancz.**

落叶灌木。**枝细瘦，幼枝常具腺毛**。叶长卵圆形，稀近圆形，长2~5.5 cm，宽2~5 cm，**基部截形至心脏形**；上面无毛或幼时具短柔毛和紧贴短腺毛；掌状3~5裂，顶生裂片菱状卵圆形，**先端渐尖至尾尖**，比侧生裂片长1~2倍；叶柄长1~3 cm，无柔毛或具稀疏腺毛。**花单性，雌雄异株，直立总状花序**；雄花序长3~5 cm，具花10~20朵；**雌花序较短，长1~3 cm，具花5~15朵**；花序轴和花梗具短柔毛和疏腺毛；花梗长2~6 mm。果实球形，直径4~7 mm，暗红色，无毛。花期5月至6月，果期8月至9月。

中国特有，生于海拔1 300~4 000 m山坡处、山谷灌丛中或沟旁路边。凉山州的会理、雷波、越西、甘洛、宁南、德昌、金阳、美姑、普格等县市有分布。

### 47.1.11　小果茶藨子 *Ribes vilmorinii* **Jancz.**

落叶小灌木。小枝具柔毛。**叶卵圆形或近圆形，长宽均2~4 cm，基部平截形，稀浅心形；上面疏生腺毛，下面近无毛**；掌状，3~5浅裂，顶生裂片三角状长卵圆形，长于侧生裂片1倍以上；边缘具不整齐粗钝重锯齿；叶柄长1~2 cm，疏生腺毛。花单性，雌雄异株；总状花序直立；雄花序长1.5~2.5 cm，具花数朵；**雌花序长1~1.5 cm，具2~7花**；花序轴和花梗具柔毛和腺毛；花梗长1~2 mm。**果卵球形或近球形，径4~6 mm**，黑色，无柔毛，具疏腺毛。花期5月至6月，果期8月至9月。

中国特有，生于海拔1 600~3 900 m的山坡针叶林下、针阔叶混交林缘或山谷灌丛中。凉山州的会理、雷波、普格等县市有分布。

### 47.1.12　毛长串茶藨子 *Ribes longiracemosum* var. *pilosum* T. C. Ku

落叶灌木。叶卵圆形，长5~12 cm，宽几与长相似，基部深心脏形；两面被短柔毛；常掌状3裂，稀5裂，裂片卵圆形或三角状卵圆形，顶生裂片长于侧生裂片，先端渐尖，侧生裂片先端急尖至短渐尖；边缘具不整齐粗锯齿并杂以少数重锯齿；叶柄长4.5~8（10）cm，具稀疏短柔毛。花两性；**总状花序长15~30 cm，下垂，花朵排列疏松，间隔1 cm或1 cm以上**；花序轴和花梗被短柔毛；花萼绿色带紫红色；萼筒钟状短圆筒形，带红色；花瓣近扇形，长约萼片一半。果实球形，直径7~9 mm，黑色。花期4月至5月，果期7月至8月。

中国特有，生于海拔2 500~2 900 m的疏林下。凉山州的越西等县有分布。本种果实可供食用，可制作饮料等。

### 47.1.13　革叶茶藨子 *Ribes davidii* Franch.

常绿矮灌木。**叶倒卵状椭圆形或宽椭圆形，革质**，长2~5 cm，宽1.5~3 cm，先端微尖或稍钝，具突尖头，基部楔形；上面暗绿色，有光泽，下面苍白色，两面无毛，不分裂；**边缘自中部以上具圆钝粗锯齿**，齿顶有突尖头，**基部具明显的3条基出脉**；叶柄粗短，长0.5~1.5 cm，具腺毛。花单性，雌雄异株，**形成总状花序**；雄花序直立，长2~6 cm，具花5~18朵；**雌花序常腋生**，具花2~3（7）朵；花萼绿白色或浅黄绿色；花瓣楔状匙形或倒卵圆形，长约为萼片之半。果实椭圆形，稀近圆形，长8~11 mm，宽6~8 mm，紫红色，无毛。花期4月至5月，果期6月至7月。

中国特有，生于海拔900~2 700 m的山坡阴湿处、路边、岩石上或林中石壁上。凉山州的美姑、雷波等县有分布。

# 48　绣球花科 Hydrangeaceae

## 48.1　溲疏属 *Deutzia* Thunb.

### 48.1.1　灌丛溲疏 *Deutzia rehderiana* C . K . Schneider

别名：刚毛溲疏

灌木。稍攀缘状；老枝柔弱，纤细；花枝长3~4 cm，具2~4片叶。叶纸质，卵形或阔卵形，长2~3 cm，宽5~13 mm，先端急尖或渐尖，基部圆形，边缘具细锯齿；**两面绿色，被星状毛。聚伞花序长2~3 cm，直径3~4 cm，有花3~8朵**；花蕾卵状长圆形；花冠直径1.2~1.5 cm；花梗长3~8 mm；**萼筒杯状，密被5~9辐线星状毛**，裂片卵形或卵状长圆形，先端急尖，**较萼筒短**；花瓣白色，椭圆形，花蕾时内向镊合状排列。蒴果未见。花期5月。

中国特有，生于海拔500~2 000 m的山坡灌丛中。凉山州的会理、盐源等县市有分布。

### 48.1.2 球花溲疏 *Deutzia glomeruliflora* Franch.

灌木。**叶纸质，卵状披针形或披针形，长2~5 cm，宽6~15 mm**，先端渐尖或长渐尖，基部阔楔形，边缘具细锯齿；上面疏被4~5辐线星状毛，**下面被4~7辐线星状毛**；侧脉每边3~6条。聚伞花序长3~5 cm，常紧缩而密聚，有花3~18朵；**花冠直径1.5~2.4 cm**；萼筒杯状，高与直径均约3 mm，**裂片披针形，与萼筒近等长**；花瓣白色，有时略带粉色，倒卵状椭圆形，外面被星状毛。蒴果半球形，宿存萼裂片外弯。花期4月至6月，果期8月至10月。

中国特有，生于海拔2 000~3 000 m的灌丛中。凉山州的西昌、会理、盐源、雷波、越西、甘洛、美姑、布拖、普格等县市分布。本种可作观赏植物。

### 48.1.3 短裂溲疏 *Deutzia breviloba* S. M. Hwang

灌木。**花枝被星状毛**。叶纸质，卵形或卵状披针形，长1.5~3 cm，宽6~13 mm，先端短渐尖，尖头常稍弯，基部圆形或阔楔形，边缘具细锯齿；**上面浅绿色，疏被5~7辐线星状毛，下面灰绿色，被8~11（14）辐线星状毛**。聚伞花序近半圆形，长约2 cm，直径约3 cm，有花6~9朵，疏被星状毛；花冠直径1.2~1.5 mm；花梗长8~10 mm；萼筒密被10~14辐线星状毛，萼裂片较萼筒短；**花瓣白色**，倒卵形或阔椭圆形，长6~7 mm，外面被星状毛，花蕾时内向镊合状排列；**花柱4个，较雄蕊稍短**。蒴果半球形，直径约3 mm，灰褐色，疏被毛，宿存萼裂片直或外弯。花期3月，果期6月。

四川特有，生于海拔1 200~2 300 m的松林中或溪边灌丛中。凉山州的越西、盐源、甘洛、美姑等县有分布。

### 48.1.4 长叶溲疏 *Deutzia longifolia* Franch.

灌木。叶近革质或厚纸质，**披针形、椭圆状披针形，长5~11 cm**，宽1.5~4 cm；上面疏被4~7辐线星状毛，下面灰白色，密被8~12辐线星状毛；侧脉4~6对；叶柄短。花枝具4~6叶，聚伞花序具花9朵至20多朵；花冠径2~2.4 cm；**花萼裂片革质，狭长，与萼筒等长或稍长；花瓣紫红色或粉红色**，椭圆形或倒卵状椭圆形，外疏被星状毛；**外轮雄蕊长5~9 mm，花丝内外轮两轮形状不同**。蒴果近球形，具宿存萼裂片。花期6月至8月，果期9月至11月。

中国特有，生于海拔1 800~3 200 m的山谷林下或灌丛中。凉山州的西昌、会理、盐源、雷波、越西、甘洛、喜德、冕宁、美姑、布拖、昭觉等县市有分布。本种为园林观赏植物。

### 48.1.5 褐毛溲疏 *Deutzia pilosa* Rehd.

灌木。叶纸质，**卵形、卵状披针形或长圆状卵形，长3~9.5 cm，先端渐尖或尾尖，基部圆形或阔楔形，边缘具细锯齿**；上面被4~6辐线星状毛，下面被6~8辐线星状毛，均具中央长辐线；侧脉每边3~4条。花枝长6~8 cm，具4~6叶，**褐色或紫红色**，被具中央长辐线星状毛。伞房状聚伞花序，长3~5 cm，有花3~12朵；花冠直径1.5~1.8 cm；**花瓣白色**，卵状长圆形，长8~10 mm，外面被星状毛。蒴果近球形，宿存萼裂片内弯。花期4月至5月，果期6月至8月。

中国特有，生于海拔400~2 000 m的山地林缘。凉山州的雷波、德昌等县有分布。

### 48.1.6 粉红溲疏 *Deutzia rubens* Rehd.

灌木。叶膜质，长圆形或卵状长圆形，长4~7 cm，宽1.5~3 cm，先端急尖或渐尖，基部阔楔形或近圆形，边缘具细锯齿；上面疏被4~5辐线星状毛，下面被5~6（7）辐线星状毛，两面均稍粗糙；叶柄长2~4 mm，疏被5~6辐线星状毛。花枝，具4叶。伞房状聚伞花序，有花6~10朵；**花梗纤细，1~2 cm**；花冠直径1.5~2 cm；萼筒杯状，紫色；**花瓣倒卵形，粉红色或淡粉色**。蒴果半球形。花期5月至6月，果期8月至10月。

中国特有，生于海拔2 100~3 000 m的山坡灌丛中。凉山州的雷波、越西、甘洛、喜德、普格等县有分布。

### 48.1.7 四川溲疏 *Deutzia setchuenensis* Franch.

别名：雷波溲疏

灌木。小枝被星状毛。叶纸质，**卵形、卵状长圆形或卵状披针形，长2~8 cm，宽1~5 cm**，先端渐尖或尾尖，基部圆形或宽楔形，**边缘具细锯齿；上面有光泽，被3~6辐线星状毛，下面绿色，被4~8辐线星状毛**；叶柄长3~5 mm。伞房状聚花序，有花6~20朵；萼筒杯状，密被毛，裂片三角形或卵状三角形；花瓣白色，卵状长圆形，内向镊合状排列。蒴果球形，径4~5 mm，宿萼裂片内弯。花期4月至7月，果期6月至9月。

中国特有，生于海拔300~2 000 m的山地灌丛中。凉山州的雷波、甘洛、宁南、德昌、金阳、布拖、普格等县有分布。

### 48.1.8 鳞毛溲疏 *Deutzia squamosa* S. M. Hwang

灌木。**叶披针形或椭圆状披针形**，长5~8 cm，先端渐尖，基部楔形，**边缘具细锯齿**；上面疏被6~8辐线星状毛，下面密被12~16辐线鳞片状毛，毛被连续覆盖；侧脉每边4~5条；叶柄长3~5 mm，被星状毛。**花枝，常具4~6叶，红褐色，被鳞片状毛**。聚伞花序常密聚，半圆形，有花9~18朵；花冠直径1.8~2 cm；萼筒杯状，密被12~18辐线星状毛；裂片革质，卵状披针形，约与萼筒近等长，紫红色，具1脉，被毛较稀疏；**花瓣粉红色**，倒卵状椭圆形，长8~10 mm。蒴果近球形，褐色，宿存萼裂片外弯。花期6月。

中国特有，生于海拔约2 000 m的混交林中。凉山州的雷波等县有分布。

### 48.1.9 云南溲疏 *Deutzia yunnanensis* S. M. Hwang

灌木。**叶纸质，卵形或卵状长圆形**，先端急尖或渐尖，基部阔楔形或圆形，边缘具细锯齿；上面绿色，被4~5辐线星状毛，**下面灰绿色，被8~10辐线星状毛**，常具中央长辐线；叶柄长3~5 mm。花枝长3~5 cm，**具4叶，与营养枝叶同形**，褐色，疏被星状毛。聚伞花序或聚伞状圆锥花序，具花9~12朵，疏被星状毛；花冠直径1.8~2.5 cm；花梗长5~8 mm；**萼筒杯状，灰绿色；萼片裂片宽，较萼筒短**；花瓣阔椭圆形，先端急尖或钝，边缘稍波状，外面疏被星状毛。蒴果球形，宿存花萼裂片直。

中国特有，凉山州西昌市有分布。

## 48.2　山梅花属 *Philadelphus* Linn.

### 48.2.1　滇南山梅花 *Philadelphus henryi* Koehne

灌木。**叶卵形或卵状长圆形，长4~8 cm；基部楔形；**花枝叶卵形或卵状披针形；**上面被刚毛，下面沿脉疏被长硬毛；**叶脉基出或稍离基3~5条；叶柄短。总状花序有花5~22朵，柔弱枝上1~3朵，最下1~3对分枝顶端2~3朵花排成聚伞状，基部具叶；花序轴较长于花梗，密被糙伏毛；**花萼外密被刚毛，**暗紫色；萼裂片卵形或长卵形，外面被毛较萼筒疏；花冠近盘状；花瓣白色，圆形或长圆形；雄蕊35~38枚；**花柱无毛，粗壮，柱头桨形**。蒴果倒卵形，宿存萼裂片近顶生。花期6月至7月，果期8月至10月。

中国特有，产于贵州、云南、四川、重庆，西昌市的安哈镇、民胜乡等乡镇山区有分布，生于海拔2 000~2 600 m的山坡混交林中。凉山州的西昌、会理、盐源、雷波、昭觉等县市有分布。滇南山梅花可作为园林绿化观赏树种。

### 48.2.2　丽江山梅花 *Philadelphus calvescens* (Rehder) S. M. Hwang

灌木。**当年生小枝常具白粉**。叶卵形或阔卵形，长6~15 cm，先端急尖，基部圆形，边缘具锯齿；花枝上的叶披针形或长圆状披针形，长3.5~9 cm，宽1.5~4 cm，先端长尾状，尖头长1~1.5 cm，基部圆形或阔楔形，边缘具疏离细锯齿；上面疏被白色刚毛或无毛，**下面仅主脉和网脉被长柔毛或有时无毛，叶脉基出或离基出3~5条。总状花序有花5~9朵**，有时最下1对分枝顶端具2~3花；花序轴长5~8 cm；**花萼稍具白粉，无毛；**花瓣白色，近圆形或阔倒卵形。蒴果倒卵形，长7~9 mm，直径约5 mm。花期6月至7月，果期8月至10月。

中国特有，生于海拔2 400~3 500 m的灌丛中。凉山州的会理、木里、越西、甘洛、普格等县市有分布。

### 48.2.3　绢毛山梅花 *Philadelphus sericanthus* **Koehne**

灌木。老枝表皮纵裂，片状脱落，幼枝无毛或疏被毛。**叶椭圆形或椭圆状披针形**，边缘锯齿端具角质小圆点；**上面疏被糙伏毛**，下面仅沿主脉和脉腋被长硬毛；叶脉稍离基3~5条；叶柄较长。总状花序有花7~15（30）朵，下面1~3对分枝顶端具3~5花，呈聚伞状排列；花序轴与花梗近等长，疏被毛，**花萼褐色，疏被糙伏毛**，裂片卵形；花冠盘状，直径2.5~3 cm；花瓣白色，倒卵形或长圆形，长1.2~1.5 cm；雄蕊30~35枚；花盘和花柱无毛或疏被刚毛；花柱短，柱头桨形或匙形。蒴果倒卵形。花期5月至6月，果期8月至9月。

中国特有，生于海拔350~3 000 m的林下或灌丛中。凉山州的西昌、会理、盐源、雷波、木里、越西、甘洛、会东、美姑、布拖、普格、昭觉等县市有分布。绢毛山梅花可作园林绿化观赏树种。

### 48.2.4　紫萼山梅花 *Philadelphus purpurascens* (Koehne) **Rehd.**

灌木。**当年生小枝暗紫红色**。叶卵形或椭圆形，长3.5~7 cm，宽2.5~4.5 cm，先端渐尖或急尖，基部楔形或阔楔形，边缘全缘或上面具疏齿；叶脉离基出3~5条；花枝上叶椭圆状披针形或卵状披针形，较小，叶脉基出3条。**总状花序有花5~9朵；花序轴暗紫红色**，无毛；花梗长3~5 mm，无毛；**花萼紫红色，有时具暗紫色小点，常具白粉**，外面疏被微柔毛或脱落变无毛；萼筒壶形，裂片卵形，长约5 mm，先端急尖；花瓣白色，椭圆形、倒卵形或阔倒卵形。蒴果卵形，长6~8 mm，直径4~6 mm。花期5月至6月，果期7月至9月。

中国特有，生于海拔2 600~3 500 m的山地灌丛中。凉山州的西昌、盐源、雷波、木里、甘洛等县市有分布。

## 48.3 常山属 *Dichroa* Lour.

### 常山 *Dichroa febrifuga* Lour.

灌木。叶椭圆形、倒卵形、椭圆状长圆形或披针形，长6~26 cm，先端渐尖，基部楔形，边缘具锯齿，稀波状；两面绿色或下面紫色；无毛或叶脉被皱卷柔毛，稀下面散生长柔毛；侧脉8~10对；叶柄长1.5~5 cm。**伞房状圆锥花序，直径3~22 cm；花蕾倒卵形；花白色或蓝色；**花萼裂片宽三角形；**花瓣长圆状椭圆形，稍肉质，花后反折；**雄蕊一半与花瓣对生。浆果径3~7 mm，蓝色，干后黑色。花期2月至4月，果期5月至8月。

国内产于甘肃以南多地，生于海拔200~2 000 m的阴湿林中。凉山州的雷波、美姑、普格等县有分布。

## 48.4 绣球属 *Hydrangea* Linn.

### 48.4.1 马桑绣球 *Hydrangea aspera* D. Don

别名：柔毛绣球

灌木。高1~4 m；小枝、叶柄、花序密被灰白色短柔毛或黄褐色的、扩展的粗长毛。**叶纸质，披针形、卵状披针形、卵形或长椭圆形，长5~25 cm，宽2~8 cm，**先端渐尖，基部阔楔形或圆形，**边缘具密的小齿；**上面密被糙伏毛，**下面密被灰白色短绒毛及黄褐色颗粒状腺体**（放大镜下可见）；叶柄长1~4.5 cm。伞房状聚伞花序直径10~20 cm，分枝密集；不育花萼片4片，淡红色，倒卵圆形或卵圆形；**孕性花紫蓝色或紫红色；**子房下位。蒴果坛状，顶端截平，基部圆，具棱。花期7月至8月，果期9月至10月。

国内产于云南、四川、贵州和广西等地，生于海拔1 400~4 000 m的山谷密林或山坡灌丛中。凉山州的西昌、雷波、喜德、美姑、布拖、普格、德昌、冕宁等县市有分布。

### 48.4.2　西南绣球 *Hydrangea davidii* Franch.

灌木。**二年生小枝淡黄褐色，树皮呈薄片状剥落。**叶纸质，长圆形或狭椭圆形，长7~15 cm，宽2~4.5 cm，先端渐尖，具尾状长尖头，基部楔形或略钝；**边缘于基部以上具粗齿或小锯齿；**上面被小糙伏毛，后渐变近无毛，脉上的毛较密，**下面近无毛，仅脉上被稍长的柔毛**，脉腋间的毛常密集成丛；侧脉7~11对。**伞房状聚伞花序顶生，分枝3个；**不育花萼片3~4片，阔卵形、三角状卵形或扁卵圆形，不等大，较大的长1.3~2.3 cm，宽1.1~3 cm；孕性花深蓝色；**花瓣狭椭圆形或倒卵形，分离，基部具长0.5~1 mm的爪；子房近半上位或半上位。蒴果卵球形**，顶端突出部分长1.2~2 mm。花期4月至6月，果期9月至10月。

中国特有，常生于海拔1 400~2 600 m的山坡路旁、灌丛中或林缘。凉山州各县市有分布。

### 48.4.3　微绒绣球 *Hydrangea heteromalla* D. Don

别名：印度白绒绣球、密毛绣球

灌木至小乔木。小枝初时被柔毛后渐近无毛，具椭圆形皮孔。**叶椭圆形、阔卵形至长卵形，先端渐尖或急尖，基部钝形、截平形或微心形，边缘具小锯齿；**上面被小糙伏毛，**下面密被灰白色微绒毛。**伞房状聚伞花序具总花梗，结果时达27 cm；不育花萼片4片，阔卵形或椭圆形，不等大，白色或浅黄色，全缘；孕性花萼筒钟状；花瓣淡黄色，长卵形。**蒴果卵球形或近球形，长约3.5 cm。**花期6月至7月，果期9月至10月。

国内产于四川、云南及西藏等地，生于海拔2 900~3 200 m的山坡杂木林或高山杜鹃林中。凉山州的西昌、盐源、会理、雷波、木里、冕宁、会东、布拖、普格、昭觉等县市有分布。本种可作园林绿化观赏树种。

### 48.4.4 大果绣球 *Hydrangea macrocarpa* Hand.–Mazz.

别名：白绒绣球

灌木或小乔木。小枝与叶柄、花序初密被绒毛状柔毛，后渐脱落无毛。叶椭圆形，先端渐尖，具短尖头，基部宽楔形或钝形，边缘具细锯齿；上面疏被糙伏毛，**下面密被灰白色粗长绒毛**；侧脉7~9对；叶柄长2~8 cm。伞房状聚伞花序，径10~15 cm。不育花萼片4片，宽卵形或近圆形，全缘；孕性花萼筒钟状，被柔毛，萼齿尖三角形；花瓣长卵形，长约2 mm；雄蕊10枚，不等长；子房超过半下位，花柱3~4条。**蒴果卵球形，长4.5~5 mm**，顶端突出部分圆锥形。花期6月至7月，果期9月至10月。

中国特有，生于海拔2 500~3 200 m的常绿阔叶林下或灌丛中。凉山州的西昌、会理、盐源、雷波、木里、布拖、普格等县市有分布。

### 48.4.5 绣球 *Hydrangea macrophylla* (Thunb.) Ser.

灌木。树冠球形。小枝粗，无毛。叶倒卵形或宽椭圆形，长6~15 cm，先端骤尖，具短尖头，基部钝圆或宽楔形，具粗齿；两面无毛或下面中脉两侧疏被卷曲柔毛，脉腋有髯毛；侧脉6~8对；叶柄粗，长1~3.5 cm，无毛。**伞房状聚伞花序近球形，直径8~20 cm；具短的总花梗，分枝粗壮，近等长，密被紧贴短柔毛；花密集，多数不育**。不育花萼片粉红色、淡蓝色或白色。幼果陀螺状，连花柱长约4.5 mm，顶端突出部分长约1 mm。花期6月至8月。

国内产于山东、四川、贵州、云南等多地。凉山州各县市常有栽培。本种为常见观赏植物。

### 48.4.6 蜡莲绣球 *Hydrangea strigosa* Rehd.

灌木。**小枝密被糙伏毛。叶纸质，长圆形、卵状披针形或倒卵状倒披针形**，长8~28 cm，宽2~10 cm，先端渐尖，基部楔形、圆形或钝，边缘具硬尖头的小齿或小锯齿；上面被稀疏糙伏毛或近无毛；中脉粗壮，上面平坦，下面隆起。叶柄长1~7 cm，被糙伏毛。伞房状聚伞花序大，直径达28 cm，顶端稍拱，分枝扩展，密被灰白色糙伏毛；**不育花萼片4~5片，白色或淡紫红色；孕性花淡紫红色**，花柱2条。蒴果坛状。花期7月至8月，果期11月至12月。

中国特有，生于海拔500~1 800 m的山谷密林中、山坡路旁、疏林中或灌丛中。凉山州的雷波、木里、越西、甘洛、宁南、德昌、金阳、会东、美姑、布拖、普格等县有分布。

### 48.4.7 挂苦绣球 *Hydrangea xanthoneura* Diels

**灌木或小乔木。二年生小枝具皮孔**。叶纸质或厚纸质，椭圆形、长卵形或倒长卵形，长8~18 cm，先端短渐尖或骤尖，基部宽楔形或近圆，边缘密生尖齿；上面无毛，下面中脉和侧脉被柔毛，脉腋具髯毛，叶脉常带黄色，侧脉7~8对，下面网脉微突起，网眼小但明显；叶柄长1.5~5 cm，被疏毛。**伞房状聚伞花序**径10~20 cm，被毛。不育花萼片4片，**淡黄绿色；花瓣白或淡绿色**，长卵形；子房大半下位，花柱3~4条，果实长约1 mm。蒴果卵球形。花期7月，果期9月至10月。

中国特有，生于海拔1 600~2 900 m的山腰密林、疏林或山顶灌丛中。凉山州各县市有分布。

### 48.5 钻地风属 *Schizophragma* Sieb. et Zucc.

**钻地风 *Schizophragma integrifolium* Oliv.**

**木质藤本或藤状灌木**。叶椭圆形、长椭圆形或阔卵形，长8~20 cm，宽3.5~12.5 cm，先端渐尖或急尖，具短尖头，基部阔楔形、圆形至浅心形，边缘全缘或上部具疏硬尖头小齿；下面沿脉被疏毛，脉腋具髯毛；侧脉7~9对；叶柄短。**伞房状聚伞花序；不育花萼片常单生或2~3片聚生于花梗上**，卵状披针形、披针形或阔椭圆形；孕性花萼筒陀螺状，萼齿三角形；花瓣长卵形；雄蕊10枚，近等长；子房近下位。**蒴果钟状或陀螺状**，基部阔楔形，**顶端短圆锥形**。花期6月至7月，果期10月至11月。

中国特有，生于海拔200~2 700 m的山谷或山坡密林中。凉山州的西昌、会理、盐源、雷波、甘洛、美姑、布拖、普格等县市有分布。

# 49　蔷薇科 Rosaceae

### 49.1 鲜卑花属 *Sibiraea* Maxim.

**窄叶鲜卑花 *Sibiraea angustata* (Rehd.) Hand. –Mazz.**

灌木。叶在当年生枝条上互生，在老枝上通常丛生；**叶片窄披针形、倒披针形，稀长椭圆形**，长2~8 cm，宽1.5~2.5 cm，先端急尖或突尖，**基部下延成楔形**，边缘全缘；上下两面均不具毛；叶柄很短，不具托叶。**顶生穗状圆锥花序**，长5~8 cm，直径4~6 cm；花梗长3~5 mm，总花梗和花梗均密被短柔毛；花直径约8 mm；萼筒浅钟状；萼片宽三角形；花瓣白色。**蓇葖果直立**，长约4 mm，具宿存直立萼片。花期6月，果期8月至9月。

中国特有，生于海拔3 000~4 000 m的山坡灌木丛中或山谷砂石滩上。凉山州的木里等县有分布。

## 49.2 绣线菊属 *Spiraea* L.

### 49.2.1 川滇绣线菊 *Spiraea schneideriana* Rehd.

灌木。小枝有棱角。叶片卵形至卵状长圆形，长8~15 mm，先端圆钝或微急尖，基部楔形至圆形；**全缘**，稀先端有少数锯齿；**两面无毛**，叶脉不显著，有时基部具3脉；叶柄常无毛。**复伞房花序着生在侧生小枝顶端**，外被短柔毛或近于无毛，具多数花朵；花梗长4~9 mm；花直径5~6 mm；萼片外面近无毛，内面具短柔毛；**花瓣白色**，圆形至卵形，先端圆钝或微凹。**蓇葖果开张，近无毛**，萼片直立。花期5月至6月，果期7月至9月。

中国特有，生于海拔2 500~4 000 m的杂木林内或高山冷杉林边缘。凉山州各县市有分布。

### 49.2.2　粉背楔叶绣线菊 *Spiraea canescens* var. *glaucophylla* Franch.

灌木。小枝有棱角。**叶片倒卵形至倒卵状披针形，长1~2 cm，宽0.8~1.2 cm**，先端圆钝，基部楔形，**边缘全缘**或先端具不明显3裂；下面具短柔毛，有时近无毛；叶柄很短。**复伞房花序**直径3~5 cm，密被短柔毛，多花；花瓣白色或淡粉色，近圆形，先端钝，长与宽各2~3 mm。蓇葖果稍开张，具短柔毛，具直立或开展萼片。花期7月至8月，果期10月。

中国特有，生于海拔2 500~3 000 m的山坡灌丛中。凉山州的木里等县有分布。

### 49.2.3　中华绣线菊 *Spiraea chinensis* Maxim.

灌木。小枝幼时常被黄色绒毛。**叶片菱状卵形至倒卵形，长2.5~6 cm，宽1.5~3 cm**，先端急尖或圆钝，基部宽楔形或圆形；边缘有缺刻状粗锯齿，或具不明显3裂；上面暗绿色，被短柔毛，脉纹深陷，下面密被黄色绒毛，脉纹突起。**伞形花序具花16~25朵**；花梗长5~10 mm，具短绒毛；花直径3~4 mm；萼片卵状披针形，内面有短柔毛；花瓣近圆形，先端微凹或圆钝，长与宽2~3 mm，白色。蓇葖果开张，被短柔毛，具直立、稀反折萼片。花期3月至6月，果期6月至10月。

中国特有，生于海拔500~2 300 m的山坡灌木丛中、山谷溪边或田野路旁。凉山州的雷波、越西、甘洛、宁南、德昌、金阳、布拖等县有分布。

### 49.2.4　渐尖叶粉花绣线菊 *Spiraea japonica* var. *acuminata* Franch.

别名：狭叶绣线菊

直立灌木。小枝近圆柱形，幼时被短柔毛。**叶长卵状披针形**，先端渐尖，基部楔形，边缘具重锯齿或单锯齿；两面沿叶脉被短柔毛，下面或有白霜；叶柄极短，被短柔毛。复伞房花序生于新枝顶端，**花朵密集**，密被短柔毛；花梗短；苞片披针形至线状披针形；花萼内外均被疏短柔毛，萼筒钟状；萼片三角形；**花瓣卵形至圆形，先端通常圆钝，粉红色**；雄蕊25~30枚，较花瓣长。蓇葖果半开张，花柱顶生。花期6月至7月，果期8月至9月。

中国特有，生于海拔950~4 000 m的山坡旷地处、疏密杂木林中、山谷内或河沟旁。凉山州各县市有分布。渐尖叶粉花绣线菊可作庭园观赏植物。

### 49.2.5　华西绣线菊 *Spiraea laeta* Rehd.

灌木。小枝常直立，稍带棱角，近无毛。**叶片卵形或椭圆状卵形**，长1.5~5.5 cm，宽1.4~3.5 cm，先端急尖，基部楔形至圆形，**边缘自基部或中部以上有不整齐单锯齿**，有时不孕枝上叶片具缺刻状重锯齿，常无毛；叶柄无毛或疏生短柔毛。伞形总状花序基部有叶，**直径2~3 cm**，无毛，具花6~15朵；花梗长8~17 mm；花直径6~10 mm；花萼外面无毛；花瓣白色，宽卵圆形或近圆形，长2.5~4 mm；雄蕊30~40枚，比花瓣稍长。蓇葖果半开张，常具反折萼片，**无毛**。花期4月至6月，果期7月至10月。

中国特有，生于海拔1 200~2 500 m的山坡杂木林下或灌丛中。凉山州的盐源、雷波、越西、冕宁等县有分布。

### 49.2.6　长芽绣线菊 *Spiraea longigemmis* Maxim.

灌木。**小枝细长，稍弯曲。叶片长卵形、卵状披针形或长圆披针形**，长2~4 cm，宽1~2 cm，先端急尖，基部宽楔形或圆形；**边缘有缺刻状重锯齿或单锯齿**；上面幼时具稀疏柔毛，下面近无毛；叶柄无毛。复伞房花序着生在侧枝顶端，直径4~6 cm，多花。花萼外被短柔毛，萼筒及萼片三角形内面被短柔毛；花瓣近圆形，先端钝；白色。蓇葖果半开张，有稀疏短柔毛或无毛，萼片直立或反折。花期5月至7月，果期8月至10月。

中国特有，生于海拔2 500~3 400 m的干燥坡地或田野路边。凉山州的盐源、木里、越西、喜德、美姑等县有分布。

### 49.2.7　细枝绣线菊 *Spiraea myrtilloides* Rehd.

灌木。枝条幼时具棱角，近无毛。**叶卵形至倒卵状长圆形，长6~15 mm，先端圆钝，基部楔形；全缘，稀先端具3至数个钝锯齿，基出脉3条**；叶柄极短，与花梗、花萼外面一样被疏毛。**伞形总状花序具花7~20朵**；花梗短；花萼内被短毛；萼筒钟状；萼片三角形；花瓣近圆形，白色，先端圆钝；雄蕊20枚，与花瓣等长。蓇葖果直立开张，花柱顶生，倾斜开展，萼片直立或开张。花期6月至7月，果期8月至9月。

中国特有，生于海拔1 500~3 100 m的山坡、山谷或杂木林边。凉山州各县市有分布。本种根供药用，具有消肿解毒、祛腐生新的功效。

### 49.2.8 南川绣线菊 *Spiraea rosthornii* Pritz.

灌木。**叶片卵状长圆形至卵状披针形，长2.5~8 cm，宽1~3 cm，先端急尖或短渐尖**，基部圆形至近截形，边缘有缺刻和重锯齿；上面绿色，被稀疏短柔毛，下面带灰绿色，具短柔毛，沿叶脉较多；叶柄长5~6 mm，被柔毛。**复伞房花序生在侧枝先端**，被短柔毛，有多数花朵；花梗长5~7 mm；花直径约6 mm；萼筒内外两面有短柔毛；萼片内面稍被短柔毛；**花瓣白色**，卵形至近圆形，先端钝，长2~3 mm。蓇葖果开张，萼片反折。花期5月至6月，果期8月至9月。

中国特有，生于海拔1 000~3 500 m的山溪沟边或山坡杂木丛林内。凉山州的雷波、木里、喜德、金阳、冕宁、会东、美姑、昭觉等县有分布。

### 49.2.9 云南绣线菊 *Spiraea yunnanensis* Franch.

灌木。小枝细长，幼时被灰白色绒毛。**叶片倒卵形至卵形，长1~2 cm，宽几与长相等；先端圆钝，有时微3裂，具3至多数圆钝锯齿或重锯齿**；基部楔形，近基部两侧全缘；上面暗绿色，被短柔毛，叶脉显著凹陷并直达齿尖，下面密被白色绒毛；叶脉突出，**基部常有3~5条脉**。伞形花序具总梗，有花8~25朵；花直径5~7 mm；花瓣白色，宽倒卵形或近圆形，先端微凹或圆钝，长与宽2~3 mm。蓇葖果稍开张，具直立开张萼片。花期4月至7月，果期7月至10月。

中国特有，生于海拔1 800~2 800 m的干燥坡地灌木丛中或路旁、沟边岩石上。凉山州的会理、木里、德昌、金阳、布拖等县市有分布。

### 49.2.10 鄂西绣线菊 *Spiraea veitchii* Hemsl.

灌木。枝条呈拱形弯曲，红褐色，稍有棱角。**叶片长圆形、椭圆形或倒卵形，先端圆钝或有微尖，基部楔形，全缘**；上面绿色，通常无毛，下面灰绿色，具白霜，有时被极细短柔毛，具不明显的羽状脉；叶柄长约2 mm，具细短柔毛。**复伞房花序着**生在侧生小枝顶端，花小而密集，密被极细短柔毛；花白色，直径约4 mm。蓇葖果小，开张，萼片直立。花期5月至7月，果期7月至10月。

中国特有，生于海拔2 600~2 800 m的沟谷、山坡草地或灌木丛中。本种花朵密集，可供栽培观赏。

## 49.3 珍珠梅属 *Sorbaria* (Ser.) A. Br. ex Aschers.

### 高丛珍珠梅 *Sorbaria arborea* Schneid.

落叶灌木。羽状复叶，小叶片13~17枚，连叶柄长20~32 cm；小叶对生，披针形至长圆披针形，边缘具重锯齿，侧脉20~25对；小叶柄极短；托叶三角状卵形。顶生大型圆锥花序，花梗极短，与总花梗微被星状柔毛；苞片线状披针形至披针形；萼筒浅钟状，萼片长圆形至卵形；花瓣近圆形，白色；雄蕊20~30枚，着生于花盘边缘，约长于花瓣1.5倍。蓇葖果圆柱形，花柱在顶端弯曲；萼片宿存，果梗弯曲。花期6月至7月，果期9月至10月。

中国特有，生于海拔2 400~3 000 m的山坡林边或山溪沟边。凉山州各县市有分布。本种茎皮可供药用；花朵密集，可供观赏。

## 49.4 绣线梅属 *Neillia* D. Don

### 49.4.1 毛叶绣线梅 *Neillia ribesioides* Rehd.

灌木。**小枝密被短柔毛**。叶片三角形至卵状三角形，长4~6 cm，宽3.5~4 cm，先端渐尖，基部截形至近心形，边缘有5~7片浅裂片和尖锐重锯齿；上面具稀疏平铺柔毛，**下面密被柔毛**，在中脉和侧脉上更为显著；**叶柄密被短柔毛**。顶生总状花序，有花10~15朵，长4~5 cm；花直径约6 mm；萼筒外面无毛，基部具少数腺毛，内面具柔毛；萼片内面被柔毛；花瓣倒卵形，先端圆钝，白色或淡粉色。蓇葖果长椭圆形，萼宿存，外疏生腺毛。花期5月，果期7月至9月。

中国特有，生于海拔1 000~2 500 m的山地丛林中。凉山州的普格、美姑等县有分布。

### 49.4.2 中华绣线梅 *Neillia sinensis* Oliv.

灌木。**小枝无毛**。叶片卵形至卵状长椭圆形，长5~11 cm，先端长渐尖，基部圆形或近心形，稀宽楔形，**边缘有重锯齿，常不规则分裂**，稀不裂；**两面无毛或在下面脉腋有柔毛；叶柄近无毛。顶生总状花序**，花梗无毛；花直径6~8 mm；萼筒筒状，外面无毛，内面被短柔毛；萼片三角形，先端尾尖，全缘；花瓣倒卵形，先端圆钝，淡粉色；雄蕊10~15枚，着生于萼筒边缘；心皮1~2枚，子房顶端有毛。蓇葖果长椭圆形，萼筒宿存，外疏生长腺毛。花期5月至6月，果期8月至9月。

中国特有，生于海拔1 000~2 500 m的山坡、山谷或沟边杂木林中。凉山州的西昌、雷波、越西、等县市有分布。

### 49.4.3　西康绣线梅 *Neillia thibetica* Bur. et Franch.

灌木。小枝密被短柔毛。叶片卵形至长椭圆形，稀三角状卵形，长5~10 cm，先端渐尖，基部圆形或近心形，边缘有尖锐重锯齿，**常具不规则3~5浅裂；上面微具稀疏平铺柔毛，下面具柔毛**，沿侧脉和中脉较密；叶柄密被柔毛。**顶生总状花序**，有花15~25朵；花梗密被柔毛；萼筒内外两面密被短柔毛；萼片三角形，先端尾尖，全缘；花瓣倒卵形，先端圆钝，**淡粉色**。蓇葖果直立，顶端微具毛；萼宿存，外面密被柔毛和疏生腺毛。花期5月至6月，果期7月至9月。

中国特有，生于海拔1 100~3 500 m的杂木林中或林缘。凉山州的西昌、盐源、雷波、越西、美姑、普格等县市有分布。本种可作园林观赏植物。

## 49.5　棣棠花属 *Kerria* DC.

### 棣棠 *Kerria japonica* (L.) DC.

别名：棣棠花、鸡蛋黄花

落叶灌木。**小枝绿色，嫩枝有棱角**。叶互生，三角状卵形或卵圆形，顶端长渐尖，基部圆形、截形或微心形，边缘有尖锐重锯齿；两面绿色，上面无毛或有稀疏柔毛，下面沿脉或脉腋有柔毛；叶柄长5~10 mm，无毛；托叶膜质，带状披针形，有缘毛，早落。**单花，着生在当年生侧枝顶端**；花梗无毛；花直径2.5~6 cm；萼片卵状椭圆形，顶端急尖，有小尖头，全缘，无毛，果时宿存；**花瓣5片，黄色**，宽椭圆形，顶端下凹，比萼片长1~4倍。瘦果倒卵形至半球形，有皱褶。花期4月至6月，果期6月至8月。

国内产于甘肃、山东、浙江、四川、贵州、云南等多地，生于海拔200~2 600 m的山坡灌丛处或沟谷旁。凉山州各县市有分布。本种茎髓可作为通草代用品入药。

## 49.6　金露梅属 *Dasiphora* Raf.

### 49.6.1　金露梅 *Dasiphora fruticosa* L. Rydb.

#### 49.6.1a　金露梅（原变种）*Dasiphora fruticosa* L. Rydb. var. *fruticosa*

灌木。小枝红褐色。羽状复叶，有5（3）枚小叶，叶柄被绢毛或疏柔毛；**小叶长圆形、倒卵状长圆形或卵状披针形**，长0.7~2 cm，**边缘平或稍反卷**，全缘，先端急尖或圆钝，基部楔形；两面疏被绢毛、柔毛或近无毛。花单生或数朵生于枝顶；花梗密被长柔毛或绢毛；**花径2.2~3 cm；花瓣黄色**，宽倒卵形。**瘦果近卵圆形，熟时褐棕色**，长约1.5 mm。花果期6月至9月。

中国特有，生于海拔1 000~4 000 m的山坡草地处、砾石坡处、灌丛处及林缘。凉山州的会理、盐源、雷波、木里、越西、喜德、金阳、冕宁、布拖、美姑、普格等县市有分布。本种枝叶茂密、黄花鲜艳，适宜作庭园观赏灌木；其嫩叶可代茶叶饮用；花、叶入药，有健脾、化湿、清暑、调经之效。

#### 49.6.1b　伏毛金露梅（变种）*Dasiphora arbuscula* (D. Don) Soják

本变种与原变种金露梅的主要区别在于，小叶片上面密被伏生白色柔毛，下面网脉较为明显突出，被疏柔毛或无毛，边缘常向下反卷。花果期7月至8月。

中国特有，生于海拔2 600~4 600 m的山坡草地处、灌丛处或林中岩石上。凉山州的雷波等县有分布。

**49.6.1c 白毛金露梅（变种）** *Dasiphora fruticosa* L. var. *albicans* Rehd & Wils.

本变种与原变种金露梅的区别在于，小叶下面密被银白色绒毛或绢毛。

中国特有，生于海拔400~4 600 m的高山草地处、干旱山坡处、林缘及灌丛中。凉山州的盐源、雷波、木里、美姑、普格等县有分布。

**49.6.2 小叶金露梅** *Dasiphora parvifolia* (Fisch. ex Lehm.) Juz.

灌木。小枝幼时被灰白色柔毛或绢毛。羽状复叶，有3~7枚小叶，基部2对小叶呈掌状或轮状排列；**小叶小，披针形、带状披针形或倒卵状披针形，长7~10 mm，宽2~4 mm**，先端常渐尖，稀圆钝，基部楔形；**边缘全缘，反卷**，两面绿色，被绢毛，或下面粉白色，有时被疏柔毛。单花或数朵，顶生；花梗被灰白色柔毛或绢状柔毛；花径1~1.2（2.2）cm；花瓣黄色，宽倒卵形。瘦果被毛。花果期6月至8月。

国内产于黑龙江、内蒙古、甘肃、青海、四川、西藏等地，生于海拔900~5 000 m的干燥山坡处、岩石缝中、林缘及林中。凉山州的盐源、雷波、木里等县有分布。

**49.6.3 银露梅** *Dasiphora glabra* (G. Lodd.) Soják

灌木。**叶为羽状复叶，有小叶2对**，稀3小叶，上面一对小叶基部下延与轴汇合，叶柄被疏柔毛；小叶片椭圆形、倒卵椭圆形或卵状椭圆形，**长0.5~1.2 cm，宽0.4~0.8 cm**，顶端圆钝或急尖，基部楔形或近圆形，边缘平坦或微向下反卷，全缘；两面绿色，被疏柔毛或几无毛；花直径1.5~2.5 cm；**花瓣白色**，倒卵形，顶端圆钝。瘦果表面被毛。花果期6月至11月。

国内内蒙古、云南等多地有产，生于海拔1 400~4 200 m的山坡草地、河谷岩石缝、灌丛及林中。凉山州的盐源、木里、越西、宁南、普格等县有分布。银露梅功用和药效同于金露梅。

### 49.7　蔷薇属 *Rosa* L.

#### 49.7.1　木香花 *Rosa banksiae* Ait.

##### 49.7.1a　木香花（原变种）*Rosa banksiae* Ait. var. *banksiae*

攀缘小灌木。枝常有皮刺。小叶3~5枚，稀7枚，连叶柄长4~6 cm；小叶片椭圆状卵形或长圆状披针形，长2~5 cm，先端急尖或稍钝，基部近圆形或宽楔形，边缘有紧贴细锯齿；下面沿脉有柔毛；小叶柄和叶轴有稀疏柔毛和散生小皮刺；托叶线状披针形，膜质，离生，早落。**花小，多朵组成伞形花序**，花直径1.5~2.5 cm；萼片卵形，先端长渐尖，全缘，萼筒和萼片外面均无毛，内面被白色柔毛；**花瓣重瓣至半重瓣，白色**，倒卵形；花柱离生，密被柔毛，比雄蕊短很多。花期4月至5月。

中国特有，生于海拔500~1 300 m的溪边、路旁或山坡灌丛中。凉山州的西昌、会理、盐源、雷波、越西、甘洛、德昌、冕宁、昭觉等县市有分布或栽培。花含芳香油，可供配制香精、化妆品用；为著名观赏植物，常栽培供攀缘棚架之用。

### 49.7.1b 单瓣木香花（变种）*Rosa banksiae* Ait. var. *normalis* Regel

本变种花白色，单瓣，味香；果球形至卵球形，直径5~7 mm，红黄色至黑褐色，萼片脱落等特征与原变种——木香花相区别。

中国特有，生于海拔500~1 600 m的沟谷中。凉山州的雷波等县有分布。本变种根皮供药用，称"红根"，能活血、调经、消肿。

### 49.7.2 复伞房蔷薇 *Rosa brunonii* Lindl.

攀缘灌木。枝有皮刺。**小叶通常7枚**，近花序小叶常为5枚或3枚；**小叶片长圆形或长圆披针形，长3~5 cm，宽1~1.5 cm**，先端渐尖或急尖，基部近圆形或宽楔形，边缘有锯齿；小叶柄和叶轴密被柔毛和散生钩状小皮刺；**托叶大部分贴生于叶柄，离生部分披针形**，先端渐尖，边缘有腺毛，两面均被毛。**花多朵排成复伞房状花序**；花直径3~5 cm；萼片披针形，先端渐尖；常有1~2对裂片，内外两面均被柔毛；花瓣白色，宽倒卵形；花柱结合成柱，伸出。果卵形，直径约1 cm，无毛，成熟后萼片脱落。花期6月，果期7月至11月。

中国特有，多生于海拔1 600~2 750 m的林下或河谷林缘灌丛中。凉山州的越西、普格等县有分布。

### 49.7.3　短角蔷薇 *Rosa calyptopoda* Card.

别名：美人脱衣、短脚蔷薇

小灌木。小枝有皮刺。小叶通常5枚；**小叶片近圆形或宽倒卵形，长4~8 mm，宽3~7 mm，先端截形**，基部常宽楔形，**上部边缘有锐锯齿**，近基部全缘；下面沿脉有稀疏柔毛；顶生小叶柄长，侧生小叶近无柄，小叶柄和叶轴有腺毛和散生小皮刺；托叶大部分贴生于叶柄，离生部分长圆形，边缘有腺毛。**花单生**，有小苞片3~5枚，苞片卵形；花直径2~2.5 cm；萼片卵形，全缘，先端骤尖或扩展成带状，外面有腺毛，内面密被柔毛；花瓣粉红色；花柱离生，稍伸出，密被柔毛，与雄蕊等长或稍长。果近球形，直径6~8 mm，红褐色。花期5月至6月，果期7月至9月。

中国特有，多生于海拔1 600~1 800 m的灌丛中。凉山州的越西、甘洛等县有分布。

### 49.7.4　尾萼蔷薇 *Rosa caudata* Baker

灌木。枝有皮刺。小叶7~9枚，连叶柄长10~20 cm；小叶片卵形、长圆状卵形或椭圆状卵形，长3~7 cm，先端急尖或短渐尖，基部圆形或宽楔形，边缘有单锯齿，上下两面常无毛；小叶柄和叶轴有散生腺毛和小皮刺；托叶宽平，大部分贴生于叶柄，离生部分卵形，先端渐尖，全缘，有或无腺毛。花多朵组成伞房状花序；花梗长1.5~4 cm；花直径3.5~5 cm；萼筒长圆形，密被腺毛或近光滑；**萼片长可达3 cm，三角状卵形，先端伸展成叶状**，内面密被短柔毛；花瓣红色；花柱离生。果长圆形，长2~25 cm，橘红色；萼片常直立宿存。花期6月至7月，果期7月至11月。

中国特有，生于海拔1 650~3 000 m的山坡处或灌丛中。凉山州的甘洛、雷波等县有分布。

### 49.7.5 月季花 *Rosa chinensis* **Jacq.**

#### 49.7.5a 月季花（原变种）*Rosa chinensis* **Jacq.** var. *chinensis*

直立灌木。小枝有或无刺。小叶3~5（7）枚，小叶宽卵形至卵状长圆形，长2.5~6 cm，边缘具锐锯齿；顶生小叶具柄，侧生小叶近无柄，总叶柄较长，具疏皮刺和腺毛；托叶大部分贴生于叶柄，分离部分呈耳状，边缘具腺毛。花几朵集生，稀单生；花梗长2.5~6 cm，近无毛或具腺毛；萼片卵形，有时叶状，边缘羽状裂，内面密被长柔毛；花瓣重瓣至半重瓣，红色、粉红色、黄色至白色等，倒卵形，先端有凹缺，基部楔形；花柱离生，伸出萼筒口外，与雄蕊近等长。果卵球形或梨形，红色，萼片脱落。花期4月至9月，果期6月至11月。

原产中国，凉山州各县市有栽培。本种为中国十大名花之一；花、根、叶均可入药，花可治月经不调、痛经、痛疖肿毒，叶可治跌打损伤。

#### 49.7.5b 单瓣月季花（变种）*Rosa chinensis* var. *spontanea* (Rehd.et Wils.) Yü et Ku

本变种与原变种的区别：枝条具有宽扁皮刺，**花瓣红色，单瓣**，萼片常全缘，稀具少数裂片。

中国特有，凉山州的雷波等县有栽培。为月季花原始种。

### 49.7.6 腺梗蔷薇 *Rosa filipes* Rehd. et Wils.

灌木。枝皮刺。小叶（3）5~7（9）枚；小叶片长圆状卵形或披针形，长4~7 cm，先端渐尖，基部近圆形或宽楔形，边缘常单锯齿；下面近无毛；**小叶柄和叶轴有稀疏柔毛和腺毛，散生钩状小皮刺**；托叶狭，大部分贴生于叶柄，离生部分披针形，先端渐尖，全缘，有极疏腺毛。**花多数，25~35朵，成复伞房状或圆锥状花序**；花梗长2~3 cm，总花梗和花梗有稀疏腺毛；花直径2~2.5 cm；萼筒有腺毛；萼片卵状披针形，外面有疏柔毛和腺毛，内面密被柔毛；花瓣白色，倒卵形，花柱结合成柱，伸出，被柔毛。果近球形，直径约8 mm，猩红色，萼片反折，最后脱落。花期6月至7月，果期7月至11月。

中国特有，生于海拔1 300~2 500 m的山坡路边等处。凉山州的雷波、冕宁、昭觉等县有分布。

### 49.7.7 绣球蔷薇 *Rosa glomerata* Rehd. et Wils.

铺散灌木。枝有皮刺。小叶常5~7枚；小叶片长圆形或长圆状倒卵形，长4~7 cm，宽1.8~3 cm，先端渐尖或短渐尖，基部圆形，边缘有细锐锯齿；上面**有明显褶皱，下面叶脉明显突起**，密被长柔毛；叶柄有小钩状皮刺和密生柔毛；托叶大部分贴生于叶柄，离生部分耳状。**伞房花序，密集多花；总花梗、花梗和萼筒密被灰色柔毛和稀疏腺毛**；花直径1.5~2 cm；**萼片卵状披针形**，先端渐尖，外面有柔毛和稀疏腺毛；花瓣宽倒卵形；花柱结合成束，伸出，比雄蕊稍长，密被柔毛。果实近球形，橘红色，有光泽，幼时有稀疏柔毛和腺毛。花期7月，果期8月至10月。

中国特有，生于海拔1 300~3 000 m的山坡林缘处或灌木丛中。凉山州的会理、木里、越西、甘洛、美姑、布拖等县市有分布。

### 49.7.8　细梗蔷薇 *Rosa graciliflora* Rehd. et Wils.

小灌木。枝有皮刺，**小枝纤细**。**小叶9~11枚**，稀7枚，连叶柄长5~8 cm；**小叶片小，卵形或椭圆形，长8~20 mm，宽7~12 mm，先端急尖或圆钝**，基部楔形或近圆形，边缘有重锯齿或部分为单锯齿，齿尖有时有腺；叶轴和叶柄散生稀疏皮刺和腺毛；托叶大部分贴生于叶柄，离生部分耳状，边缘有腺齿，无毛。**花单生于叶腋，基部无苞片**；萼片卵状披针形；**花瓣粉红色或深红色**，倒卵形，先端微凹，基部楔形；花柱离生，稍外伸出，密被柔毛。果倒卵形、长圆状倒卵形、长圆状球形，长2~3 cm，红色、紫红色，有宿存直立萼片。花期7月至8月，果期9月至10月。

中国特有，生于海拔2 700~4 500 m的山坡处或林下或灌丛中。凉山州的盐源、木里、普格、美姑、昭觉等县有分布。

### 49.7.9　卵果蔷薇 *Rosa helenae* Rehd. et Wils.

铺散灌木。枝有皮刺。**小叶7~9枚**，小叶片长圆卵形或卵状披针形，长2.5~4.5 cm，宽1~2.5 cm，先端急尖或短渐尖，基部圆形或宽楔形，边缘有紧贴锐锯齿；上面无毛，下面淡绿色，有毛，叶脉突起；叶柄有柔毛和小皮刺。托叶大部分贴生于叶柄，仅顶端离生，离生部分耳状，边缘有腺毛。顶生伞房花序，部分密集成近伞形，直径6~15 cm；总花梗、花梗、萼筒及卵状披针形萼片均被柔毛和腺毛；花瓣倒卵形，白色；**花柱结合成束，伸出，密被长柔毛**。果实卵状球形、椭圆形或倒卵状球形，长1~1.5 cm，直径8~10 mm，**萼片花开后反折**，后脱落。花期5月至7月，果期9月至10月。

中国特有，生于海拔1 000~2 100 m的山坡上、沟边和灌丛中。凉山州的雷波、木里、越西、甘洛、喜德、德昌、美姑、布拖等县有分布。

### 49.7.10 长尖叶蔷薇 *Rosa longicuspis* Bertol.

攀缘灌木。枝有皮刺。小叶7~9枚；小叶卵形、椭圆形或卵状长圆形，边缘具尖锐锯齿；小叶柄和叶轴具疏小钩状皮刺；**托叶大部分贴生于叶柄，离生部分披针形，具腺毛。花多数排成伞房状**，花梗被疏柔毛和较密腺毛；萼筒卵状球形至倒卵状球形，外被疏柔毛；**萼片披针形，全缘或羽裂片，被柔毛，外具腺毛**；花瓣宽倒卵形，白色，先端凹凸不平，基部宽楔形，**外被绢毛；花柱结合，被毛，较雄蕊长**。果实倒卵状球形或椭球形，暗红色，萼片反折，**花柱宿存**。花期5月至7月，果期7月至11月。

中国特有，生于海拔600~2 600 m的丛林中。凉山州各县市有分布。本种花朵繁盛，具有较高的园艺观赏价值。

### 49.7.11 亮叶月季 *Rosa lucidissima* Lévl.

常绿或半常绿攀缘灌木。枝有皮刺，有时密被刺毛。**小叶通常3枚**，极稀5枚，连叶柄长6~11 cm；小叶片长圆状卵形或长椭圆形，长4~8 cm，宽2~4 cm，**先端尾状渐尖或急尖**，基部近圆形或宽楔形，边缘有尖锐或紧贴锯齿；**两面无毛，上面有光泽，下面苍白色**；总叶柄有小皮刺和稀疏腺毛；托叶大部分贴生，游离部分无毛，披针形，边缘有腺。**花单生**，直径3~3.5 cm，花梗长6~12 mm，无苞片；萼片长圆状披针形，先端尾状渐尖，花后反折；**花瓣紫红色**。果实梨形或倒卵状球形，常呈黑紫色，平滑。花期4月至6月，果期5月至8月。

中国特有，多生于海拔400~1 400 m的山坡杂木林中或灌丛中。凉山州雷波等县有分布，也有栽培。本种花朵鲜艳，可作观赏植物。

### 49.7.12　毛叶蔷薇 *Rosa mairei* Lévl.

小灌木。**枝有翼状皮刺，有时密被针刺。小叶5~9（11）枚；小叶片长圆倒卵形或倒卵形，有时有长圆形，长6~20 mm，宽4~10 mm，**先端圆钝或截形，基部楔形或近圆形，**边缘上部2/3或1/3的部分有锯齿；两面有丝状柔毛，下面更密；**托叶贴生于叶柄，离生部分卵形，边缘有齿或全缘，有毛。花单生于叶腋；花直径2~3 cm；萼片卵形或披针形，内面密被柔毛；花瓣白色，宽倒卵形，先端凹凸不平，基部楔形；花柱离生，有毛，稍伸出萼筒口外，比雄蕊短很多。果倒卵圆形，红色或褐色，萼片宿存，直立或反折。花期5月至7月，果期7月至10月。

中国特有，生于海拔2 300~4 100 m的山坡阳处或沟边杂木林中。凉山州的西昌、盐源、雷波、木里、越西、甘洛、宁南、金阳、冕宁、会东、美姑、普格、昭觉等县市有分布。

### 49.7.13　七姊妹 *Rosa multiflora* Thunb. var. *carnea* Thory

攀缘灌木。小枝有皮刺。小叶（3）5~9枚，连叶柄长5~10 cm；小叶片倒卵形、长圆形或卵形，先端急尖或圆钝，基部近圆形或楔形，边缘有尖锐单锯齿；下面有柔毛；小叶柄和叶轴有散生腺毛；托叶篦齿状。**花排成圆锥状花序；**花直径1.5~2 cm，萼片披针形，有时中部具2个线形裂片，内面有柔毛；**花重瓣，**白色、粉色等，宽倒卵形，先端微凹，基部楔形；花柱结合成束，无毛，比雄蕊稍长。果近球形，红褐色或紫褐色，有光泽，无毛，萼片脱落。

中国特有，凉山州的西昌、会理、雷波等多县市有栽培。本种为优良的垂直绿化材料，还能植于山坡、堤岸用于水土保持。

### 49.7.14　峨眉蔷薇 *Rosa omeiensis* **Rolfe**

直立灌木。小枝有或无皮刺，幼嫩时常密被针刺或无针刺。小叶9~13枚；小叶片长圆形或椭圆状长圆形，长8~30 mm，宽4~10 mm，先端急尖或圆钝，边缘有锐锯齿；叶轴和叶柄有散生小皮刺；托叶大部分贴生于叶柄，顶端离生部分呈三角状卵形，边缘有齿或全缘。花单生于叶腋；萼片披针形，全缘，先端渐尖或长尾尖，内面有稀疏柔毛；花瓣4片，白色，倒三角状卵形，先端微凹；花柱离生。**果倒卵状球形或梨形，直径8~15 mm，亮红色，果成熟时果梗肥大，萼片直立宿存。**花期5月至6月，果期7月至9月。

中国特有，多生于海拔2 450~4 000 m的山坡处、沟边或灌丛中。凉山州各县市有分布。本种果实味甜，可食，也可酿酒；果可入药，有止血、止痢、涩精之效。

### 49.7.15　铁杆蔷薇 *Rosa prattii* **Hemsl.**

灌木。**小枝细弱**，稍弯曲，散生直立的皮刺。小叶7~15枚，椭圆形或长圆形，**长6~20 mm，宽4~10 mm**，先端急尖，基部近圆形或宽楔形，边缘有浅细锯齿，下面沿中脉有短柔毛；叶柄和叶轴有柔毛和腺毛，或偶有针刺；托叶大部分贴生于叶柄，离生部分卵形，先端渐尖，边缘有带腺锯齿。**花常2~7朵簇生，近伞形伞房状花序，稀单生**；花直径约2 cm；**萼片卵状披针形，先端扩展成尾状；花瓣粉红色。**果卵球形至椭圆形，有短颈，直径5~8 mm，猩红色。花期5月至7月，果期8月至10月。

中国特有，生于海拔1 900~3 000 m的山坡阳处灌丛中或混交林中。凉山州的西昌、盐源、雷波、木里、甘洛、冕宁、美姑、昭觉等县市有分布。

### 49.7.16　缫丝花 *Rosa roxburghii* Tratt.

别名：刺梨

开展灌木。小枝有成对皮刺。小叶9~15枚；小叶片椭圆形或长圆形，长1~2 cm，宽6~12 mm，先端急尖或圆钝，基部宽楔形，边缘有细锐锯齿，两面无毛；托叶大部分贴生于叶柄，离生部分呈钻形，边缘有腺毛。**花单生或2~3朵，生在短枝顶端**；花直径5~6 cm；萼片外面密被针刺；**花瓣重瓣至半重瓣，淡红色或粉红色**，微香，倒卵形；雄蕊多数着生在杯状萼筒边缘；心皮多数，着生在花托底部。**果扁球形，直径3~4 cm，绿红色，外面密生针刺；萼片宿存直立。**花期5月至7月，果期8月至10月。

国内产于甘肃以南多地。凉山州各县市多有分布。本种果味甜酸，含大量维生素，可供食用及药用；根煮水可治痢疾；花朵美丽，可供观赏用；枝干多刺可作绿篱。

### 49.7.17　悬钩子蔷薇 *Rosa rubus* Lévl. et Vant.

匍匐灌木。枝具皮刺。**小叶通常5枚**，近花序偶有3枚；小叶片常卵状椭圆形，长3~7 cm，宽2~4.5 cm，先端尾尖、急尖或渐尖，基部近圆形或宽楔形，边缘有尖锐锯齿；下面被柔毛；小叶柄和叶轴有柔毛和散生的小钩状皮刺；托叶大部分贴生于叶柄，离生部分披针形，先端渐尖，全缘常带腺体，有毛。**花10~25朵，排成圆锥状伞房花序**；花直径2.5~3 cm；萼筒及披针形萼片两面均密被柔毛；花瓣白色，花柱结合成柱，比雄蕊稍长。果近球形，直径8~10 mm，猩红色至紫褐色，有光泽。花期4月至6月，果期7月至9月。

中国特有，多生于海拔500~1 500 m的山坡处、路旁、草地上或灌丛中。凉山州的雷波、木里、越西、甘洛、普格等县有分布。本种花密繁盛，可作园林观赏植物；鲜花可提取芳香油。

### 49.7.18 玫瑰 *Rosa rugosa* Thunb.

直立灌木。**小枝密被绒毛，并有针刺、腺毛**和皮刺。小叶5~9枚；小叶片椭圆形或椭圆状倒卵形，长1.5~4.5 cm，宽1~2.5 cm，先端急尖或圆钝，基部圆形或宽楔形，边缘有尖锐锯齿；下面密被绒毛和腺毛；叶柄和叶轴密被绒毛和腺毛；托叶大部分贴生于叶柄，离生部分卵形。花单生于叶腋，或数朵簇生；花梗密被绒毛和腺毛；花直径4~5.5 cm；萼片卵状披针形，先端尾状渐尖，常有羽状裂片而扩展成叶状；花瓣倒卵形，**重瓣至半重瓣，**芳香，紫红色至白色；花柱离生，被毛，稍伸出萼筒口外。果扁球形，直径2~2.5 cm，萼片宿存。花期5月至6月，果期8月至9月。

原产于我国华北及日本和朝鲜，凉山州多县市引种栽培。玫瑰为品种众多的著名观赏植物；鲜花可以蒸制芳香油，供食用及化妆品用；花瓣可以制饼馅，干制后可以泡茶；花蕾入药可治肝胃气痛、胸腹胀满和月经不调。

### 49.7.19 绢毛蔷薇 *Rosa sericea* Lindl.

直立灌木。枝有皮刺，有时密生针刺。小叶5~11枚；小叶片卵形或倒卵形，稀倒卵状长圆形，长8~20 mm，宽5~8 mm，先端圆钝或急尖，基部宽楔形，边缘**仅上半部有锯齿；上面无毛，有褶皱，下面被丝状长柔毛**；叶轴、叶柄有极稀疏皮刺和腺毛；托叶大部分贴生于叶柄，离生部分呈耳状。花单生于叶腋；萼片卵状披针形，内面有长柔毛；花瓣白色；花柱离生，被长柔毛，稍伸出萼筒口外。果倒卵状球形或球形，直径8~15 mm，红色、黄色或紫褐色。花期5月至6月，果期7月至8月。

中国特有，多生于海拔2 000~3 800 m的山顶、山谷斜坡或向阳燥地上。凉山州各县市有分布。本种果可食。

### 49.7.20　钝叶蔷薇 *Rosa sertata* Rolfa

灌木。枝有或无皮刺。**小叶7~11枚，连叶柄长5~8 cm，小叶片广椭圆形至卵状椭圆形，长1~2.5 cm，宽7~15 mm**，先端急尖或圆钝，基部近圆形，边缘有尖锐单锯齿，近基部全缘；小叶柄和叶轴有稀疏柔毛、腺毛和小皮刺；托叶大部分贴生于叶柄，离生部分耳状。**花单生或3~5朵簇生**，排成伞房状；花直径2~4 cm；萼片卵状披针形，先端延伸成叶状，内面密被黄白色柔毛；花瓣粉红色或玫瑰色；花柱离生，被柔毛。**果卵球形，顶端有短颈**，长1.2~2 cm，深红色。花期6月，果期8月至10月。

中国特有，多生于海拔1 390~2 200 m的山坡处、路旁、沟边或疏林中。凉山州的雷波、木里、越西、甘洛、喜德、德昌、金阳、美姑、布拖、普格等县市有分布。

### 49.7.21　川滇蔷薇 *Rosa soulieana* Crep.

#### 49.7.21a　川滇蔷薇（原变种）*Rosa soulieana* Crep. var. *soulieana*

直立开展灌木。**小枝常带苍白绿色，具皮刺。小叶5~9枚，常7枚，连叶柄长3~8 cm；小叶片椭圆形或倒卵形，长1~3 cm，宽7~20 mm，先端圆钝、急尖或截形**，基部近圆形或宽楔形，边缘有紧贴锯齿，近基部常全缘；两面常无毛；托叶大部分贴生于叶柄。**花成多花伞房花序**，稀单花顶生，直径3~4 cm；花梗和萼筒无毛，有时具腺毛；萼片卵形，花瓣白色或黄白色；花柱结合成柱，伸出，被毛，比雄蕊稍长。果实近球形至卵球形，直径约1 cm，橘红色，老时变为黑紫色。花期5月至7月，果期8月至9月。

中国特有，生于海拔2 500~3 000 m的山坡处、沟边或灌丛中。凉山州的盐源、木里、甘洛、德昌、冕宁、布拖、普格等县有分布。

**49.7.21b　毛叶川滇蔷薇（变种）*Rosa soulieana* var. *yunnanensis* Schneid.**

该变种小叶下面和叶轴被柔毛，花梗被柔毛和腺毛，花有时粉色等特征与原变种——川滇蔷薇相区别。

中国特有。凉山州的越西等县有分布。

**49.7.22　美蔷薇 *Rosa bella* Rehd. et Wils.**

灌木。小枝具皮刺，老枝常密被针刺。小叶（5）7~9枚；小叶片椭圆形、卵形或长圆形，长1~3 cm，宽6~20 mm，先端急尖或圆钝，基部近圆形，边缘有单锯齿；两面通常无毛；托叶大部分贴生于叶柄，离生部分卵形，先端急尖，边缘有腺齿。花单生或2~3朵集生；花梗和萼筒被腺毛；花直径4~5 cm；萼片卵状披针形，全缘，先端延长成带状，外面有腺毛；花瓣粉红色，宽倒卵形；花柱离生，短于雄蕊。**果椭圆状卵球形，直径1~1.5 cm，顶端有短颈，猩红色，有腺毛。**花期5月至7月，果期8月至10月。

中国特有，多生于灌丛、沟边等处，海拔可达2 650 m。凉山州的昭觉、冕宁等县有分布。河北、山西用本种果实代金樱子入药。

### 49.7.23 独龙江蔷薇 *Rosa taronensis* Yü et Ku

别名：求江蔷薇

灌木。小枝有皮刺和细密的针刺。小叶7~9（13）枚；小叶片长圆形或长圆状倒卵形，长1~3 cm，宽5~12 mm，先端截形，基部宽楔形或近圆形，**边缘仅顶端的1/3、最多不超过1/2的部分有锐锯齿；下半部全缘，两面常无毛**；小叶柄和叶轴无毛，有散生小皮刺；托叶宽，大部分贴生于叶柄，离生部分卵形，先端尾尖，边缘有腺齿。**花单生，无苞片**；花直径3.5~4 cm；**萼筒无毛；萼片4片，宽卵形，先端短尾状**，外面有毛或近无毛，内面密被黄白色长柔毛；**花瓣4片**，淡黄色或白色；花柱离生，比雄蕊短。果倒圆锥形或近球形，直径约1 cm，橘黄色或红色，**成熟时果梗膨大**，萼片直立。

中国特有，多生于海拔2 400~3 300 m的草地或杂木林中。凉山州的木里等县有分布。

## 49.8 悬钩子属 *Rubus* L.

### 49.8.1 刺萼悬钩子 *Rubu alexeterius* Focke

#### 49.8.1a 刺萼悬钩子（原变种）*Rubu alexeterius* Focke var. *alexeterius*

灌木。老枝红褐色，**被白色粉霜**，与花枝和叶柄一样具钩状皮刺。**小叶3（5）枚**，顶生小叶菱形，侧生小叶长卵形或椭圆形；**下面密被灰白色绒毛**；叶柄长，顶生小叶柄较短，侧生小叶近无柄，和线形托叶均密被长柔毛。花1~4朵簇生于侧生小枝顶端，单花腋生；**花梗、花萼均被长柔毛和细皮刺；花萼长达2 cm**；萼片卵状披针形或披针形，顶端尾尖；花瓣近圆形，白色，基部具极短爪。果实球形，包藏萼内，黄色，顶端残存花柱。花期4月至5月，果期6月至7月。

国内产于四川、云南和西藏，生于海拔2 100~3 700 m的山谷溪旁、荒山坡处或开旷处。凉山州的西昌、盐源、会理、会东、美姑、普格等县市有分布。本种果可食；根供药用，具有活血调经、凉血止痢、利水消肿、清肺止咳的功效。

### 49.8.1b　腺毛刺萼悬钩子（变种）*Rubus alexeterius* var. *acaenocalyx* (Hara) Yü et Lu

本变种和原变种刺萼悬钩子的区别在于叶柄、花梗和花萼上均**有明显的腺毛**。

国内产于四川、云南、西藏，生于海拔2 000~3 200 m的山坡林内或林缘。凉山州的盐源、木里、会东等县有分布。

### 49.8.2　秀丽莓 *Rubus amabilis* Focke

灌木。**枝无毛，具疏皮刺。小叶7~11枚，卵形或卵状披针形**，顶端急尖，顶生小叶顶端常渐尖，基部多近圆形；下面沿叶脉具柔毛和小皮刺；边缘具缺刻状重锯齿，顶生小叶边缘有时浅裂或3裂；托叶线状披针形，具柔毛。**花单生于侧生小枝顶端；花梗长2.5~6 cm**，具柔毛，疏生细小皮刺，有时具稀疏腺毛；花直径3~4 cm；花萼绿带红色，外面被短柔毛，无刺或有时具稀疏短针刺或腺毛；萼片宽卵形，顶端渐尖或具突尖头，在花果时均开展；花瓣近圆形，白色或淡粉色。果实长圆形，稀椭圆形，红色。花期4月至5月，果期7月至8月。

中国特有，生于海拔1 000~3 700 m的山沟边或山谷丛林中。凉山州的西昌、雷波、木里、越西、德昌、美姑、普格等县市有分布。本种果可食。

### 49.8.3　橘红悬钩子 *Rubus aurantiacus* Focke

灌木。**枝褐色或红褐色，**具稀疏钩状皮刺，幼时被柔毛。**小叶常3枚，**卵形或椭圆形，顶端急尖至渐尖；顶生小叶基部圆形至浅心形，侧生小叶基部楔形；**上面具细柔毛或近无毛，下面密被灰白色绒毛，**边缘有不规则粗锐锯齿或缺刻状重锯齿；托叶线形。花约5~10朵，生于侧枝顶端，组成伞房状或近短总状花序；总花梗和花梗均密被绒毛状柔毛和稀疏小皮刺；苞片线形，具柔毛；花萼及萼片外面密被绒毛状柔毛和绒毛；萼片宽卵形或三角状披针形；花瓣倒卵形或近圆形，白色，稀浅红色；子房密被灰白色绒毛。**果实半球形，橘黄色或橘红色，被绒毛，具少数小核果。**花期5月至6月，果期7月至8月。

中国特有，生于海拔1 500~3 300 m的山谷内、溪旁或山坡密林中。凉山州的西昌、雷波、会东、布拖、喜德、美姑、昭觉等县市有分布。本种果可食。

### 49.8.4　粉枝莓 *Rubus biflorus* Buch.–Ham. ex Smith

攀缘灌木。**枝紫褐色至棕褐色，具白粉霜，**疏生粗壮钩状皮刺。羽状复叶，**小叶3~5枚；**顶生叶阔卵形或近圆形，侧生叶卵形或椭圆形，先端3裂或不裂，边缘具锯齿，基部圆形至阔楔形；上面被柔毛，下面密被白色绒毛；托叶狭披针形，被柔毛。花2~8朵或2~3朵簇生于叶腋；花梗长2~3 cm；花白色，径1.5~2 cm；**萼片5片，阔卵形或圆卵形，果期包被果实；**花瓣较萼片长；花柱基部及子房顶部密被绒毛。果实球形，径1~2 cm，**橘黄色，**顶端残存被绒毛花柱。花期5月至6月，果期7月至8月。

国内产于陕西、甘肃、四川、云南、西藏，生于海拔1 500~3 500 m的山坡处、路边灌丛中、杂木林中或针叶林中。凉山州各县市多有分布。本种果可食。

### 49.8.5 长序莓 *Rubus chiliadenus* Focke

灌木。小枝具紫红色腺毛、柔毛和宽扁的稀疏皮刺。小叶（3）5枚，卵形至卵状披针形，长3~8 cm，宽1~4 cm，顶端渐尖，基部楔形至近圆形，顶生小叶基部近圆形或近心形；上面具稀疏柔毛和腺毛，下面具柔毛和腺毛，**边缘有不整齐粗锐锯齿**；叶柄与叶轴均具柔毛和紫红色腺毛；托叶线形，有柔毛和腺毛。**顶生花序近圆锥状，腋生花序总状或近伞房状**，花梗、苞片和花萼被柔毛和腺毛；花梗长1~2 cm；苞片线状披针形；花直径约1 cm；萼片披针形，顶端急尖至渐尖，开花后常直立；花瓣近圆形，白色或顶端微红；花柱无毛，子房具柔毛。花期5月至7月。

中国特有，生于海拔1 000~2 000 m的林下、荒地或岩石阴处。凉山州的雷波等县有分布。本种果可食。

### 49.8.6 华中悬钩子 *Rubus cockburnianus* Hemsl.

灌木。**小枝无毛，被白粉**，具稀疏钩状皮刺。**小叶7~9枚**，长圆披针形或卵状披针形，顶生小叶有时近菱形，顶端渐尖，基部宽楔形或圆形；上面近无毛，下面被灰白色绒毛，边缘有不整齐粗锯齿或缺刻状重锯齿，顶生小叶边缘常浅裂；托叶细小，线形。**圆锥花序顶生，侧生花序为总状或近伞房状**；花梗纤细无毛；苞片小，线形，无毛；花萼外面无毛；萼片卵状披针形，顶端长渐尖，外面无毛或仅边缘具灰白色绒毛，在开花时直立至果期反折；**花瓣粉红色**。果实近球形，紫黑色。花期5月至7月，果期8月至9月。

中国特有，生于海拔900~3 800 m的向阳山坡灌丛中或沟谷杂木林内。凉山州的西昌、雷波、越西、甘洛、美姑、昭觉、冕宁等县市有分布。本种果可供食用。

### 49.8.7 小柱悬钩子 *Rubus columellaris* Tutcher

攀缘灌木。枝疏生钩状皮刺。**小叶3（5）枚，有时生于枝顶端花序下部的叶为单叶；叶近革质，**椭圆形或长卵状披针形，长3~16 cm，顶生小叶比侧生的多，顶端渐尖，基部圆形或近心形，两面通常无毛，边缘有不规则的较密粗锯齿；托叶披针形，近无毛。**花3~7朵组成伞房状花序，着生于侧枝顶端，或腋生**，在花序基部叶腋间常着生单花；苞片线状披针形；花直径可达3~4 cm；萼片卵状披针形或披针形，顶端急尖并具锥状突尖头；**花瓣白色，长于萼片**。果实近球形或稍呈长圆形，直径达1.5 cm，橘红色或褐黄色。花期4月至5月，果期6月。

中国特有，生于海拔2 200 m以下的山坡处或山谷疏密杂木林内较阴湿处。凉山州的雷波、甘洛等县有分布。本种果可食。

### 49.8.8 插田藨 *Rubus coreanus* Miq.

别名：插田泡

灌木。**枝红褐色，被白粉，具近直立或钩状扁平皮刺。小叶通常5枚，稀3枚**，卵形、菱状卵形或宽卵形，长3~8 cm，宽2~5 cm，顶端急尖，基部楔形至近圆形，下面被稀疏柔毛或仅沿叶脉被短柔毛，边缘有不整齐粗锯齿或缺刻状粗锯齿；托叶线状披针形，有柔毛。**伞房花序生于侧枝顶端**，具花数朵；花直径7~10 mm；花萼外面被灰白色短柔毛；萼片长卵形至卵状披针形；花瓣倒卵形，淡红色至深红色。**果实近球形，深红色至紫黑色，无毛或近无毛**。花期4月至6月，果期6月至8月。

国内产于甘肃、陕西、新疆等多地，生于海拔100~2 000 m的山坡灌丛、山谷、河边或路旁。凉山州的西昌、雷波等县市有分布。本种果味酸甜，可生食；根有止血、止痛之效；叶能明目。

### 49.8.9 红蓰刺藤 *Rubus niveus* Thunb.

别名：红泡刺藤

灌木。**枝常紫红色，被白粉**，疏生钩状皮刺，**小枝幼时被绒毛状毛**。小叶常（5）**7~9（11）枚**，椭圆形、卵状椭圆形或菱状椭圆形，顶生小叶稍长于侧生者，长2.5~8 cm，宽1~4 cm；顶端常急尖，基部楔形或圆形，下面被灰白色绒毛，边缘常具不整齐粗锐锯齿。**花组成伞房状花序或短圆锥状花序，顶生或腋生**；总花梗和花梗被绒毛状柔毛；苞片披针形或线形，有柔毛；花直径达1 cm；花萼外面密被绒毛，并混生柔毛；萼片在花果期常直立开展；花瓣红色。**果实半球形，深红色转为黑色，密被灰白色绒毛**。花期5月至7月，果期7月至9月。

国内产于陕西、甘肃、四川、云南等多地，生于海拔500~2 800 m的山坡灌丛、疏林、山谷河滩或溪流旁。凉山州各县市有分布。本种果可食用。

### 49.8.10 弓茎悬钩子 *Rubus flosculosus* Focke

灌木。**枝呈弓形弯曲**，有时被白粉，疏生钩状扁平皮刺，幼枝被柔毛。小叶5~7（9）枚，卵形、卵状披针形或卵状长圆形；顶生小叶菱状披针形；下面被灰白色绒毛，边缘具粗重锯齿或浅裂；托叶线形，被柔毛。**顶生狭圆锥花序，侧生为总状花序**。花梗短，与苞片被柔毛；苞片线状披针形；花萼密被柔毛，萼片卵形或长卵形，花果期直立；花瓣近圆形，粉红色，基部具短爪；雄蕊多数，花药紫色；子房被柔毛。**果球形，熟时红色至红黑色**。花期6月至7月，果期8月至9月。

中国特有，生于海拔900~2 600 m的山谷河旁、沟边或山坡杂木丛中。凉山州各县市有分布。本种果味甜酸，可食。

### 49.8.11　三叶悬钩子 *Rubus delavayi* Franch.

别名：三叶藨、绊脚刺、小黄泡刺

**直立矮小灌木。**枝红褐色，无毛，具小皮刺。**小叶3枚，披针形至狭披针形，**长3~7 cm，宽1~2 cm，顶端渐尖，基部宽楔形至圆形，两面无毛或下面沿主脉稍具柔毛及小皮刺，边缘具不整齐粗锯齿。**花单生或2~3朵；**花梗长1~2 cm；苞片线形；花直径约1 cm；花萼外具细柔毛，有稀疏小皮刺；萼片三角状披针形，顶端长尾尖呈长条形；花瓣倒卵形，白色。**果实球形，黄色及橙红色，无毛。**花期5月至6月，果期6月至7月。

中国特有，生于海拔2 000~3 000 m的山坡杂木林下。凉山州的西昌、会理、盐源、德昌等县市有分布。本种果可食；全草入药，有清热解毒、止痢、驱蛔之效。

### 49.8.12　椭圆悬钩子 *Rubus ellipticus* Smith

#### 49.8.12a　椭圆悬钩子（原变种）*Rubus ellipticus* Smith var. *ellipticus*

灌木。**小枝密被紫褐色刺毛或腺毛，并被柔毛和疏钩状皮刺。小叶3枚，椭圆形，**顶生叶较侧生叶大；**上面沿中脉被柔毛，下面密生绒毛；沿叶脉具紫红色刺毛，**具细锐锯齿；叶柄长，被紫红色刺毛、柔毛和小皮刺；托叶线形，被柔毛和腺毛。**花数朵至10余朵，组成顶生短总状花序或腋生成束，稀单生。**花梗短；苞片线形；花萼被毛或疏生刺毛，萼片卵形；花瓣匙形，白色或浅红色，边缘啮蚀状；花丝短于花柱；子房被柔毛。**果近球形，熟时金黄色。**花期3月至4月，果期4月至5月。

国内产于四川、云南、西藏，生于海拔1 000~2 600 m的山谷疏密林内或林缘、干旱坡地灌丛中。凉山州的西昌、会理、盐源、冕宁、会东、普格等县市有分布。本种果可食。

**49.8.12b 栽秧藨（变种）Rubus ellipticus Smith var. obcordatus (Franch.) Focke**

别名：黄泡、栽秧泡

栽秧藨为椭圆悬钩子的变种，其叶较小，长2~5.5 cm，宽1.5~4（5）cm，倒卵形，**顶端浅心形或近截形**；花梗和花萼上几无刺毛等特征与后者相区别。

国内主产于广西、四川、云南、贵州等地，生于海拔300~2 500 m的沟边、路边或山谷疏林下。凉山州各县市广泛分布。栽秧藨果实汁液多，味酸甜，是当地人们喜爱的野生水果。

**49.8.13 大红藨 Rubus eustephanus Focke**

别名：大红泡

灌木。小枝疏生钩状皮刺。**小叶3~5（7）枚**，卵形、椭圆形或卵状披针形，顶端渐尖至长渐尖，基部圆形，幼时两面疏生柔毛，沿中脉有小皮刺，边缘具缺刻状尖锐重锯齿；叶柄长1.5~3 cm，顶生小叶柄长1~1.5 cm。**花常单生**，稀2~3朵，常生于侧生小枝顶端；**花梗长2.5~5 cm，无毛，疏生小皮刺**；苞片和托叶相似；花大，直径3~4 cm；**花萼无毛**；萼片长圆状披针形，顶端钻状长渐尖，花后开展，果时常反折；花瓣白色。**果实近球形，直径达1 cm，红色，无毛**。花期4月至5月，果期6月至7月。

中国特有，常生于海拔500~2 600 m的山坡密林下或河沟边灌丛中。凉山州的西昌、喜德、布拖、普格等县市有分布。本种果可食。

### 49.8.14　白叶莓 *Rubus innominatus* S. Moore

灌木。小枝密被绒毛状柔毛，疏生钩状皮刺。**小叶3（5）枚**，长4~10 cm，宽2.5~7 cm，顶生小叶常卵形或近圆形，基部圆形至浅心形，**边缘常3裂或缺刻状浅裂**，侧生小叶斜卵状披针形或斜椭圆形，**下面密被灰白色绒毛及柔毛**，边缘有不整齐粗锯齿或缺刻状粗重锯齿；叶柄与叶轴均密被绒毛状柔毛；托叶线形，被柔毛；**总状或圆锥状花序，顶生或腋生，腋生花序常为短总状**；总花梗和花梗均密被黄灰色或灰色绒毛状长柔毛和腺毛；花直径6~10 mm；萼片卵形，顶端急尖，在花果时均直立；花瓣紫红色。果实近球形，直径约1 cm，成熟时橘红色。花期5月至6月，果期7月至8月。

中国特有，生于海拔400~2 500 m的山坡疏林中、灌丛中或山谷河旁。凉山州的西昌、盐源、雷波、木里、越西、甘洛、喜德、德昌、冕宁、会东、昭觉等县市有分布。本种果味酸甜，可食；根入药，可治风寒咳喘。

### 49.8.15　红花悬钩子 *Rubus inopertus* (Diels) Focke

攀缘灌木。小枝紫褐色，疏生钩状皮刺。**小叶7~11枚，稀5枚，卵状披针形或卵形**，长（2）3~7 cm，宽1~3 cm，**顶端渐尖**，基部圆形或近截形；上面疏生柔毛，下面沿叶脉具柔毛，边缘具粗锐重锯齿；托叶线状披针形。**花数朵簇生或组成伞房花序顶生**；苞片线状披针形；花直径达1.2 cm；花萼外面近无毛；萼片卵形或三角状卵形，顶端急尖至渐尖，在果期常反折；**花瓣粉红色至紫红色**。果实球形，直径6~8 mm，熟时紫黑色，外面被柔毛。花期5月至6月，果期7月至8月。

国内产于陕西、湖北、湖南、广西、四川、云南、贵州等地，生于海拔800~2 800 m的山地密林边或沟谷旁及山脚岩石上。凉山州的盐源、雷波、甘洛、冕宁等县有分布。本种果可食。

### 49.8.16 绵果悬钩子 *Rubus lasiostylus* Focke

灌木。枝有时具白粉，被疏密不等的针状或微钩状皮刺。**小叶3（5）枚，顶生小叶宽卵形，侧生小叶卵形或椭圆形**；叶长3~10 cm，顶端渐尖或急尖，基部圆形至浅心形，**下面密被灰白色绒毛**，边缘具不整齐重锯齿，顶生小叶常浅裂或3裂；托叶卵状披针形至卵形，无毛，顶端渐尖。**花2~6朵组成顶生伞房状花序，有时1~2朵腋生；花梗长2~4 cm，无毛**，有疏密不等的小皮刺；花开展时直径2~3 cm；萼片宽卵形，仅内萼片边缘具灰白色绒毛；花瓣近圆形，红色；**花柱下部和子房上部密被灰白色或灰黄色长绒毛。果实球形**，红色，**外面密被灰白色长绒毛和宿存花柱**。花期6月，果期8月。

中国特有，生于海拔1 000~2 500 m的山坡灌丛中或谷底林下。凉山州的雷波、越西、喜德、美姑、布拖、普格等县有分布。本种果可食。

### 49.8.17 细瘦悬钩子 *Rubus macilentus* Camb.

#### 49.8.17a 细瘦悬钩子（原变种）*Rubus macilentus* Camb. var. *macilentus*

灌木。小枝圆柱形，具长柔毛和扁平皮刺。**小叶3枚，稀单叶，披针形、卵状披针形或卵形，顶生小叶比侧生者长得多**，顶端急尖，稀圆钝，顶生小叶顶端常短渐尖，基部圆形或宽楔形，**两面近无毛，下面沿叶脉疏生小皮刺**，边缘具不整齐锐锯齿；托叶线形或线状披针形，具柔毛。**花常1~3朵，着生于侧生小枝顶端**；花直径约1 cm；花萼外面被柔毛；萼片披针形或三角状披针形，顶端短尾尖，在花果时均直立；**花瓣白色**，宽卵形至长圆形，两面具柔毛。果实近球形，无毛或稍有柔毛，橘黄色或红色。花期4月至5月，果期7月至8月。

国内产于四川、云南、西藏，生于海拔900~3 000 m的山坡处或林缘。凉山州的西昌、盐源、雷波、德昌、冕宁、美姑、普格、昭觉等县市有分布。本种果可食。

**49.8.17b 棱枝细瘦悬钩子（变种）** *Rubus macilentus* Camb. var. *angulatus* Delav.

本变种小枝**具显著棱角**与原变种细瘦悬钩子相区别。

中国特有，生于海拔2 100~2 700 m的林缘或山坡灌丛中。凉山州的西昌、盐源、甘洛、布拖等县市有分布。

**49.8.18 喜阴悬钩子** *Rubus mesogaeus* Focke

攀缘灌木。老枝基部疏生宽大皮刺，小枝疏生钩状皮刺或近无刺。**小叶3~5枚，顶生小叶宽菱状卵形或椭圆状卵形，边缘羽状分裂，**侧生小叶斜椭圆形或斜卵形，下面密被灰白色绒毛，边缘粗锯齿；托叶线形。**伞房花序具花数朵，顶生或腋生，通常短于叶柄；**苞片线形，被柔毛。花萼密被柔毛；萼片披针形，花后反折；花瓣倒卵形、近圆形或椭圆形，白色或浅粉红色，基部微被柔毛。**果扁球形，熟时紫黑色。**花期4月至5月，果期7月至8月。

国内产于河南、甘肃等多地，生于海拔900~2 700 m的山谷林下潮湿处。凉山州的西昌、会理、雷波、越西、甘洛、德昌、金阳、冕宁、会东、美姑、布拖、普格等县市有分布。本种果可食。

**49.8.19 茅莓** *Rubus parvifolius* L.

灌木。枝呈弓形弯曲，被柔毛和稀疏钩状皮刺；**小叶3枚，**在新枝上偶有5枚；**小叶菱状圆形或倒卵形，**长2.5~6 cm，宽2~6 cm，**顶端圆钝或急尖，上面伏生疏柔毛，下面密被灰白色绒毛，**边缘有不整齐粗锯齿或缺刻状粗重锯齿，**常具浅裂片**；叶柄被柔毛和稀疏小皮刺；托叶线形，具柔毛。**伞房花序顶生或腋生**，稀顶生花序呈短总状，被柔毛和细刺；花梗具柔毛和稀疏小皮刺；苞片线形，有柔毛；花直径约1 cm；**花萼外面密被柔毛和疏密不等的针刺**；萼片卵状披针形或披针形，顶端常渐尖；花瓣卵圆形或长圆形，**粉红至紫红色**。果实卵球形，红色。花期5月至6月，果期7月至8月。

　　国内黑龙江至云南等多地有产，生于海拔400~2 600 m的山坡杂木林下、向阳山谷内、路旁或荒野处。凉山州的会理、雷波、越西、甘洛、德昌、金阳、冕宁、会东、美姑、普格等县市有分布。本种果实酸甜可食；全株入药，有止痛、活血、解毒之效。

### 49.8.20　掌叶悬钩子 *Rubus pentagonus* Wall. ex Focke

### 49.8.20a　掌叶悬钩子（原变种）*Rubus pentagonus* Wall. ex Focke var. *pentagonus*

　　蔓生灌木。幼枝被柔毛，具稀疏皮刺和腺毛。**叶为掌状3小叶，菱状披针形，长3~8（11）cm，宽1.5~4 cm，顶端渐尖至尾尖，基部楔形**，边缘具粗重锯齿；托叶线状披针形，基部与叶柄连合或近分离，边缘疏生腺毛，全缘或有2条深条裂。花2~3朵组成伞房花序或单生；花梗疏生腺毛和小皮刺；苞片线状披针形，具腺毛，全缘或有2~3条裂；花萼具腺毛和针刺，萼片披针形或卵状三角形，全缘或有3条裂；花瓣白色；**雄蕊单列；雌蕊10~15枚**，花柱和子房无毛。果近球形，熟时红色或橘红色。花期4月至5月，果期6月至8月。

　　国内产于四川、云南、西藏，生于海拔2 000~3 600 m的林下阴湿处或灌丛中。凉山州的西昌、会理、木里、越西、甘洛、德昌、冕宁、普格等县市有分布。本种果可食用及药用，药用可治腰腿酸疼；根皮可提制栲胶。

**49.8.20b　无刺掌叶悬钩子（变种）** *Rubus pentagonus* Wall. ex Focke var. *modestus* (Focke) Yü et Lu

本变种枝常无皮刺，花较小，花梗和萼筒有疏腺毛，稀无腺毛，萼筒几无刺或具针刺等特征与原变种——掌叶悬钩子相区别。

中国特有，生于海拔1 600~2 700 m的山坡林缘、灌木丛中或山谷阴处。凉山州的雷波等县有分布。本种果可食。

**49.8.21　多腺悬钩子** *Rubus phoenicolasius* Maxim.

灌木。**枝生红褐色刺毛、腺毛和稀疏皮刺。小叶3（5）枚**，卵形、宽卵形或菱形，稀椭圆形，长4~8（10）cm，顶端急尖至渐尖，基部圆形至近心形；**上面或仅沿叶脉有伏柔毛，下面密被灰白色绒毛，沿叶脉有刺毛、腺毛和稀疏小针刺**；边缘具不整齐粗锯齿，常有缺刻，顶生小叶常浅裂；**叶柄被柔毛、红褐色刺毛、腺毛和稀疏皮刺**；托叶线形，具柔毛和腺毛。**花较少数，形成短总状花序，顶生或部分腋生**；总花梗和花梗密被柔毛、**刺毛和腺毛**；花萼外面密被柔毛、刺毛和腺毛；萼片披针形；花瓣直立，紫红色。果实半球形，红色或橘红色，无毛。花期5月至6月，果期7月至8月。

国内产于山西、山东、湖北、四川等多地，生于低海拔至中海拔的林下、路旁或山沟谷底。凉山州的雷波、越西、喜德等县有分布。本种果可食；根、叶入药，可解毒及作强壮剂。

**49.8.22　菰帽悬钩子** *Rubus pileatus* Focke

攀缘灌木。小枝紫红色，被白粉，疏生皮刺。**小叶5~7（9）枚**，卵形、长圆状卵形或椭圆形，长2.5~8 cm，顶端急尖至渐尖，基部近圆形或宽楔形，两面沿叶脉有短柔毛，顶生小叶稍有浅裂片，边缘具粗重锯齿；叶柄、小叶柄与叶轴均被疏柔毛和稀疏小皮刺；托叶线形或线状披针形。**伞房花序顶**

生，具花**3~5朵**，稀单花腋生；花梗细，长**2~3.5 cm**，无毛；花直径1~2 cm；萼片卵状披针形，顶端长尾尖，外面无毛或仅边缘具绒毛，在果期常反折；花瓣倒卵形，白色。果实卵球形或近球形，**橘红色、红色，密被灰白色绒毛**。花期6月至7月，果期8月至9月。

中国特有，生于海拔1 400~2 800 m的沟谷边、路旁疏林下或山谷阴处密林下。凉山州的雷波、木里、越西、金阳、冕宁、美姑等县有分布。

### 49.8.23  五叶鸡爪茶 *Rubus playfairianus* Hemsl. ex Focke

落叶或半常绿攀缘或蔓性灌木。枝疏生钩状小皮刺。**掌状复叶具3~5枚小叶**，小叶片椭圆披针形或长圆披针形，长5~12 cm，顶生小叶较侧生小叶大，顶端渐尖，基部楔形，**下面密被平贴灰色或黄灰色绒毛**，边缘有不整齐尖锐锯齿，侧生小叶片有时在近基部2裂；托叶离生，长圆形，掌状深裂，脱落。**花组成顶生或腋生总状花序**；总花梗和花梗被灰色或灰黄色绒毛状长柔毛，混生少数小皮刺；花直径1~1.5 cm；花萼外密被黄灰色至灰白色绒毛状长柔毛；萼片卵状披针形或三角状披针形，顶端渐尖至尾尖，全缘；花瓣卵圆形。果实近球形，红色转变为黑色。花期4月至5月，果期6月至7月。

中国特有，生于海拔300~1 700 m的山坡路旁、溪边及灌木丛中。凉山州的雷波等县有分布。果可食。

### 49.8.24  假帽莓 *Rubus pseudopileatus* Card.

### 49.8.24a  假帽莓（原变种）*Rubus pseudopileatus* Card. var. *pseudopileatus*

攀缘灌木。小枝具柔毛和疏密不等的细皮刺。小叶（3）5~7枚，卵形或卵状披针形，长4~8 cm，顶端渐尖，稀急尖，基部宽楔形至近圆形，上面近无毛，下面除沿叶脉有疏柔毛外其余部分均无毛，边缘有不整齐或缺刻状重锯齿；叶柄、叶轴均被柔毛和细小皮刺；托叶线形或线状披针形，具柔毛。**单花腋生，或花3~5朵组成伞房状花序生于小枝顶端**；花开时直径2~3 cm；**花萼紫红色，外面微被柔毛或近无毛**，有时疏生细小皮刺；萼片三角状披针形或三角状卵形，开花后直立；**花瓣宽倒卵形，粉红色或白色转红色**。果实卵球形，红色，密被灰白色长绒毛。花期6月至7月，果期8月至9月。

四川特有，生于海拔2 300~3 200 m的山地林中或林缘。凉山州的越西等县有分布。本种果可食。

**49.8.24b 光梗假帽莓（变种）*Rubus pseudopilearus* Card. var. *glabratus* Yü et Lu**

与原变种假帽莓的区别：该变种花梗光滑无毛；花萼外面无毛，仅内萼片边缘有绒毛。

中国特有，生于海拔2 100~2 900 m的山谷阴处，山坡疏林或针、阔叶混交林下，凉山州的西昌、雷波等县市有分布。本种果可食。

**49.8.25 单茎悬钩子 *Rubus simplex* Focke**

**低矮小灌木**。高40~60 cm。**茎木质，单一，直立**，有稀疏钩状短小皮刺；花枝自匍匐根上长出。小叶3枚，卵形至卵状披针形，长6~9.5 cm，顶端渐尖，基部近圆形，上面具稀疏糙柔毛，下面仅沿叶脉有疏柔毛或具极疏小皮刺；叶柄微被柔毛和钩状小皮刺；托叶基部与叶柄连生，线状披针形，全缘。**花2~5朵腋生或顶生，稀单生**；花梗具稀疏柔毛和钩状小皮刺；花直径1.5~2 cm；**花萼外有稀疏钩状小皮刺和细柔毛**；萼片长三角形至卵圆形，顶端钻状长渐尖；花瓣白色。果实橘红色，球形，常无毛。花期5月至6月，果期8月至9月。

中国特有，生于海拔1 500~2 500 m的山坡处、路边或林中。凉山州的雷波、越西、喜德等县有分布。本种果可食。

### 49.8.26　直立悬钩子 *Rubus stans* Focke

### 49.8.26a　直立悬钩子（原变种）*Rubus stans* Focke var. *stans*

灌木。**枝与叶柄、小叶柄被柔毛和腺毛，疏生披针形皮刺；花枝侧生，被柔毛和腺毛。小叶3枚，阔卵形或长卵形**，长2~4 cm，宽1.8~3 cm，先端钝圆或急尖，基部圆形，**两面被伏柔毛，沿脉毛较密并有腺毛**，具细锐锯齿；顶生小叶较大，有时3裂；叶柄长2~3.5 cm，顶生小叶柄长0.5~2 cm；托叶和苞片线形，与花萼均被长柔毛和腺毛；**花萼紫红色；萼片披针形，花果期均直立开展；花瓣白色或带紫色**。果近球形，成熟时橘红色。花期5月至6月，果期7月至8月。

国内产于四川、云南、西藏，生于海拔2 000~2 800 m的混交林下或林缘。凉山州各县市有分布。本种果味酸甜，可食。

### 49.8.26b 多刺直立悬钩子（变种）*Rubus stans* Focke var. *soulieanus* (Card.) Yü et Lu

本变种与直立悬钩子的区别：小枝具较多直立的皮刺；花萼上的针刺也较密；花瓣紫红色。

中国特有，生于海拔2 800~4 000 m的林下或林缘。凉山州的盐源、木里等县有分布。本种果可食。

### 49.8.27 美饰悬钩子 *Rubus subornatus* Focke

### 49.8.27a 美饰悬钩子（原变种）*Rubus subornatus* Focke var. *subornatus*

灌木。小枝幼时具柔毛，疏生细长皮刺。**小叶常3枚**，宽卵形至长卵形，长4~8 cm，顶端短渐尖或急尖，顶生小叶基部圆形至浅心形，侧生小叶基部宽楔形至近圆形；上面有稀疏柔毛，**下面密被灰白色绒毛**，边缘有粗锐锯齿或缺刻状重锯齿，有时羽状浅裂。**花6~10朵成伞房状花序**，生于侧生小枝顶端或1~3朵簇生于叶腋；总花梗和花梗具柔毛和疏密不等的针状小皮刺；花直径2~3 cm；**花萼通常紫红色**，外面被灰白色柔毛和绒毛，有时疏生针刺和腺毛；萼片三角状披针形，顶端长尾尖，边缘有灰白色绒毛；**花瓣紫红色**，两面均具细柔毛。果实卵球形，红色，近无毛。花期5月至6月，果期8月至9月。

国内产于四川、云南、西藏，生于海拔2 500~4 000 m的岩石坡地灌丛中及沟谷杂木林内。凉山州的越西等县有分布。本种果可食。

**49.8.27b  黑腺美饰悬钩子（变种）** *Rubus subornatus* Fooke var. *melanadenus* Focke

本变种小枝、叶柄及花序具紫黑色或紫褐色腺毛；花萼外面常有疏密不等的针刺和腺毛等特征与原变种——美饰悬钩子相区别。

中国特有，生于海拔2 600~4 000 m的山坡上、路边或杂木林内及林间空旷处。凉山州的越西、木里、喜德、美姑、布拖等县有分布。本种果可食。

**49.8.28  密刺悬钩子** *Rubus subtibetanus* Hand. –Mazz.

攀缘灌木。**老枝密被长短不等的针刺和短皮刺，并有柔毛，小枝被较密针刺。小叶3~5枚；顶生小叶宽卵形至卵状披针形**，顶端渐尖，基部截形至微心形，比侧生小叶稍长，边缘常羽状分裂；侧生小叶斜椭圆形或斜卵形，顶端急尖至渐尖，基部圆形或宽楔形；上面有柔毛，下面密被灰白色至黄灰色绒毛，边缘有不整齐或缺刻状粗锯齿；**叶柄、小叶柄均被柔毛和较密针刺。伞房花序顶生或腋生；**总花梗和花梗均被柔毛和较密针刺；花直径6~8 mm；花萼外密被柔毛；萼片长卵形至卵状披针形，顶端急尖至渐尖；花瓣近圆形，白色带红或紫红色。果实近球形，成熟时蓝黑色。花期5月至6月，果期6月至7月。

中国特有，生于海拔1 600~2 300 m的山坡上或山谷灌丛中。凉山州的雷波、冕宁、美姑、普格、昭觉等县有分布。本种果可食。

### 49.8.29　红毛悬钩子 *Rubus wallichianus* Wight & Arnott

攀缘灌木。**小枝密被红褐色刺毛，并具柔毛和稀疏皮刺。小叶3枚，椭圆形、卵形，稀倒卵形**，长3~9 cm，顶端尾尖或急尖，基部圆形或宽楔形，叶脉下陷，下面沿叶脉疏生柔毛、刺毛和皮刺，边缘有不整齐细锐锯齿；叶柄与叶轴均被红褐色刺毛、柔毛和稀疏皮刺；托叶线形，有柔毛和稀疏刺毛。花数朵在叶腋团聚成束，稀单生；花梗密被短柔毛；苞片线形或线状披针形；花直径1~1.3 cm；花萼外面密被绒毛状柔毛；**萼片卵形，顶端急尖，无毛**；花瓣长倒卵形，白色。果实球形，直径5~8 mm，熟时金黄色或红黄色，无毛。花期3月至4月，果期5月至6月。

中国特有，生于海拔500~2 200 m的山坡灌丛、杂木林内或林缘，也见于山谷或山沟边。凉山州的雷波、木里、甘洛、喜德、德昌、金阳、美姑、布拖、普格等县有分布。本种果可食；根和叶供药用，有祛风除湿、散瘰疬之效。

### 49.8.30　粗叶悬钩子 *Rubus alceifolius* Poiret

攀缘灌木。**枝被黄灰至锈色绒毛状长柔毛，疏生皮刺；单叶，近圆形或宽卵形**，长6~16 cm，先端钝圆，稀尖，基部心形；上面疏生长柔毛，**有泡状突起，下面密被黄灰至锈色绒毛；具不规则3~7条浅裂**，裂片钝圆或尖，有不整齐粗锯齿，**基出脉5条**；叶柄被黄灰至锈色绒毛状长柔毛，疏生小皮刺；托叶羽状深裂或不规则撕裂；顶生窄圆锥花序或近总状，腋生头状花序，稀单生；花序轴、花梗和花萼被浅黄至锈色绒毛状长柔毛；苞片羽状至掌状，或具梳齿状深裂；花径1~1.6 cm；萼片宽卵形，有浅黄至锈色的绒毛和长柔毛；花瓣宽倒卵形或近圆形，白色。果近球形，成熟时红色。

国内产于江西、台湾、广西、云南等多地，生于海拔500~2 000 m的向阳山坡灌丛中、山谷杂木林内。凉山州的雷波等县有分布。本种果可食；根和叶入药，有活血化瘀、清热止血之效。

### 49.8.31　西南悬钩子 *Rubus assamensis* Focke

攀缘灌木。**枝具黄灰色长柔毛和下弯小皮刺。单叶，长圆形、卵状长圆形或椭圆形，长6~11 cm，宽3.5~6 cm**，顶端渐尖，基部圆形，稀近截形；上面疏生长柔毛，下面密被灰白色或黄灰色绒毛，沿叶脉有长柔毛；**侧脉5~6对**，边缘有具短尖头的不整齐锯齿，近基部有时分裂；叶柄短，长0.5~1 cm，有灰白色或黄灰色长柔毛。**圆锥花序顶生或腋生，下部的花序枝开展**；总花梗和花梗被灰色或黄灰色长柔毛；花直径约8 mm；花萼外密被灰白色或黄灰色绒毛和长柔毛；萼片卵形，顶端长渐尖；**常无花瓣**。果实近球形，熟时由红色转变为红黑色。花期6月至7月，果期8月至9月。

国内产于广西、四川、贵州、云南、西藏，生于海拔1 400~3 000 m的杂木林下或林缘。凉山州的雷波、普格等县有分布。本种果可食。

### 49.8.32　网纹悬钩子 *Rubus cinclidodictyus* Card.

攀缘灌木。具长匍匐茎，枝灰褐色，疏生微弯皮刺或近无刺。**单叶，宽卵形，稀卵状长圆形，长9~12 cm，宽6~9 cm，顶端短尾尖，基部圆形至浅心形；上面无毛，下面密被灰白色绒毛；基部具掌状脉**，边缘有不整齐粗锐锯齿。**圆锥花序常顶生**，多分枝，呈金字塔形；总花梗和花梗被绒毛状柔毛；花小，直径6~8 mm；花萼紫色，外面密被灰白色绒毛。果实近球形，成熟时乌黑色，无毛。花期6月至7月，果期8月至9月。

中国特有，生于海拔1 200~3 300 m的山坡林缘或沟边疏密林中。凉山州的雷波、美姑、昭觉等县有分布。本种果可食。

### 49.8.33　鸡爪茶 *Rubus henryi* Hemsl. et Ktze.

常绿攀缘灌木。枝褐色或红褐色，疏生微弯小皮刺，幼时被绒毛。**单叶，革质**，长8~15 cm，基部较狭窄，宽楔形至近圆形，稀近心形；**深3裂，稀5裂**，分裂至叶片的2/3处或超过之，顶生裂片与侧生裂片之间常成锐角，裂片披针形或狭长圆形；顶端渐尖，边缘有稀疏细锐锯齿；上面亮绿色、无毛，**下面密被灰白色或黄白色绒毛**；叶柄长3~6 cm，有绒毛。花常9~20朵，组成顶生和腋生总状花序；萼片长三角形；花瓣粉红色。果实近球形，黑色。花期5月至6月，果期7月至8月。

中国特有，生于海拔2 100 m以下的坡地或山林中。凉山州的雷波等县有分布。本种果可食；嫩叶可代茶。

### 49.8.34　宜昌悬钩子 *Rubus ichangensis* Hemsl. et Ktze.

落叶或半常绿攀缘灌木。枝幼时具腺毛，疏生短小微弯皮刺。**单叶，近革质，卵状披针形**，长8~15 cm，宽3~6 cm，顶端渐尖，**基部深心形**，弯曲较宽大；**两面均无毛**，下面沿中脉疏生小皮刺；**边缘浅波状**或近基部有小裂片，**有稀疏具短尖头小锯齿**；叶柄常疏生腺毛和短小皮刺；托叶钻形或线状披针形，全缘，脱落。**顶生圆锥花序狭窄，长达25 cm**，腋生花序有时形似总状；总花梗、花梗和花萼有稀疏柔毛和腺毛，有时具小皮刺；花直径6~8 mm；花瓣直立，白色。果实近球形，红色。花期7月至8月，果期10月。

中国特有，生于海拔2 500 m以下的山坡处、山谷疏密林中或灌丛内。凉山州的雷波等县有分布。本种果实味道甜美，可食；根入药，有利尿、止痛、杀虫之效。

### 49.8.35　光滑高粱藨 *Rubus lambertianus* Ser. var. *glaber* Hemsl.

别名：光滑高粱泡

半落叶藤状灌木。枝幼有微弯小皮刺。**单叶宽卵形，稀长圆状卵形**，长5~12 cm，宽4~8 cm，顶端渐尖，基部心形，**两面近无毛**，中脉上常疏生小皮刺，**边缘明显3~5裂或呈波状**，有细锯齿；叶柄长2~4（5）cm，具细柔毛或近于无毛，有稀疏小皮刺；**托叶离生，线状深裂**，常脱落。**圆锥花序顶生，**

生于枝上部叶腋内的花序常近总状，有时仅数朵花簇生于叶腋；花梗长0.5~1 cm；苞片与托叶相似；花直径约8 mm；萼片卵状披针形，顶端渐尖，全缘；花瓣倒卵形，白色。**果实黄色或橙黄色**。花期7月至8月，果期9月至11月。

中国特有，生于海拔200~2 500 m的山坡、多石砾山沟或林缘。凉山州的雷波、甘洛等县有分布。本种果可食。

### 49.8.36　刺毛悬钩子 *Rubus multisetosus* Yü et Lu

矮灌木。**枝匍匐生根；枝、叶柄、托叶、叶片下面、花梗和花萼均被黄褐色刺毛和绒毛**，或混生腺毛。**单叶，叶片心状卵形至近圆形，长3~6 cm**，宽2.8~5.5 cm，顶端急尖，基部心形；**上面无毛，下面密被黄白色绒毛**；叶脉突出，沿叶脉具黄褐色刺毛，边缘3~5条浅裂，有细锐重锯齿；托叶宿存、离生，羽状浅条裂，下面及边缘具绒毛和刺毛，老时绒毛不脱落。**花1朵至数朵，腋生或成顶生短总状花序**。萼片披针形，顶端长渐尖，内外两面均密被绒毛；花瓣白色，基部有短爪，外面疏生绒毛。果实近球形，橘红色，无毛。花期6月至7月，果期8月至9月。

中国特有，生于海拔2 500~3 000 m的山地林中或草地上、路旁及山谷水沟边。凉山州越西县有分布。

### 49.8.37　盾叶莓 *Rubus peltatus* Maxim.

直立或攀缘灌木。枝疏生皮刺，小枝常有白粉。**叶片盾状、卵状圆形，长7~17 cm，基部心形，两面均有贴生柔毛**，下面毛较密并沿中脉有小皮刺；**边缘3~5处掌状分裂**，裂片三角状卵形；顶端急尖或短渐尖，有不整齐细锯齿；叶柄有小皮刺；托叶大卵状披针形，长1~1.5 cm。**单花顶生**；花梗长2.5~4.5 cm，无毛；苞片与托叶相似；萼筒常无毛；萼片卵状披针形，两面均有柔毛；花瓣白色。果实圆柱形或圆筒形，长3~4.5 cm，橘红色，密被柔毛。花期4月至5月，果期6月至7月。

国内产于江西、湖北、安徽、浙江、四川、贵州等地，生于海拔300~1 600 m的山坡、山脚、山沟林下、林缘或较阴湿处。凉山州的雷波等县有分布。本种果可食用及药用，可治腰腿酸疼。

### 49.8.38　早花悬钩子 *Rubus preptanthus* Focke

#### 49.8.38a　早花悬钩子（原变种）*Rubus preptanthus* Focke var. *preptanthus*

攀缘灌木。疏生微弯小皮刺或无刺。**单叶，厚纸质，长圆状卵形或宽卵状披针形**，长6~12 cm，宽3~5.5 cm，顶端渐尖，基部圆形或近截形，**上面无毛，下面密被灰白色至浅黄灰色平贴绒毛**；侧脉6~9对，边缘有不整齐或缺刻状粗锐锯齿；叶柄被绒毛；托叶和苞片披针形或线状披针形，膜质，有平铺柔毛，早落。**花3~10朵成顶生总状花序**；总花梗、花梗和花萼均密被灰白色至黄灰色绒毛状长柔毛；萼筒盆形；萼片三角状卵形至披针形，顶端渐尖；花瓣倒卵状圆形，白色，两面被微柔毛。果实半球形，由多数小核果组成，无毛，熟时紫黑色；核稍具皱纹。花期5月至6月，果期7月至8月。

中国特有，生于海拔1 000~2 700 m的灌丛中或竹林边。凉山州的雷波等县有分布。本种果可食。

**49.8.38b 狭叶早花悬钩子（变种）** *Rubus preptanthus* Focke var. *mairei* (Lévl.) Yü. et Lu

本变种叶片狭披针形，宽仅1~2.5 cm，具较稀疏锯齿，叶柄稍短等特征与原变种——早花悬钩子相区别。

中国特有，生于海拔2 000~3 100 m的山谷密林中、沟谷旁或灌丛中。凉山州的西昌、盐源、普格等县市有分布。本种果可食。

**49.8.39 川莓** *Rubus setchuenensis* Bureau et Franch.

落叶灌木。小枝叶柄、总花梗、花梗和花萼均密被淡黄色绒毛状柔毛，后脱落。**单叶，近圆形或宽卵形，直径7~15 cm，下面密被灰白色绒毛；基部具掌状5出脉；边缘5~7条浅裂后再浅裂，具浅钝锯齿；叶柄长；托叶离生，卵状披针形，顶端条裂。狭圆锥花序，顶生或腋生，少数簇生于叶腋；花梗较短；苞片与托叶相似；花萼片卵状披针形，全缘或外萼片顶端有浅条裂；花瓣倒卵形或近圆形，紫红色，基部具爪，较萼片短；雌蕊无毛，花柱较雄蕊长。果实半球形，熟时黑色，包藏宿萼内。**花期7月至8月，果期9月至10月。

中国特有，生于海拔500~3 000 m的山坡处、路旁、林缘或灌丛中。凉山州各县市有分布。本种果可生食；茎皮可作造纸原料；根供药用，有祛风、除湿、止呕、活血之效。

### 49.8.40 三色莓 *Rubus tricolor* Focke

灌木。枝攀缘或匍匐；**枝、叶柄、叶片两面、花梗和花萼均被黄褐色刺毛和绒毛，或混生腺毛。单叶，卵形至长圆形，长6~12 cm，宽3~8 cm，顶端短渐尖，基部近圆形至心形；**上面暗绿色，无毛而在脉间疏生刺毛，下面密被黄灰色绒毛，叶脉突出，沿叶脉具黄褐色刺毛；边缘不分裂或微波状，有不整齐粗锐锯齿；托叶宿存，分离，卵状披针形至长卵形，长达2 cm，边缘羽状浅条裂。**花单生于叶腋或数朵生于枝顶组成短总状花序；**总花梗和花梗均具紫红色刺毛、绒毛或腺毛；花直径2~3 cm；萼片披针形，顶端渐尖，内外两面均具绒毛；花瓣白色。果实鲜红色。花期6月至7月，果期8月至9月。

四川特有，生于海拔1 800~3 600 m的坡地或林中。凉山州的越西、喜德、美姑、布拖、普格等县有分布。本种果可食用。

### 49.8.41 山莓 *Rubus corchorifolius* L. f.

直立灌木。枝具皮刺。**单叶，卵形至卵状披针形，长5~12 cm，顶端渐尖，基部微心形，有时近截形或近圆形；**上面色较浅，沿叶脉有细柔毛，下面色稍深，幼时密被细柔毛，逐渐脱落，老时近无毛，沿中脉疏生小皮刺；边缘不分裂或3裂，**基部具3条脉；**托叶线状披针形，具柔毛。**花单生或少数生于短枝上；花直径可达3 cm；**花萼外密被细柔毛，无刺；萼片卵形或三角状卵形；**花瓣长圆形或椭圆形，白色，长于萼片。**果实近球形或卵球形，红色，密被细柔毛。花期2月至3月，果期4月至6月。

国内多有分布，生于海拔200~2 200 m的向阳山坡、溪边、山谷、荒地和疏密灌丛潮湿处。凉山州的雷波、木里、德昌、冕宁等县有分布。本种果可食；果、根及叶入药，有活血、解毒、止血之效。

### 49.8.42 棠叶悬钩子 *Rubus malifolius* Focke

攀缘灌木。枝具稀疏微弯小皮刺。**单叶，椭圆形或长圆状椭圆形**，长5~12 cm，宽2.5~5 cm，顶端渐尖，稀急尖，基部近圆形；上面无毛，**下面具平贴灰白色绒毛**；不育枝和老枝上叶片下面的绒毛不脱落，结果枝上的叶片的下面绒毛脱落；**叶脉8~10对**，边缘具不明显浅齿或粗锯齿。**花组成顶生总状花序**，长5~10 cm；花萼密被绒毛状长柔毛；萼筒盆形；萼片卵形或三角状卵形，顶端渐尖；花直径可达2.5 cm；花瓣白色或白色有粉红色斑。果实扁球形，熟时紫黑色。花期5月至6月，果期6月至8月。

中国特有，生于海拔400~2 200 m的山坡或山沟杂木林内以及灌丛荫蔽处。凉山州的德昌、美姑等县有分布。本种果可食。

## 49.9 桃属 *Amygdalus* L.

### 49.9.1 山桃 *Amygdalus davidiana* (Carr.) de Vos ex Henry

落叶乔木。叶卵状披针形，先端渐尖，长5~13 cm，基部楔形，叶缘具细锐锯齿，**叶下面无毛**；叶柄较长，常具腺体。花单生，先叶开放；花梗极短；萼筒钟形；萼片卵形至卵状长圆形；花瓣倒卵形或近圆形，粉红色；子房被柔毛，花柱较雄蕊长或近等长。果实近球形，淡黄色，外面密被短柔毛，果梗短而深入果洼。花期3月至4月，果期7月至8月。

中国特有，生于海拔800~3 200 m的山坡、山谷沟底或荒野疏林及灌丛内。凉山州的西昌、会理、盐源、木里、甘洛、宁南、德昌、金阳、会东、布拖、普格、昭觉等县市有分布。本种果可食；可作桃的砧木；可供绿化和观赏。

### 49.9.2　桃 *Amygdalus persica* Linn.

落叶小乔木。叶卵状披针形或长圆状披针形，基部宽楔形，边缘具细密锯齿，**下面脉腋间有髯毛**；叶柄较长，具腺点。花单生，近无梗；托叶线形；花萼钟状，5裂，被短柔毛；花瓣5片，粉红色；子房上位，心皮1枚。果实形状和大小有异，卵形、宽椭圆形或扁圆形；淡绿白色至橙黄色，常具红晕；外面密被短柔毛，腹缝明显；果梗短而凹陷；果肉白色、黄色至红色，多汁有香味。花期3月至5月，果实成熟期因品种而异，通常为6月至9月。

原产中国，世界各地有栽培。凉山州各县市有栽培。本种果可生食或被制成桃脯、罐头等；可作园林绿化和观赏树木；桃的种子、桃叶、桃胶可供药用。

### 49.10　杏属 *Armeniaca* Mill.

### 49.10.1　藏杏 *Armeniaca holosericea* (Batal.) Kost.

乔木。**小枝红褐色或灰褐色，幼时被短柔毛**。叶片卵形或椭圆卵形，长4~6 cm，宽3~5 cm，先端渐尖，基部圆形至浅心形，叶边具细小锯齿；**两面被短柔毛，老时毛较稀疏**；叶柄被柔毛，常有腺体。果实卵球形或卵状椭圆形，直径2~3 cm，密被短柔毛，**稍肉质**，成熟时不开裂；果梗长4~7 mm。果期6月至7月。

中国特有，生于海拔700~3 300 m的向阳山坡或干旱河谷灌丛中。凉山州的盐源、木里等县有分布。本种抗干旱，可作抗旱育种材料。

### 49.10.2　梅 *Armeniaca mume* Siebold

别名：梅子、酸梅、乌梅

灌木或小乔木。**小枝绿色，无毛。**叶卵形或椭圆形，先端尾尖，基部宽楔形至圆形，边缘具锐锯齿，**幼时两面被短柔毛或仅下面脉腋间被短柔毛**；叶柄较长，1~2 cm，被毛和具腺体。花单生或2朵同生1芽内，芳香；花梗短；萼筒宽钟形；萼片卵形或近圆形；花瓣倒卵形，白色至粉红色；雄蕊短或稍长于花瓣；子房密被柔毛，花柱短或稍长于雄蕊。果实近球形，被柔毛，味酸。花期冬春季，果期5月至6月。

原产于我国南方，野生种生于海拔2 100~2 800 m的山坡处、沟谷林中或村庄旁。凉山州的西昌、会理、盐源、木里、越西、甘洛、宁南、德昌、冕宁、会东、布拖、普格等县市有分布。本种可作为观赏树木和食用果树；可作杏的砧木。

### 49.10.3　杏 *Armeniaca vulgaris* Lam.

乔木。**一年生枝浅红褐色，无毛。**叶片宽卵形或圆卵形，边缘圆钝锯齿，**下面仅脉腋间具柔毛**；叶柄基部具1~6个腺体。花单生，先叶开放；花梗短，被短柔毛；花萼紫绿色，萼筒圆筒形，裂片卵形至卵状长圆形；花瓣圆形至倒卵形，白色或带红色，具短爪；子房被短柔毛，花柱下部具柔毛。果实球形，稀倒卵形，白色、黄色至黄红色，常具红晕，微被短柔毛。花期3月至4月，果期6月至7月。

本种为常见果树，凉山州各县市有栽培。本种果可食；杏仁可榨油；植株可作园林绿化和观赏树种；杏仁入药，有止咳祛痰、定喘润肠之效。

## 49.11  樱属 *Cerasus* Mill.

### 49.11.1  锥腺樱桃 *Cerasus conadenia* (Koehne) Yu et Li

乔木或灌木。叶片卵形或卵状椭圆形，长3~8 cm，先端渐尖或骤尖，边缘具重锯齿，齿端与托叶、苞片齿端及萼片和叶基部均具**圆锥状腺体**，侧脉6~9对；叶柄较长，顶端具1~3个腺体；托叶卵形，具锯齿或分裂。花序近伞房总状，有花（3）4~8朵，**下部具1~3个不孕绿色苞片**；总苞片倒卵状长圆形；**苞片绿色、卵形、圆形或长卵形，长0.5~2.5 cm，先端尖或圆钝，两面无毛或被疏柔毛，边缘有锯齿，顶端有圆锥状腺体**；花瓣白色，阔卵形，先端啮蚀状；**雄蕊27~30枚**。核果红色，卵球形，核具棱纹。花期5月，果期7月。

中国特有，生于海拔2 100~3 600 m的山坡密林中。凉山州的西昌、会理、盐源、木里、越西、喜德、宁南、美姑、昭觉等县市有分布。本种果可食。

### 49.11.2  四川樱桃 *Cerasus szechuanica* (Batalin) T. T. Yu & C. L. Li

乔木或灌木。叶片卵状椭圆形、倒卵状椭圆形或长椭圆形，长5~9 cm，先端尾尖或骤尖，边缘有重锯齿或单锯齿，齿端有**小盘状腺体**，下面无毛或被疏柔毛；叶柄无毛或被疏柔毛，**先端常有一对盘状或头状腺体**；托叶卵形至宽卵形，绿色，有缺刻状锯齿，齿尖有圆头状腺体。**花序呈近伞房总状，长4~9 cm；有花2~5朵，下部苞片大多不孕或仅顶端1~3枚苞片腋内着花**；苞片近圆形、宽卵形至长卵形，绿色，长0.5~2.5 cm，先端圆钝，**边缘有盘状腺体**；花瓣白色或淡红色，近圆形，先端啮蚀状；**雄蕊40~47枚**。核果紫红色，卵球形，纵径8~10 mm，横径7~8 mm。花期4月至6月，果期6月至8月。

中国特有，生于海拔1 500~2 600 m的林中或林缘。凉山州的木里、甘洛、德昌、普格等县有分布。本种果可食。

### 49.11.3　细齿樱桃 *Cerasus serrula* (Franch.) Yu et Li

乔木。**叶披针形至卵状披针形**，边缘具尖锐单锯齿或重锯齿，齿端有小腺体，基部具3~5个腺体，侧脉11~16对；叶柄短；托叶线形，较叶柄短或近等长。**花单生或有2朵**；总苞片狭长椭圆形，内面被疏柔毛，边缘与苞片均具腺齿；总梗短或无；苞片卵状狭长圆形；花梗较短，与萼筒基部疏被柔毛；萼筒钟状管形，萼片卵状三角形；花瓣白色，倒卵状椭圆形，先端圆钝；雄蕊38~44枚；花柱比雄蕊长。核果卵圆形，熟时紫红色。果梗较长，顶端稍膨大。花期5月至6月，果期7月至9月。

中国特有，生于海拔2 600~3 900 m的山坡或山谷林中。凉山州的西昌、会理、盐源、雷波、木里、金阳、冕宁、美姑、普格、昭觉等县市有分布。本种果实可食；果实或果皮供药用，具有清肺利咽、止咳之功效；可作砧木嫁接樱桃。

### 49.11.4　川西樱桃 *Cerasus trichostoma* (Koehne) Yu et Li

乔木或小乔木。叶片卵形、倒卵形或椭圆状披针形，长1.5~4 cm，先端急尖或渐尖，基部楔形、宽楔形或近圆形，**边缘齿较深，有重锯齿**；叶柄无毛或疏被毛；托叶带形，边有羽裂锯齿。**花1~3朵，与叶同开；总梗5 mm以下**；苞片卵形，褐色，通常早落；花梗无毛或被稀疏柔毛；萼筒钟状，萼片三角形至卵形，内面无毛或有稀疏伏毛，边缘有腺齿；花瓣白色或淡粉红色，倒卵形；先端圆钝；**花柱基部疏柔毛**。核果紫红色，多肉质，卵球形；核表面有显著棱纹。花期5月至6月，果期7月至10月。

中国特有，生于海拔2 100~2 800 m的山坡处、沟谷林中或草坡处。凉山州的西昌、盐源、雷波、木里、越西、甘洛、金阳、美姑等县市有分布。本种果可食。

### 49.11.5　毛樱桃 *Cerasus tomentosa* (Thunb.) Wall. ex T. T. Yu & C. L. Li

灌木，稀小乔木状。叶卵状椭圆形或倒卵状椭圆形，长2~7 cm，有急尖或粗锐锯齿；上面被疏柔毛，**下面灰绿色，密被灰色绒毛至稀疏**；侧脉4~7对；叶柄长2~8 mm，被绒毛至稀疏；托叶线形，长3~6 mm，被长柔毛。**花单生或2朵簇生**，花叶同开，近先叶开放或先叶开放；**花梗长达2.5 mm或近无梗**；萼筒管状或杯状，长4~5 mm，外被柔毛或无毛，萼片三角状卵形，内外被柔毛或无毛；花瓣白色或粉红色，倒卵形；**子房被毛**。核果近球形，熟时红色，径0.5~1.2 cm。花期4月至5月，果期6月至9月。

中国特有，生于海拔100~3 200 m的山坡林中、林缘、灌丛中或草地上。凉山州的木里等县有分布。

### 49.11.6　日本晚樱 *Cerasus serrulata* (Lindl.) G. Don ex London var. *lannesiana* (Carr.) Makino

乔木。叶卵状椭圆形或倒卵状椭圆形，长5~9 cm，先端渐尖，基部圆形，有渐尖重锯齿，齿端具长芒，上面及下面均无毛，侧脉6~8对；叶柄先端有1~3个圆形腺体；托叶线形，早落。花序伞房总状或近伞形，有2~3花；总苞片褐红色，倒卵状长圆形，长约8 mm，外面无毛，内面被长柔毛；花序梗长0.5~1 cm，无毛；苞片长5~8 mm，有腺齿。花梗长1.5~2.5 cm，无毛或被极稀疏柔毛；萼筒管状，长5~6 mm，萼片三角状披针形，长约5 mm，全缘；花瓣白色或粉红色，倒卵形，先端下凹。核果球形或卵圆形，熟后紫黑色。花期3月至4月，果期5月至6月。

原产日本，凉山州的西昌、盐源、越西、甘洛、喜德、德昌、冕宁、会东、普格等县市引种栽培。本种为观赏树种。

### 49.11.7　欧洲甜樱桃 *Cerasus avium* (L.) Moench.

别名：车厘子、欧洲樱桃

乔木。叶片倒卵状椭圆状形或椭圆状卵形，长3~13 cm，先端骤尖或短渐尖，基部圆形或楔形，叶边有缺刻状圆钝重锯齿，齿端有陷入小腺体，下面被稀疏长柔毛，侧脉7~12对；托叶狭带形，边缘有腺齿。花序伞形，花叶同开；花芽鳞片大，开花期反折；总梗不明显；花梗长2~3 cm；萼筒无毛，萼片长椭圆形，先端圆钝，全缘，开花后反折；花瓣白色，倒卵圆形，先端微下凹；雄蕊约34枚；花柱与雄蕊近等长。核果近球形或卵球形，**直径1.5~3 cm，红色至紫黑色**；核表面光滑。花期4月至5月，果期6月至7月。

原产欧洲及亚洲西部，凉山州的西昌、盐源、雷波、越西、德昌、冕宁等县市有栽培。本种果大、味甜，可生食或制罐头；樱桃汁可制糖浆、糖胶及果酒；有重瓣、粉花及垂枝等品种可作观赏植物。

### 49.11.8　樱桃 *Cerasus pseudocerasus* (Lindl.) G. Don

乔木。叶片卵形或长圆状卵形，先端渐尖或尾状渐尖，基部圆形，**边缘有尖锐重锯齿**，齿端有小腺体；上面暗绿色，近无毛，下面淡绿色，沿脉或脉间有稀疏柔毛；侧脉9~11对；叶柄被疏柔毛，先端有1或2个大腺体；托叶早落，披针形，有羽裂腺齿。**花序伞房状或近伞形**，有花3~6朵，先叶开放；总苞倒卵状椭圆形，褐色，边缘有腺齿；花梗被疏柔毛；萼筒钟状，外面被疏柔毛，**萼片反折，较萼筒短**；花瓣白色，卵圆形，**先端下凹或二裂**；雄蕊30~50枚。核果近球形，红色。花期3月至4月，果期5月至6月。

本种为常见栽培果树，凉山州各县市有栽培。本种在我国品种颇多，可供食用，也可酿樱桃酒；枝、叶、根、花也可供药用。

### 49.11.9　山樱桃 *Cerasus serrulata* (Lindl.) Loudon

乔木。叶片卵状椭圆形或倒卵状椭圆形，长5~9 cm，先端渐尖，基部圆形，**叶边尖锐锯齿呈芒状**；两面无毛；有侧脉6~8对，**叶柄1~1.5 cm**，先端有1~3个圆形腺体；托叶线形，边缘有腺齿，早落。**花序伞房总状或近伞形**，有花2~3朵；总苞片倒卵状长圆形，内面被长柔毛；总梗长5~10 mm，无毛；苞片淡绿褐色或褐色，边缘有腺齿；花梗无毛；萼筒管状，**无毛**，萼片三角状披针形，**直立或开张**；花瓣白色，稀粉红色，倒卵形，先端下凹；雄蕊约38枚。核果球形或卵球形，紫黑色，直径8~10 mm。花期4月至5月，果期6月至7月。

国内黑龙江至贵州等多地有产，生于海拔500~1 500 m的山谷林中。凉山州的西昌等县市有栽培。本种为观赏树木。

## 49.12　稠李属 *Padus* Mill.

### 49.12.1　橉木 *Padus buergeriana* (Miq.) Yu et Ku

落叶乔木。叶片椭圆形或长圆状椭圆形，边缘具贴生锐锯齿，有时基部边缘两侧各具1个腺体；**叶下无毛**；叶柄较长；托叶线形，边缘具腺齿。**总状花序基部无叶，花序轴基部无苞片**；花梗极短，与总花梗疏被短柔毛；萼筒钟状，与萼片近等长，疏被短柔毛，萼片三角状卵形，边缘具细锯齿，齿尖带腺体；花瓣着生于萼筒边缘，阔倒卵形，白色，先端啮蚀状，基部具短爪；**雄蕊10枚**，着生于紫红色花盘边缘。核果近球形或卵球形，熟后黑褐色；萼片宿存。花期4月至5月，果期5月至10月。

中国特有，生于海拔2 200~2 700 m的高山密林中或山坡阳处空旷地上，凉山州各县市有分布。本种可作绿化和观赏园林植物。

### 49.12.2　星毛稠李 *Padus stellipila* (Koehne) Yu et Ku

落叶乔木。小枝密被短绒毛。叶片椭圆形、窄长圆形，稀倒卵状长圆形，长5~10（13）cm，宽2.5~4 cm；上面无毛或沿主脉和侧脉有短柔毛，**下面沿主脉和脉腋被棕色星状毛**；叶柄长5~8 mm，被短柔毛，先端无腺体，有时在叶片基部两侧各有1个腺体；托叶膜质，线状披针形，边缘有腺齿，早落。**总状花序基部无叶，花序轴基部无宿存苞片**；总花梗和花梗被短绒毛；萼筒钟状，萼片三角状卵形，先端钝，边缘有带腺细齿，萼筒和萼片内面被疏短柔毛；花瓣白色，宽倒卵形，比萼片长近2倍；**雄蕊10枚**。核果近球形，黑色；果梗无毛，萼片宿存。花期4月至5月，果期5月至10月。

中国特有，生于海拔1 000~2 700 m的山坡处、路旁或沟边。凉山州的盐源、德昌等县有分布。

### 49.12.3　宿鳞稠李 *Padus perulata* (Koehne) Yu & Ku

落叶乔木。小枝被短绒毛。叶长圆状倒卵形或倒卵状披针形，长5~11 cm，有时在基部两侧各具1个腺体，**边缘具贴生细锯齿，下面脉腋具髯毛**，叶脉均突起；叶柄长1.2~2.5 cm；托叶线状披针形。**总状花序基部无叶，花序轴基部具宿存鳞状苞片**；花梗极短，与总花梗初被短绒毛；萼筒钟状，萼片三角状卵形，边缘具腺齿，与萼筒内面被短柔毛；花瓣白色，近圆形或倒卵形，基部有短爪；**雄蕊10枚**。核果近球形，径7~8 mm，黑色，萼片宿存。花期4月至5月，果期5月至10月。

中国特有，生于海拔2 400~3 200 m的杂木林内。凉山州的西昌、会理、盐源、德昌、普格等县市有分布。

### 49.12.4　短梗稠李 *Padus brachypoda* (Batalin) C. K. Schneid.

乔木。叶长圆形，稀椭圆形，长8~16 cm，先端急尖或渐尖，稀短尾尖，**基部圆形**或微心形，平截，边缘有贴生或开展锐锯齿，齿尖带短芒；**两面无毛或下面仅脉腋有髯毛**；叶柄长1.5~2.3 cm，无毛，顶端两侧各有1个腺体。总状花序长16~30 cm，**基部有1~3叶；花梗长5~7 mm，无毛**；花径5~7 mm；萼筒钟状，萼片三角状卵形；花瓣白色，倒卵形；雄蕊25~27枚。核果球形，径5~7 mm，幼时紫红色，老时黑褐色，无毛。花期4月至5月，果期5月至10月。

中国特有，生于海拔1 500~2 500 m的山坡灌丛中或山谷和山沟林中。凉山州的会理、雷波、木里、越西、甘洛、德昌、美姑、布拖等县市有分布。

### 49.12.5　褐毛稠李 *Padus brunnescens* T. T. Yu & T. C. Ku

落叶小乔木。**幼枝被棕色短绒毛**。叶片椭圆形或卵状长圆形，长8~14 cm，先端急尖或尾尖，**基部心形**，稀圆形，边缘有贴生锐锯齿，齿尖带短芒；上面中脉和侧脉均下陷，下面色淡，或为棕褐色，密被棕褐色柔毛**或至少沿脉或脉腋被棕褐色柔毛**，中脉和侧脉均明显突起；叶柄顶端两侧各有1个腺体或无腺体；托叶膜质，线形，早落。总状花序，被棕褐色柔毛；基部有1~3叶，叶片长圆形。核果球形或卵球形，顶端急尖，直径约4 mm，红褐色或紫褐色，无毛，萼片脱落。果期6月。

四川特有，生于海拔2 000~2 900 m的密林缘、山坡或水沟旁。凉山州的越西、冕宁、雷波、德昌、美姑等县有分布。

**49.12.6  粗梗稠李 *Padus napaulensis* (Ser.) C. K. Schneid.**

落叶乔木。幼枝红褐色，无毛。叶长椭圆形、卵状椭圆形或椭圆状披针形，长6~14 cm，**叶缘具粗锯齿**，叶脉均突起；叶柄长8~15 mm；托叶线形，边缘具腺锯齿。**总状花序基部2~3叶**，较枝生叶小；花梗短；苞片带形；花萼被短柔毛；萼筒杯状，较萼片长，萼片三角状卵形；花瓣白色，倒卵状长圆形，基部具短爪。核果卵球形，顶端有骤尖头，黑色或暗紫色；**果梗增粗**。花期4月，果期7月。

国内产于四川、西藏、云南等多地，生于海拔1 200~2 800 m的阔叶混交林中或背阴开阔沟边。凉山州的西昌、会理、盐源、雷波、越西、甘洛、德昌、美姑、布拖、普格等县市有分布。

**49.12.7  细齿稠李 *Padus obtusata* (Koehne) Yu & Ku**

落叶乔木。幼枝红褐色，被短柔毛或无毛。叶窄长圆形、椭圆形或倒卵形，长4.5~11 cm，**边缘具密细锯齿**，叶脉突起；叶柄长1~2.2 cm，顶端两侧各具1个腺体；托叶线形，边缘具腺锯齿。**总状花序基部2~4叶片**；花梗短，与总花梗被短柔毛；苞片膜质；萼筒钟状，比萼片长2~3倍，萼片三角状卵形，边缘具细齿；花瓣近圆形或长圆形，白色，基部具短爪。核果卵球形，顶端具短尖，径6~8 mm，黑色；果梗被短柔毛。花期4月至5月，果期6月至10月。

中国特有，生于海拔850~3 600 m的山林、沟底和溪边等处。凉山州各县市有分布。

### 49.12.8 绢毛稠李 *Padus wilsonii* Schneid.

落叶乔木。**当年生小枝红褐色，被短柔毛**。叶片椭圆形、长圆形或长圆状倒卵形，先端短渐尖或短尾尖，基部圆形、楔形或宽楔形，**叶边有疏生圆钝锯齿；叶下面幼时密被白色绢状柔毛，后毛由白色变为棕色**；叶柄长，无毛或被短柔毛，顶端两侧各有1个腺体或在叶片基部边缘各有1个腺体。总状花序具多花，花序密被短柔毛或带棕褐色柔毛。花直径6~8 mm；花瓣白色，倒卵状长圆形。成熟核果黑紫色，球形或卵球形，顶端有短尖头；萼片脱落。花期4月至5月，果期6月至10月。

中国特有，生于海拔950~2 500 m的山坡、山谷或沟底等处。凉山州的西昌、雷波、越西、甘洛、宁南、德昌、金阳、美姑、布拖、普格等县市有分布。

## 49.13 李属 *Prunus* L.

### 49.13.1 李 *Prunus salicina* Lindl.

落叶小乔木。叶长圆状倒卵形、长椭圆形，稀长圆状卵形，长6~12 cm，叶边具圆钝重锯齿兼有单锯齿，**侧脉6~10对**，下面沿脉被毛或脉腋髯毛；叶柄较长，顶端具2个腺体或无，有时叶基部边缘具腺体。**花通常3朵并生**；花瓣白色，长圆状倒卵形，先端啮蚀状。核果球形、卵圆形或近圆锥形，熟时黄色、红色、绿色或紫色，被蜡粉。花期4月，果期7月至8月。

我国特有果树，现世界各地栽培。凉山州各县市有野生或栽培。本种栽培品种众多，果可食；野生李果实食味不佳，但可作栽培品种嫁接的砧木。

### 49.13.2 紫叶李 *Prunus cerasifera* 'Atropurpurea'

别名：红叶李

落叶灌木或小乔木。单叶互生，叶卵圆形或长圆状披针形，**紫红色**，边缘具尖细锯齿，羽状脉5~8对，叶背面沿中脉或脉腋被髯毛，**侧脉5~8对；花单生或2朵簇生**；花瓣白色，长圆形或匙形，边缘波状，基部楔形，着生在萼筒边缘；雄蕊25~30枚，花丝长短不等，排成不规则2轮；核果扁球形，腹缝线上微见沟纹，无梗洼，熟时黄、红或紫色，光亮或微被白粉。花叶同放，花期3月至4月。

国内产于新疆，凉山州各县市多有栽培。紫叶李叶片常年紫色，在园林绿化中广泛种植。

## 49.14　桂樱属 *Laurocerasus* Tourn. ex Duh.

### 大叶桂樱 *Laurocerasus zippeliana* (Miq.) Yü et Lu

常绿乔木。叶阔卵形至椭圆状长圆形或宽长圆形，**长10~19 cm，宽4~8 cm**，先端急尖至短渐尖，基部阔楔形至近圆形，叶边具粗锯齿，侧脉7~13对；**叶柄有1对扁平基腺。总状花序长2~6 cm，单生或2~4个簇生于叶腋**；花梗长1~3 mm；苞片短小；花萼筒钟形；萼片卵状三角形，先端圆钝；花瓣近圆形，长约为萼片的2倍，白色；**雄蕊20~25枚。果实长圆形或卵状长圆形**，长18~24 mm，顶端急尖并具短尖头，黑褐色。花期7月至10月，果期冬季。

国内产于甘肃、陕西、贵州、四川、云南等多地，生于海拔600~2 400 m的山地阳坡杂木林或沟谷中。凉山州的西昌、会理、盐源、雷波、宁南、德昌、冕宁、普格等县市有栽培。本种可作绿化观赏植物。

### 49.15 臭樱属 *Maddenia* Hook. f. et Thoms.

#### 49.15.1 四川臭樱 *Maddenia hypoxantha* Koehne

落叶灌木。叶片长圆形或椭圆形，长5~11 cm，先端急尖、渐尖或短尾尖，基部近圆形或宽楔形，**叶边有重锯齿**，或常混有缺刻状锯齿，先端渐尖；**下面沿主脉和侧脉密被柔毛或棕褐色柔毛**，其余无毛；侧脉12~20对，中脉和侧脉明显突起；叶柄密被棕褐色长柔毛。总状花序生于侧枝顶端；花梗长约2 mm，总花梗和花梗密被棕褐色短柔毛；萼筒钟状，外面有柔毛；无花瓣；两性花；雄蕊多数，雌蕊1枚，心皮无毛。核果卵球形，紫黑色，先端有花柱基部宿存，萼片脱落。

中国特有，生于海拔1 500~2 900 m的山谷灌丛中。凉山州的西昌、雷波、美姑等县市有分布。

#### 49.15.2 锐齿臭樱 *Maddenia incisoserrata* Yü et Ku

落叶灌木。叶片卵状长圆形或长圆形，稀椭圆形，长5~15 cm，宽3~8 cm，先端急尖或尾尖，基部近圆形或宽楔形，**边缘有缺刻状重锯齿，下面无毛**，侧脉10~18对，中脉和侧脉均明显突起；叶柄被棕褐色长柔毛。总状花序，长3~5 cm；花梗长约2 mm，总花梗和花梗密被棕褐色柔毛；萼筒钟状，外面有毛；无花瓣；两性花；雄蕊30~35枚；雌蕊1枚，心皮无毛。核果卵球形，紫黑色，直径约8 mm，顶端有尖头，花柱基部宿存，萼片宿存。花期4月，果期6月。

中国特有，生于海拔1 800~2 900 m的山坡处、灌丛中或山谷密林下及河沟边。凉山州的美姑等县有分布。

## 49.16　扁核木属 *Prinsepia* Royle

### 扁核木 *Prinsepia utilis* Royle

灌木。枝具长刺。叶片长圆形或卵状披针形，全缘或有浅锯齿；叶柄短。花多数，组成总状花序；花梗短，总花梗和花梗初被褐色短柔毛；小苞片披针形；萼筒杯状，萼片半圆形或宽卵形，较萼筒长；花瓣白色，宽倒卵形，先端啮蚀状，基部有短爪；雄蕊多数，2~3轮着生在花盘上；花柱侧生。**核果长圆形或倒卵状长圆形，紫褐色或黑紫色，被白粉；**萼片宿存；果梗短。花期4月至5月，果熟期8月至9月。

国内产于西南地区，生于海拔1 000~2 800 m的山坡、荒地或路旁等处。凉山州各县市有分布。本种种子富含油脂，可供食用、制皂；嫩尖可作蔬菜；茎、叶、果、根可用于治疗痈疽毒疮、风火牙痛等。

## 49.17　木瓜海棠属 *Chaenomeles* Lindl.

### 49.17.1　贴梗海棠 *Chaenomeles speciosa* (Sweet) Nakai

别名：皱皮木瓜

落叶灌木。枝条具刺。**叶卵形至椭圆形**，长3~9 cm，边缘具有尖锐锯齿；无毛或下面叶脉被柔毛；叶柄较短。花先叶开放，3~5朵簇生于老枝上；花梗短粗或近无柄；萼筒钟状；萼片半圆形，稀卵形，长约萼筒之半，全缘或有波状齿；**花瓣倒卵形或近圆形，基部延伸成短爪，常猩红色**，稀淡红色或白色；雄蕊45~50枚。**果实球形或卵球形**，萼片脱落，果梗短或近于无梗。花期3月至5月，果期9月至10月。

国内产于陕西、甘肃、四川、贵州、云南、广东等地。凉山州各县市有栽培。本种果实干制后入药，有舒筋、活络、镇痛、消肿、顺气之效；为优良的园林绿化和观赏植物。

### 49.17.2　日本海棠 *Chaenomeles japonica* (Thunb.) Lindl. ex Spach

别名：日本木瓜

**矮灌木**。枝条有细刺。**叶片倒卵形、匙形至宽卵形**，长3~5 cm，先端圆钝，稀微有急尖，基部楔形或宽楔形，边缘有圆钝锯齿，齿尖向内合拢。花3~5朵簇生，花梗短或近于无梗，无毛；花直径2.5~4 cm；萼筒钟状，外面无毛；萼片卵形，先端急尖或圆钝，边缘有不明显锯齿，外面无毛，内面基部有褐色短柔毛和睫毛；**花瓣倒卵形或近圆形，基部延伸成短爪，砖红色**；雄蕊40~60枚。果实近球形，直径3~4 cm，黄色，萼片脱落。花期3月至6月，果期8月至10月。

原产日本，凉山州的西昌等县市有栽培。本种为观赏植物。

## 49.18　栒子属 *Cotoneaster* Medikus

### 49.18.1　尖叶栒子 *Cotoneaster acuminatus* Lindl.

**落叶直立灌木**。小枝幼时密被带黄色糙伏毛。叶片椭圆状卵形至卵状披针形，长3~6.5 cm，**先端常渐尖**，基部宽楔形，全缘；两面被柔毛，下面毛较密；叶柄长3~5 mm，有柔毛。**花（1）2~3（5）朵**，组成聚伞花序；总花梗和花梗被黄色柔毛；花直径6~8 mm；萼筒及萼片外面微具柔毛，内面仅先端和边缘有柔毛；花瓣直立，粉红色。**果实椭圆形，长8~10 mm，红色至暗黑色**，内具2个小核。花期5月至6月，果期9月至10月。

国内产于四川、云南、西藏，生于海拔1 500~3 000 m的杂木林内。凉山州的西昌、盐源、木里、越西、甘洛、宁南、德昌、金阳、会东、美姑、布拖等县市有分布。本种秋季叶变红色时十分美丽，可作观赏植物。

### 49.18.2  川康栒子 *Cotoneaster ambiguus* Rehd. & Wils.

**落叶灌木。叶片椭圆状卵形至菱状卵形，长2.5~6 cm，先端渐尖至急尖**，基部宽楔形，全缘；上面幼嫩时具疏生柔毛，**下面密被柔毛**；叶柄长2~5 mm，微有柔毛。**聚伞花序有花5~10朵**，总花梗和花梗疏生柔毛；花梗长4~5 mm；萼筒及萼片外面无毛或稍有柔毛；**花瓣白色带粉红，直立**；雄蕊20枚，稍短于花瓣；子房先端密生柔毛。果实卵形或近球形，长8~10 mm，直径6~7 mm，黑色，先端微具柔毛，常具2~3（5）个小核。花期5月至6月，果期9月至10月。

中国特有，生于海拔1 800~2 900 m的山地处、半阳坡处及稀疏林中。凉山州的喜德、会东、木里、金阳等县有分布。

### 49.18.3  细尖栒子 *Cotoneaster apiculatus* Rehd. & Wils.

别名：尖叶栒子

落叶直立灌木。**叶片近圆形、圆卵形或椭圆形，稀宽倒卵形，长6~15 mm，先端有细尖**，极稀有凹缺，基部宽楔形或圆形，全缘；**上面光亮，无毛**，下面幼时沿叶脉有伏生柔毛；中脉及侧脉2对在上面微陷；叶柄长1~3 mm。**花单生，具短梗**；萼筒外面无毛或几无毛，萼片短渐尖；花瓣直立，淡粉色。果实单生，近球形，几无柄，直立，直径7~8 mm，红色，通常具3个小核。花期6月，果期9月至10月。

中国特有，生于海拔1 500~3 100 m的山坡路旁或林缘等地。凉山州的雷波、冕宁、普格等县有分布。

### 49.18.4 泡叶栒子 *Cotoneaster bullatus* Bois

落叶开张灌木。叶片长圆状卵形或椭圆状卵形，长3.5~7 cm，宽2~4 cm，**先端常渐尖**，基部楔形或圆形，全缘；**上面有明显皱纹并呈泡状隆起**，近无毛或微具柔毛，下面具疏生柔毛；叶柄具柔毛。**花5~13朵组成聚伞花序**，总花梗和花梗均具柔毛；花直径7~8 mm，花瓣直立，倒卵形，先端圆钝，浅红色。果实球形或倒卵形，长6~8 mm，红色，4~5个小核。花期5月至6月，果期8月至9月。

中国特有，生于海拔2 000~3 200 m的坡地疏林内、河岸旁或山沟边。凉山州的盐源、雷波、木里、越西、甘洛、德昌、金阳、冕宁、美姑、布拖、普格、昭觉等县有分布。

### 49.18.5 黄杨叶栒子 *Cotoneaster buxifolius* Lindl.

常绿至半常绿矮生灌木。小枝幼时密被白色绒毛。**叶片椭圆形至椭圆状倒卵形，长5~12 mm，先端急尖，基部宽楔形至近圆形**；上面幼时具伏生柔毛，老时脱落，下面密被灰白色绒毛；叶柄被绒毛；托叶细小，钻形，早落。**花3~5朵，少数单生**，近无柄；萼筒钟状，外面被绒毛，内面无毛；萼片卵状三角形，先端急尖，外面被绒毛；**花瓣白色，平展**，近圆形或宽卵形。果实近球形，直径5~6 mm，红色，常具2个小核。花期4月至6月，果期9月至10月。

国内产于四川、贵州、云南，生于海拔1 000~2 700 m的山坡灌木丛中。凉山州各县市有分布。

### 49.18.6　厚叶栒子 *Cotoneaster coriaceus* Franch.

常绿灌木。小枝、叶柄、总花梗、花梗和花萼均在幼时密被黄色绒毛。**叶片厚革质，**倒卵形至椭圆形，长2~4.5 cm，全缘，**先端圆钝，**稀急尖，基部楔形，**下面密被黄色绒毛；**叶柄短。**复聚伞花序，20朵花以上，小而密集；**花梗极短；萼筒钟状，萼片三角形；**花瓣白色，**宽卵形，先端圆钝，基部有短爪。**果实倒卵形，红色，**具2个小核。花期5月至6月，果期9月至10月。

中国特有，生于海拔1 800~2 700 m的沟边草坡或丛林中。凉山州的西昌、会理、盐源、雷波、木里、甘洛、宁南、德昌、金阳、冕宁、会东等县市有分布。本种可作为园林绿化树种；根入药，具消肿、解毒的功效。

### 49.18.7　陀螺果栒子 *Cotoneaster turbinatus* Craib

常绿灌木。**叶片倒卵状披针形至长圆披针形，**长2.5~5 cm，宽1~2 cm，**先端急尖并具小突尖头，**基部楔形；上面无毛或沿中脉具少数白色柔毛，中脉下陷，**下面密被灰白色绒毛，**中脉显著突起；侧脉8~10对；叶柄长4~7 mm，具绒毛。**花多数，组成复聚伞花序；**总花梗和花梗密被白色绒毛；苞片线形，具绒毛；花直径5~6 mm；萼筒钟状，萼片三角形；花瓣乳白色，平展，卵形或近圆形，先端圆钝。**果实陀螺形，深红色，**下垂，表面具绒毛，常具2个小核。花期6月至7月，果期10月。

中国特有，生于海拔1 800~2 700 m的沟谷或林缘。凉山州的西昌、会理、会东等县市有分布，

### 49.18.8　木帚枸子 *Cotoneaster dielsianus* Pritz.

落叶灌木。枝条开展，下垂，小枝幼时密被长柔毛。叶椭圆形至卵形，长1~2.5 cm，先端急尖，基部宽楔形或圆形，全缘；**上面微被疏柔毛，下面密被绒毛**；托叶线状披针形。**花3~7朵组成聚伞花序**，总花梗和花梗被柔毛；花梗短；萼筒钟状；萼片三角形；花瓣浅红色，直立，近圆形或阔倒卵形，长与宽为3~4 mm。果实近球形或倒卵形，径5~6 mm，红色，具3~5个小核。花期6月至7月，果期9月至10月。

中国特有，生于海拔1 000~3 600 m的荒坡、沟谷、草地或灌木丛中。凉山州各县市有分布。

### 49.18.9　麻核枸子 *Cotoneaster foveolatus* Rehd. et Wils.

落叶灌木。枝条开张，小枝嫩时密被黄色糙伏毛。叶片椭圆形、椭圆状卵形或椭圆状倒卵形，长3.5~8 cm，**先端渐尖或急尖**，基部宽楔形或近圆形，全缘；上面被稀疏短柔毛，**叶脉微下陷**，下面被短柔毛，**叶脉显著突起**。聚伞花序有花**3~7朵**，总花梗和花梗被柔毛。花直径约7 mm；花瓣粉红色，直立，倒卵形或近圆形，先端圆钝。**果实近球形，黑色**；小核3~4个。花期6月，果期9月至10月。

中国特有，生于海拔1 400~3 400 m的潮湿地、灌木丛中或沟谷。凉山州的西昌、盐源、雷波、木里、越西、甘洛、布拖、普格、昭觉等县市有分布。

### 49.18.10　光叶栒子 *Cotoneaster glabratus* Rehd. et Wils.

半常绿灌木。小枝幼时具稀疏平贴柔毛。**叶片革质，长圆披针形至长圆倒披针形，长4~9 cm，宽1.5~3.5 cm**，先端渐尖或急尖，基部楔形；**上面光亮无毛**，中脉下陷，**下面有白霜**，初时微具柔毛；侧脉7~10对，中脉稍突起。**复聚伞花序**有多数密集花朵；总花梗长1.5~2.5 cm，花梗长2~3 mm。花白色，直径7~8 mm；花瓣平展，卵形或近圆形，长约3 mm。**果实球形，直径4~5 mm，红色**，常具2个小核。花期6月至7月，果期9月至10月。

中国特有，生于海拔1 600~1 700 m的岩石坡地或密林中。凉山州的雷波等县有分布。

### 49.18.11　粉叶栒子 *Cotoneaster glaucophyllus* Franch.

半常绿灌木。小枝粗壮，幼时密被黄色柔毛。**叶片椭圆形、长椭圆形至卵形，长3~6 cm，宽1.5~2.5 cm，先端急尖或圆钝**，基部宽楔形至圆形；上面无毛，下面幼时微具短柔毛，以后无毛，**有白霜**；侧脉5~8对。**花多数而密集组成复聚伞状花序**，总花梗和花梗有带黄色柔毛；花直径8 mm；花瓣白色，平展，近圆形或宽倒卵形，长3~4 mm，先端多数圆钝，稀微缺，基部有极短爪，内面近基部微具柔毛。果实卵形至倒卵形，直径6~7 mm，红黄色，常具2个小核。花期6月至7月，果期10月。

中国特有，生于海拔1 200~2 800 m的山坡开旷地或杂木林中。凉山州的会理等县市有分布。

**49.18.12　钝叶栒子 *Cotoneaster hebephyllus* Diels**

落叶灌木。小枝细瘦，暗红褐色。**叶片近革质，椭圆形至广卵形，**长2.5~3.5 cm，宽1.2~2.5 cm，**先端多数圆钝或微凹，**具小突尖，基部宽楔形至圆形；上面常无毛，**下面有白霜，**具稀疏长柔毛或绒毛状毛。花5~15朵成聚伞花序，总花梗和花梗稍具柔毛；花梗长2~5 mm；花直径7~8 mm；萼筒钟状；萼片宽三角形；花瓣白色，平展，近圆形，直径3~4 mm，先端圆钝。果实卵形，有时长圆形，直径6~8 mm，暗红色，常2个核连合为一体。花期5月至6月，果期8月至9月。

中国特有，生于海拔1 300~3 400 m的石山上、丛林中或林缘隙地，凉山州的西昌、木里、德昌、冕宁等县市有分布。

**49.18.13　平枝栒子 *Cotoneaster horizontalis* Dcne.**

落叶或半常绿匍匐灌木。**枝水平开张成整齐两列状。**叶片近圆形或宽椭圆形，稀倒卵形，长5~14 mm，宽4~9 mm，先端多数急尖，基部楔形，全缘；上面无毛，下面有稀疏平贴柔毛。**花1~2朵，**近无梗，直径5~7 mm；萼筒钟状；花瓣粉红色，直立，倒卵形，先端圆钝，长约4 mm。果实近球形，直径4~6 mm，鲜红色，常具3个小核。花期5月至6月，果期9月至10月。

国内产于四川、贵州、云南、陕西等多地，生于海拔2 000~3 500 m的灌木丛中或岩石坡上。凉山州的会理、雷波、木里、越西、甘洛、喜德、德昌、冕宁、美姑、布拖、普格等县市有分布。

### 49.18.14 中甸枸子 *Cotoneaster langei* **Klotz**

落叶或半常绿灌木，直立或部分平卧。枝与小枝初被黄色糙伏毛。**叶片亚革质**，宽卵形或近圆形，先端圆钝，有短尖，基部圆形或宽楔形，**长7~14 mm，宽6~13 mm；上面光亮，深绿色，初被黄色长柔毛**，以后脱落减少，侧脉3~5对，微下陷，下面初密被长柔毛，以后脱落减少；叶柄长1~2 mm，密被糙伏毛。**花单生**，有短梗或近乎无梗；萼筒钟状；**花瓣粉红色**，直立。果实卵球形，深红色，外有少数糙伏毛，内含2个小核；顶端多柔毛。

中国特有，生于海拔3 000~3 500 m的高山灌丛中、冷杉林边或山坡处。凉山州的盐源、雷波、木里等县有分布。

### 49.18.15 小叶枸子 *Cotoneaster microphyllus* **Wall. ex Lindl.**

**常绿矮生灌木**。小枝圆柱形，幼时被黄色柔毛。叶小，厚革质，倒卵形至长圆状倒卵形，长**4~10 mm**，先端圆钝、微凹或急尖；上面近无毛，下面被灰白色短柔毛；叶缘反卷；叶柄极短，被短柔毛。**花单生，稀2~3朵**，花梗短；花萼外被疏短毛，萼筒钟状；花瓣白色，平展，近圆形，长与宽都为4 mm。果实近球形，径5~7 mm，**红色**，常具2个小核。花期5月至6月，果期8月至9月。

国内产于四川、云南、西藏，常生长在海拔2 500~4 100 m的石山坡地或灌木丛中。凉山州各县市有分布。小叶枸子为常绿矮小灌木，春开白花，秋结红果，是优良的园林地被绿化植物。

### 49.18.16　暗红枸子 *Cotoneaster obscurus* Rehder & E. H. Wilson

落叶灌木。小枝幼时被黄色糙伏毛。**叶片椭圆状卵形或菱状卵形，长2.5~4.5 cm，宽1.5~2.5 cm，先端渐尖，稀急尖，基部宽楔形，全缘**；上面微具柔毛，侧脉5~7对，稍下陷，**下面具黄灰色绒毛，侧脉突起**。聚伞花序生于侧生短枝上，具花3~7朵，总花梗和花梗具短柔毛；萼筒钟状；花瓣椭圆形至卵形。**果实卵形，长7~8 mm，暗红色**，通常有3个小核。花期5月至6月，果期9月至10月。

中国特有，生于海拔1 500~3 000 m的山谷内或河旁丛林内。凉山州的盐源、雷波、木里、德昌、美姑等县有分布。

### 49.18.17　毡毛枸子 *Cotoneaster pannosus* Franch.

半常绿灌木。小枝幼时密生白色绒毛。**叶片椭圆形或卵形，长1~2.5 cm**，先端圆钝或急尖，基部宽楔形；上面中脉下陷，微具柔毛或无毛，**下面密被白色绒毛**，叶脉突起；侧脉4~6对；叶柄具绒毛。**聚伞花序常具花10朵以下**，总花梗和花梗密生绒毛；花直径8 mm；萼筒及萼片外面生绒毛；花瓣平展，宽卵形或近圆形，白色。果实球形或卵形，直径7~8 mm，深红色，常具2个小核。花期6月至7月，果期10月。

中国特有，生于海拔1 100~3 200 m的疏林或灌木丛中。凉山州的西昌、盐源、雷波、木里、甘洛、德昌、冕宁、普格等县市有分布。

### 49.18.18　圆叶栒子 *Cotoneaster rotundifolius* Wall. ex Lindl.

常绿灌木。小枝幼时具平贴长柔毛。**叶片近圆形或广卵形，长8~20 mm，先端圆钝或微缺，有时急尖，具短突尖头，**基部宽楔形至圆形；上面无毛或微具柔毛，下面被柔毛。**花1~3朵，**直径1 cm；花梗短；萼筒钟状；花瓣白色或带粉红色，平展，宽卵形至倒卵形。**果实倒卵形，红色，具2~3个小核。**花期5月至6月，果期9月。

国内产于四川、云南及西藏，生于海拔1 800~4 000 m的草坡、林缘等处。凉山州的西昌、盐源、雷波、木里、越西、甘洛、会东、布拖、昭觉等县市有分布。

### 49.18.19　红花栒子 *Cotoneaster rubens* W. W. Smith

直立或匍匐落叶至半常绿灌木。**叶片近圆形或宽椭圆形，长1~2.3 cm，**先端圆钝或短渐尖，基部圆形，全缘；上面无毛，叶脉下陷，**下面密被黄色绒毛，叶脉突起。花多数单生，**具短梗；萼筒钟状，萼片三角形；花瓣深红色，**直立**，圆形至宽倒卵形，先端钝。**果实倒卵形，红色，具小核2~3个。**花期6月至7月，果期9月至10月。

国内产于云南、西藏和四川，生于海拔2 400~4 000 m的山坡密林或林缘草地。凉山州的西昌、雷波、越西、甘洛、美姑、昭觉等县市有分布。

**49.18.20　柳叶栒子 *Cotoneaster salicifolius* Franch.**

**49.18.20a　柳叶栒子（原变种）*Cotoneaster salicifolius* Franch. var. *salicifolius***

半常绿或常绿灌木。**叶片椭圆状长圆形至卵状披针形，长4~8.5 cm，宽1.5~2.5 cm，先端急尖或渐尖**，基部楔形，全缘；上面无毛，**侧脉12~16对下陷，具浅皱纹**，下面被灰白色绒毛及白霜，叶脉明显突起。花多而密生成复聚伞花序，总花梗和花梗密被灰白色绒毛；花直径5~6 mm；萼筒钟状，外面密生灰白色绒毛；萼片三角形，先端短渐尖，外面密被灰白色绒毛，内面无毛或仅先端有少许柔毛；花瓣白色，平展。果实近球形，直径5~7 mm，深红色，小核2~3个。花期6月，果期9月至10月。

中国特有，生于海拔1 800~3 000 m的山地或沟边杂木林中。凉山州的木里、甘洛、喜德、美姑、布拖等县有分布。

**49.18.20b　皱叶柳叶栒子（变种）*Cotoneaster salicifolius* var. *rugosus* (Pritz.) Rehd.& Wils.**

本变种叶片较宽大，椭圆状长圆形，上面暗褐色，具深皱纹，叶脉深陷，叶边反卷，下面叶脉显著突起，密被绒毛；果实红色，直径约6 mm，具小核2~3个。

中国特有，凉山州的会理、盐源、雷波、布拖等县市有分布。

### 49.18.21 矮生栒子 *Cotoneaster dammeri* C. K. Schneid.

常绿灌木。**叶片厚革质**，椭圆形至椭圆状长圆形，长1~3 cm，宽0.7~2.2 cm，**先端圆钝**、微缺或急尖，基部宽楔形至圆形；**上面光亮无毛**，叶脉下陷，**下面微带苍白色**，幼时具平贴柔毛，侧脉4~6对，微有突起。花通常单生，有时2~3朵，直径约1 cm；花瓣白色，平展，近圆形或宽卵形，先端圆钝，基部具短爪。**果实近球形，直径6~7 mm，鲜红色**，通常具4~5个小核。花期5月至6月，果期10月。

中国特有，生于海拔1 300~2 600 m的多石山地或稀疏杂木林内。凉山州的盐源、木里等县有分布。

### 49.18.22 密毛灰栒子 *Cotoneaster acutifolius* Turcz. var. *villosulus* Rehd. & Wils.

落叶灌木。小枝幼时被长柔毛。叶片椭圆状卵形至长圆状卵形，长3~6.5 cm，宽1.5~2.5 cm，先端急尖，稀渐尖，基部宽楔形，全缘；上面幼时被长柔毛，**下面密被长柔毛**；叶柄长2~5 mm，具短柔毛。**花2~5朵组成聚伞花序**，总花梗和花梗被长柔毛；苞片线状披针形，微具柔毛；花梗长3~5 mm；花直径7~8 mm；**花萼外面被长柔毛**；花瓣直立，宽倒卵形或长圆形；子房先端密被短柔毛。**果实椭圆形**，稀倒卵形，直径7~8 mm，疏生短柔毛，内有小核2~3个。花期5月至6月，果期9月至10月。

中国特有，生于海拔1 000~2 200 m的山谷或草坡丛林中。凉山州的雷波、越西、布拖、木里等县有分布。

### 49.19　山楂属 *Crataegus* L.

#### 49.19.1　山里红 *Crataegus pinnatifida* var. *major* N. E. Brown

落叶乔木。**叶片宽卵形或三角状卵形，稀菱状卵形，长8~15 cm，**先端短渐尖，**基部截形至宽楔形，通常两侧各有3~5条羽状浅裂，**裂片卵形；边缘有尖锐、稀疏、不规则的重锯齿，侧脉6~10对，有的达到裂片先端，有的达到裂片分裂处；叶柄长2~6 cm，无毛。**伞房花序具多花，**直径4~6 cm；总花梗和花梗均被柔毛，花后脱落，减少；花梗长4~7 mm；花直径约1.5 cm；萼筒钟状，外面密被灰白色柔毛；萼片三角状卵形至披针形，先端渐尖；花瓣倒卵形或近圆形，白色；雄蕊20枚，短于花瓣。果实近球形或梨形，直径2~2.5 cm，深亮红色，有浅色斑点。花期5月至6月，果期9月至10月。

国内主产于东北及华北地区，凉山州的西昌等县市有栽培。本种可作观赏树；果实可供鲜吃、加工或作糖葫芦用。

#### 49.19.2　中甸山楂 *Crataegus chungtienensis* W. W. Smith

灌木。枝具刺。叶片宽卵形，长4~7 cm，宽3.5~5 cm，先端圆钝，基部圆形至宽楔形，边缘有细锐重锯齿，齿尖有腺；**通常具3~4对浅裂片，**稀基部1对分裂较深；叶柄长1.2~3 cm；托叶膜质，卵状披针形，长约8 mm，边缘有腺齿，无毛。伞房花序直径3~4 cm，具多花；总花梗和花梗均无毛，花梗长4~6 mm；花直径约1 cm；萼筒钟状，外面无毛；萼片三角状卵形；花瓣宽倒卵形，长约6 mm，白色；雄蕊20枚。果实椭圆形，长约8 mm，直径约6 mm，红色；萼片宿存，反折。花期5月，果期9月。

中国特有，生于海拔2 500~3 500 m的山溪边杂木林或灌木丛中。凉山州的木里等县有分布。

#### 49.19.3　华中山楂 *Crataegus wilsonii* Sarg.

落叶灌木，**具直立或微弯曲粗壮刺。**叶片卵形或倒卵形，稀三角状卵形，长4~6.5 cm，先端急尖或圆钝，基部圆形、楔形或心脏形，边缘有尖锐锯齿；通常在中部以上有3~5对浅裂片，裂片近圆形或卵形；先端急尖或圆钝；**幼嫩时上面散生柔毛，下面中脉或沿侧脉微具柔毛**；叶柄长2~2.5 cm，**有窄叶翼。伞房花序具多花；总花梗和花梗均被白色绒毛**；花直径1~1.5 cm；萼筒钟状；萼片卵形或三角状卵形，稍短于萼筒，先端急尖，边缘具齿，外面被柔毛；花瓣近圆形，白色。**果实椭圆形，红色，肉质，外面光滑无毛**；萼片宿存，反折。花期5月，果期8月至9月。

中国特有，生于海拔1 000~2 600 m的山坡阴处密林中。凉山州的盐源、布拖等县有分布。

### 49.19.4　滇西山楂 *Crataegus oresbia* W. W. Smith

灌木。**枝刺少**，小枝幼时密被白色柔毛。叶片宽卵形，长4.5~6 cm，宽3~5.5 cm，先端圆钝或急尖，基部下延成楔形或宽楔形，边缘有稀疏重锯齿与3~5对浅裂片；**上面散生柔毛，下面有稀疏柔毛，沿叶脉较密**；叶柄长1.8~2.8 cm，幼时有柔毛。伞房花序，直径3.5~6 cm，多花密集；总花梗和花梗均被白色柔毛，花梗长4~8 mm；花直径约1 cm；萼筒外面有白色柔毛；萼片三角状卵形，两面均有柔毛；花瓣近圆形，直径约5 mm，白色。**果实近球形**，直径约6 mm，带红黄色，被白色柔毛或近无毛；萼片宿存，反折。花期5月，果期8月至9月。

中国特有，生于海拔2 500~3 300 m的光坡灌木丛中。凉山州的金阳、木里等县有分布。

### 49.20　牛筋条属 *Dichotomanthes* Kurz

**牛筋条 *Dichotomanthes tristaniicarpa* Kurz**

常绿灌木至小乔木。**小枝幼时密被黄白色绒毛**；树皮密被皮孔。叶片长圆披针形，有时倒卵形、倒披针形至椭圆形，长3~6 cm，先端急尖或圆钝并有突尖，基部楔形至圆形，全缘；上面近无毛，光亮，**下面幼时密被白色绒毛，逐渐稀薄**；侧脉7~12对，下面明显；叶柄粗壮，长4~6 mm，密被黄白色绒毛。**花多数，密集成顶生复伞房花序**，总花梗和花梗被黄白色绒毛；花直径8~9 mm；萼筒、萼片外面密被绒毛；花瓣白色；雄蕊20枚。果期心皮干燥，革质，长圆柱状，顶端稍具短柔毛，突出于肉质红色杯状萼筒。花期4月至5月，果期8月至11月。

中国特有，生于海拔1 500~2 300 m的山坡开旷地杂木林中或常绿栎林边缘。凉山州的宁南、德昌、会东、普格等县有分布。

### 49.21　柃槁属 *Docynia* Decne.

### 49.21.1　云南柃槁 *Docynia delavayi* (Franch.) Schneid.

常绿乔木。小枝幼时密被黄白色绒毛。叶片披针形或卵状披针形，先端急尖或渐尖，基部宽楔形或近圆形，全缘或稍有浅钝齿；叶革质，有光泽，下面密被黄白色绒毛；叶柄密被绒毛。花3~5朵，丛生于小枝顶端；**花白色，直径2.5~3 cm**；花瓣宽卵形或长圆状倒卵形，长12~15 mm，宽5~8 mm，**基部有3 mm以下的短爪，雄蕊40~45枚**；花柱5条，基部合生并密被绒毛。果实卵形或长圆形，直径2~3 cm，成熟后黄色，萼片宿存。花期3月至4月，果期5月至6月。

中国特有，分布于海拔1 000~3 000 m的山谷中、溪旁、灌丛中或路旁杂木林中。凉山州的西昌、会理、盐源、甘洛、德昌、会东、美姑、布拖、普格等多县市有分布。本种果实味酸，可供柿果催熟剂用；可栽培供观赏。

### 49.21.2 移依 *Docynia indica* (Wall.) Dcne.

半常绿或落叶乔木。幼枝圆柱形，其与叶柄、花萼、花梗、果梗均被柔毛。叶椭圆形或长圆状披针形，边缘具浅钝锯齿或仅顶端具齿或全缘，下面被柔毛或近无毛；叶柄较长。花3~5朵，花梗短或无；苞片早落；萼筒钟状，萼片披针形或三角披针形，较萼筒短；**花直径约2.5 cm**，花瓣白色，长圆形或长圆状倒卵形，**基部具3 mm以下的短爪**；**雄蕊约30枚**；花柱5条，基部合生并被柔毛。果实近球形或椭圆形，黄色，幼果微被毛；萼片宿存；果梗粗短。花期3月至4月，果期8月至9月。

国内产于云南及四川，生于海拔1 700~2 700 m的山坡处、溪旁及丛林中。凉山州各县市有分布。移依是我国特有的药食两用植物之一，因其具有健胃消食和行气散瘀的效果，可供野生果树资源开发利用。

### 49.21.3 长爪移依 *Docynia longisunguis* Q. Luo et J. L. Liu

长爪移依和云南移依相似，但其以花较大，直径3.5~4 cm，花瓣长2~2.5 cm，宽1.2~1.6 cm，**基部具长爪，长5~9 mm**，雄蕊46~53枚；子房5~6（7）室，花柱5~6（7）条；果径3~4.5 cm，而与它相区别。

该种为罗强教授在西昌市西郊乡泸山发现的新种，在林木资源普查过程中会理市也有发现。长爪移依与云南移依一样，同为我国西南地区特有的药食两用野生植物，具有与移依和云南移依同样的功效。该种类零星分布，人为破坏严重，现已处于濒危状态，亟待重点保护。

## 49.22　枇杷属 *Eriobotrya* Lindl.

### 49.22.1　枇杷 *Eriobotrya japonica* (Thunb.) Lindl.

常绿小乔木。小枝与叶下面、叶柄、托叶、总花梗、花梗、苞片、花萼、花瓣和果实密生锈色毛。叶披针形、倒披针形或椭圆状长圆形，上部边缘具疏锯齿，基部全缘，侧脉11~21对。圆锥花序顶生，具多花；花梗短；苞片钻形；萼筒浅杯状，萼片三角状卵形；花瓣白色，长圆形或卵形，基部具爪；雄蕊20枚，较花瓣短，花丝基部扩展；花柱5条，离生，子房顶端被锈色柔毛。果实球形或长圆形，黄色或橘黄色；种子球形或扁球形，褐色，种皮纸质。花期10月至12月，果期5月至6月。

本种为我国常见果树，凉山州各县市有栽培。枇杷为园林观赏树木和果树，果味酸甜，可供生食、蜜饯和酿酒用；叶晒干去毛，可供药用，具有化痰止咳、和胃降气之效。

### 49.22.2　栎叶枇杷 *Eriobotrya prinoides* Rehd. et Wils.

常绿小乔木。小枝幼时有绒毛。叶片革质，长圆形或椭圆形，长7~15 cm，先端急尖，稀圆钝，基部楔形，**边缘上部1/2到2/3疏生波状齿，近基部全缘**；上面光亮，初有柔毛，后近无毛，**下面密生灰色绒毛**；侧脉10~12对，下面隆起，中脉及侧脉近无毛；叶柄有棕灰色绒毛。圆锥花序顶生，长6~10 cm；总花梗和花梗有棕灰色绒毛；花直径1~1.5 cm；萼筒杯状，萼片长圆卵形；花瓣白色，卵形，长4~5 mm。果实卵形至卵球形，直径6~7 mm；种子1粒。花期9月至11月，果期4月至5月。

中国特有，生于海拔800~1 700 m的河旁或湿润的密林中。凉山州的盐源、布拖等县有分布。

## 49.23 苹果属 Malus Mill.

### 49.23.1 花红 Malus asiatica Nakai

别名：林檎

小乔木。叶片卵形或椭圆形，长5~11 cm，先端急尖或渐尖，基部圆形或宽楔形，**边缘有细锐锯齿**；上面幼时有短柔毛，下面密被短柔毛；叶柄具短柔毛。伞房花序，具花4~7朵，集生在小枝顶端；花梗长1.5~2 cm，密被柔毛；花直径3~4 cm；萼筒钟状，外面密被柔毛；萼片三角状披针形，长4~5 mm，先端渐尖，全缘，内外两面密被柔毛；花瓣倒卵形或长圆倒卵形，长8~13 mm，基部有短爪，淡粉色；雄蕊17~20枚，**花柱4（5）条**，基部具长绒毛。**果实卵形或近球形，直径4~5 cm，黄色或红色，**先端渐狭，不隆起，基部陷入，**宿存萼肥厚隆起**。花期4月至5月，果期8月至9月。

本种为常见果树，凉山州各县市有栽培。该种果实不耐储藏运输。本种果实可供鲜食用，并可加工成果干、果丹皮，或酿成果酒。

### 49.23.2 苹果 Malus pumila Mill.

乔木。叶片椭圆形、卵形至宽椭圆形，先端急尖，基部宽楔形或圆形，**边缘具有圆钝锯齿**；幼嫩时两面具短柔毛，长成后上面无毛；叶柄粗壮，被短柔毛。伞房花序，具花3~7朵，集生于小枝顶端；花梗长1~2.5 cm，密被绒毛；花直径3~4 cm；萼筒外面密被绒毛；萼片三角状披针形或三角状卵形，长6~8 mm，先端渐尖，全缘，内外两面均密被绒毛，萼片比萼筒长；花瓣倒卵形，白色，含苞未放时带粉红色；**花柱5条**，下半部密被灰白色绒毛，较雄蕊稍长。**果实扁球形，直径大，**先端常有隆起，萼洼下陷，**萼片永存**，果梗短粗。花期5月，果期7月至10月。

凉山州各县市有栽培。本种为世界著名落叶果树、常见果树，栽培品种众多，经济价值很高。

### 49.23.3　西府海棠 *Malus* × *micromalus* Makino

小乔木。叶片形状较狭长，基部楔形，叶边锯齿稍锐，叶柄细长，果实基部下陷；伞形总状花序，有花4~7朵，集生于小枝顶端；花梗长0.3~3 cm，嫩时被长柔毛，逐渐脱落；花直径约4 cm；萼筒外面密被白色长绒毛；**萼片三角状卵形，先端急尖或渐尖**，全缘，长5~8 mm，内面被白色绒毛，外面较稀疏，萼片与萼筒等长或稍长；**花瓣粉色**，近圆形或长椭圆形，长约1.5 cm，基部有短爪。**果近球形，直径1~2.7 cm，红色**。花期4月至5月，果期8月至10月。

中国特有，凉山州的西昌、盐源、冕宁、越西、会东等多县市有栽培。本种果味酸甜，可供鲜食及加工用；可作嫁接苹果或花红的砧木。

### 49.23.4　垂丝海棠 *Malus halliana* Koehne

乔木。叶片卵形或椭圆形至长椭卵形，先端长渐尖，基部楔形至近圆形，边缘有圆钝细锯齿；中脉有时具短柔毛，其余部分均无毛；叶柄幼时被稀疏柔毛。**伞房花序，具花4~6朵；花梗细弱，下垂**，有稀疏柔毛，紫色；萼筒外面无毛；**萼片三角卵形，先端钝**；花瓣倒卵形，基部有短爪，粉红色，常在5片以上；雄蕊20~25枚，花丝长短不齐；**花柱4或5条**。果实梨形或倒卵形，**萼片脱落**。花期3月至4月，果期9月至10月。

中国特有，生于海拔50~1 200 m的山坡丛林中或山溪边。凉山州的西昌、盐源、雷波、喜德、冕宁、美姑、昭觉等县市有栽培。垂丝海棠花粉红色，下垂，早春期间甚为美丽，可供栽培观赏用。

### 49.23.5　湖北海棠 *Malus hupehensis* (Pamp.) Rehd.

**别名：秋子、茶海棠**

乔木。叶卵形至卵状椭圆形，长5~10 cm，先端渐尖，基部宽楔形，稀近圆形，边缘有细锐锯齿，幼时疏生柔毛，不久脱落，常紫红色；叶柄长1~3 cm。花4~6朵组成伞房花序。花梗长3~6 cm，无毛或稍有长柔毛；苞片膜质，披针形，早落；花径3.5~4 cm；萼筒外面无毛或稍有长柔毛；萼片三角状卵形，先端渐尖或急尖，与萼筒等长或稍短，外面无毛，内面有柔毛；花瓣粉白或近白色，倒卵形，长约1.5 cm；雄蕊20枚；**花柱3（4）条。果椭圆形或近球形，径约1 cm，黄绿色，稍带红晕，萼片脱落。**花期3月至4月，果期7月至8月。

中国特有，生于海拔50~2 900 m的山坡处或山谷丛林中。凉山州的西昌、盐源、雷波、越西、德昌、冕宁、会东、美姑等县市有栽培。本种为园林观赏树种；可作嫁接苹果的砧木，嫁接成活率高；嫩叶晒干后可作茶叶代用品。

### 49.23.6　沧江海棠 *Malus ombrophila* Hand.–Mazz.

乔木。叶片卵形，先端渐尖，基部截形、圆形或带心形，**边缘有锐利重锯齿；下面具白色绒毛，**稀幼嫩时上面沿中脉和侧脉疏生短柔毛。**伞形总状花序，有花4~13朵；**花梗密被柔毛；萼筒钟状，外面密被柔毛；萼片三角形，先端急尖，外面密被柔毛，稍短于萼筒；花瓣卵形，长约8 mm，基部有短爪，白色；雄蕊15~20枚，花丝比花瓣稍短；花柱3~5条，较雄蕊稍长。果实近球形，直径1.5~2 cm，红色，**先端有杯状浅洼，萼片永存；**果梗有长柔毛。花期6月，果期8月。

中国特有，生于海拔2 000~3 500 m的山谷沟边或潮湿密林中。凉山州的西昌、盐源、木里、越西、喜德、金阳、布拖、美姑、普格、昭觉等县市有分布。

### 49.23.7  海棠花 *Malus spectabilis* (Ait.) Borkh.

乔木。叶片椭圆形至长椭圆形，先端短渐尖或圆钝，**基部宽楔形或近圆形，边缘有紧贴细锯齿**，有时部分近于全缘；幼嫩时上下两面具稀疏短柔毛，以后脱落，老叶无毛；叶柄长1.5~2 cm，具短柔毛；托叶膜质，窄披针形，先端渐尖，全缘，内面具长柔毛。花序近伞形，有花4~6朵，花梗长2~3 cm，具柔毛；花直径4~5 cm；萼筒外面无毛或有白色绒毛；萼片三角状卵形，先端急尖；花瓣白色。果实近球形，黄色，**萼片宿存，基部不下陷，梗洼隆起**；果梗细长，先端肥厚。花期4月至5月，果期8月至9月。

中国特有，凉山州的西昌、盐源、雷波、美姑等多县市有栽培。海棠花为著名的观赏树种；果实可入药，亦可加工后食用。

### 49.23.8  丽江山荆子 *Malus rockii* Rehd.

### 49.23.8a  丽江山荆子（原变种）*Malus rockii* Rehd. var. *rockii*

**别名：喜马拉雅山荆子**

乔木。叶片椭圆形、卵状椭圆形或长圆状卵形，长6~12 cm，宽3.5~7 cm，先端渐尖，基部圆形或宽楔形，**边缘有不等的紧贴细锯齿**；上面中脉稍带柔毛，**下面中脉、侧脉和细脉上均被短柔毛**；叶柄长2~4 cm，有长柔毛。近似伞形花序，具花4~8朵；花直径2.5~3 cm；萼筒钟形，密被长毛；萼片三角状披针形，外面有稀疏柔毛或近于无毛，比萼筒稍长或近于等长；花瓣倒卵形，白色；雄蕊25枚，长不及花瓣之半。果实卵形或近球形，直径1~1.5 cm，**红色，萼片脱落很迟，萼洼微隆起**；果梗长2~4 cm，有长柔毛。花期5月至6月，果期9月。

国家二级保护野生植物，国内产于云南、四川和西藏，生于海拔2 400~3 800 m的山谷杂木林中。凉山州的盐源、雷波、木里、喜德、金阳、冕宁、美姑、布拖、昭觉等县有分布。本种可作为嫁接苹果的砧木。

### 49.23.8b 大花丽江山荆子（变种）*Malus rockii* Rehder. var. *grandiflora* Q. Luo et T. C. Pan

大花丽江山荆子为丽江山荆子的变种，**但其花大，直径4~5 cm**，花瓣椭圆形，长（1.7）2~2.9 cm，宽1~1.8 cm，雄蕊（25）30~40枚，花梗长（3.7）4~5.2 cm等特征与后者明显区别。

四川特有，凉山州冕宁县有分布。本种可作嫁接苹果的砧木。

### 49.23.9 滇池海棠 *Malus yunnanensis* (Franch.) Schneid.

乔木。小枝幼时密被绒毛。叶片卵形、宽卵形至长椭卵形，长6~12 cm，宽4~7 cm，先端急尖，基部圆形至心形，**边缘有尖锐重锯齿；通常上半部两侧各有3~5条浅裂**，裂片三角卵形，上面近乎无毛；**下面密被绒毛**；叶柄长2~3.5 cm，具绒毛。伞形总状花序，具花8~12朵，总花梗和花梗均被绒毛；花直径约1.5 cm；萼筒及三角状卵形萼片外面被绒毛。果实球形，直径1~1.5 cm，红色，有白点，萼片宿存；果梗长2~3 cm。花期5月，果期8月至9月。

国内产于云南、四川，生于海拔1 600~3 800 m的山坡杂木林中或山谷沟边。凉山州的西昌、盐源、木里、喜德、美姑、布拖、普格、昭觉等县市有分布。本种可为观赏树种，亦可作苹果的砧木。

### 49.23.10 木里海棠 *Malus muliensis* T. C. Ku

小乔木。**叶片卵状披针形或宽披针形，长4~6 cm，宽1.5~2.3 cm**，先端尾状渐尖，基部宽楔形或近圆形，边缘有浅钝锯齿；上面深绿色，无毛，**下面淡绿色，散生柔毛，沿中脉较密**；叶柄长2~2.5 cm，密被柔毛；托叶披针形，被柔毛。花直径约2.5 cm；花梗长约3 cm，密被柔毛；萼筒钟形，密被长毛；萼片三角披针形，先端急尖或渐尖，全缘，外面密被柔毛，与萼筒近等长；花瓣倒卵形或阔倒卵形，白色，基部有短爪；雄蕊25枚，花丝长短不等，稍短于花瓣。果实紫红色，长圆形，萼片脱落，长6.5~7.5 mm，直径4.5~5 mm；果梗长3~3.5 cm，被疏柔毛或近无毛。

四川特有，凉山州的木里等县有分布。

## 49.24 小石积属 *Osteomeles* Lindl.

### 华西小石积 *Osteomeles schwerinae* C. K. Schneid.

落叶或半常绿灌木。**奇数羽状复叶，小叶7~15对，小叶片对生，椭圆形、椭圆状长圆形或倒卵状长圆形，长5~10 mm**，先端急尖或突尖，基部宽楔形或近圆形，全缘；上下两面疏生柔毛，下面较密；小叶柄极短或近于无柄；叶轴上有窄叶翼。顶生伞房花序，有花3~5朵；花梗短；苞片线状披针形；萼筒钟状；萼片卵状披针形；花白色；雄蕊20枚，较花瓣短；花柱5条，较雄蕊短，基部被长柔毛。**果实卵形或近球形，蓝黑色，具宿存反折萼片**。花期4月至5月，果期7月。

中国特有，生于海拔1 500~2 700 m的山坡灌木丛中或田边路旁向阳干燥地上。凉山州的会理、盐源、雷波、木里、冕宁、金阳、会东等县市有分布。本种可作水土保持树种及园林观赏树种。

## 49.25 石楠属 *Photinia* Lindl.

### 49.25.1 中华石楠厚叶变种 *Photinia beauverdiana* var. *notabilis* (Schneid.) Rehd. & Wils.

落叶灌木或小乔木。叶片厚纸质，长圆状椭圆形，长9~13 cm，宽3.5~6 cm，先端急尖或具细尖，边缘有疏生细锯齿，**上面无毛，叶脉在上面凹陷，侧脉9~12对**；叶柄长5~10 mm，微有柔毛。**复伞房花序，多花**，直径8~10 cm；**总花梗和花梗无毛**，密生疣点，花梗长1~1.8 cm；花直径5~7 mm；萼筒杯状，长1~1.5 mm，外面微有毛；萼片三角状卵形；花瓣白色，卵形或倒卵形，长2 mm。**果实卵形**，长7~8 mm，紫红色，无毛，微有疣点，先端有宿存萼片。花期5月，果期7月至8月。

中国特有，生于海拔600~2 200 m的杂木林中。凉山州的雷波、甘洛、美姑等县有分布。

### 49.25.2　椭圆叶石楠 *Photinia beckii* C. K. Schneid.

**常绿乔木**。小枝幼时有灰色柔毛，老时无毛，灰褐色。**叶片革质，长圆形、椭圆形或长圆状倒卵形**，长5~8 cm，宽2~3.5 cm，先端急尖，有突尖，基部圆形或宽楔形；边缘微外卷，具浅钝锯齿，近基部全缘；上面光亮，**两面皆无毛**，仅中脉初微有柔毛，以后脱落，**侧脉12~14对**，纤细，不明显；**叶柄长8~15 mm，无毛**。**花多数，密集成顶生复伞房花序**，密生黄色绒毛；花梗长1~2 mm；花直径5~7 mm；萼筒杯状，无毛；萼片三角卵形，无毛，边缘具细腺状锯齿；花瓣圆形，直径2 mm；子房顶端有柔毛。果实椭圆形。花期4月，果期10月。

中国特有，生于海拔1 700~2 600 m的灌丛中。凉山州盐源县有发现，四川新记录。

### 49.25.3　贵州石楠 *Photinia bodinieri* Lévl.

别名：椤木石楠

**常绿乔木**。幼枝无毛。**叶片革质，卵形、长圆形或倒卵形**，长4.5~10 cm，宽1.5~4 cm，先端尾尖，基部楔形，**边缘有刺状齿或锯齿**；**两面皆无毛**，或脉上微有柔毛，后脱落；侧脉约10对；**叶柄**

长1~1.5 cm，无毛，上面有纵沟。**复伞房花序顶生，直径约5 cm，总花梗和花梗有柔毛**；花直径约1 cm；萼筒杯状，有柔毛；萼片三角形，长1 mm，先端急尖或钝，外面有柔毛；花瓣白色，近圆形，直径约4 mm；花柱2~3条，合生。花期5月。

中国特有，生于海拔600~2 800 m的灌丛或沟谷密林中。凉山州的西昌、盐源、冕宁、会东、布拖、普格、木里、宁南、德昌、金阳等县市有分布。本种可作绿化观赏树。

### 49.25.4  光叶石楠 *Photinia glabra* (Thunb.) Maxim.

**常绿乔木**。老枝灰黑色，无毛；皮孔棕黑色，近圆形，散生。**叶片革质，椭圆形、长圆形或长圆状倒卵形**，先端渐尖，基部楔形，**边缘疏生浅钝细锯齿，两面无毛，侧脉10~18对；叶柄0.5~2 cm，无毛**。**花多数，成顶生复伞房花序，直径5~10 cm；总花梗和花梗均无毛**；花直径7~8 mm；萼筒杯状，无毛；萼片三角形，先端急尖，外面无毛，内面有柔毛；花瓣白色，内面近基部有白色绒毛；雄蕊20枚，与花瓣近等长或较短；花柱2条，稀为3条，离生或下部合生，柱头头状，子房顶端有柔毛。果实卵形，长约5 mm，红色，无毛。花期4月至5月，果期9月至10月。

国内主产于华中、华南及西南地区，生于海拔500~2 400 m的山坡杂木林中。凉山州的西昌、盐源、木里、德昌、布拖、普格等县市有分布。本种为优良绿化观赏树种。

### 49.25.5  球花石楠 *Photinia glomerata* Rehd. & Wils.

**常绿灌木或小乔木**。幼枝密生黄色绒毛。叶长圆形、披针形、倒披针形或长圆状披针形，长（5）6~18 cm，**边缘具内弯腺锯齿**；上面中脉被绒毛，下面密生黄色绒毛；**侧脉12~20对；叶柄长2~4 cm，**

初密被绒毛。花多数而密集成顶生的**复伞房花序；总花梗数次分枝，与花梗和萼筒外均密生黄色绒毛；花近无梗，芳香；萼筒及萼片外被绒毛**；花瓣白色，近圆形，先端圆钝，内面被疏毛，基部具短爪；雄蕊20枚，与花瓣约等长；子房顶端密生绒毛，花柱2条，合生达中部。果实卵形，长5~7 mm，红色。花期5月，果期9月。

中国特有，生于海拔1 500~2 800 m的杂木林中。凉山州的西昌、会理、盐源、雷波、木里、甘洛、德昌、会东、布拖、普格等县市有分布。球花石楠枝繁叶茂，终年常绿，可作为庭荫观赏树。

### 49.25.6　倒卵叶石楠 *Photinia lasiogyna* (Franch.) C. K. Schneid.

**常绿灌木或小乔木**。小枝幼时疏被柔毛后无毛，具皮孔，有时具有枝刺。**叶倒卵形或倒披针形，长5~10 cm，先端圆钝或有突尖，基部楔形或渐狭，边缘微具锯齿，两面无毛**，侧脉9~11对；叶柄较长。花组成顶生的复伞房花序，**有绒毛**；苞片及小苞片钻形；花梗短；花萼被绒毛，萼筒杯状，萼片阔三角形；花瓣白色，倒卵形，长5~6 mm，基部具短爪；雄蕊20枚，较花瓣短；花柱2~4条，基部合生，子房顶端被毛。果实卵形，红色，具斑点。花期5月至6月，果期9月至11月。

中国特有，生于海拔1 700~2 700 m的丛林中。凉山州各县市有分布。本种植株常绿，可作绿化树种。

### 49.25.7　石楠 *Photinia serratifolia* (Desf.) Kalkman

**常绿灌木或乔木。枝无毛**。叶片长椭圆形、长倒卵形或倒卵状椭圆形，**边缘疏生具腺细锯齿**，近基部全缘，侧脉25~30对；**叶柄长2~4 cm**。复伞房花序顶生，**无毛**；花梗短；多花密生；花萼无毛，萼筒杯状，萼片阔三角形；花瓣白色，近圆形，径3~4 mm；雄蕊20枚，外轮较内轮长；花柱2（3）条，基部合生，柱头头状，子房顶端被柔毛。果实球形，径5~6 mm，先红色后呈褐紫色。花期6月至7月，果10月至11月。

国内甘肃以南多地有产，生于海拔1 000~2 500 m的杂木林中。凉山州各县市有分布。本种为常见园林绿化、栽培树种；木材坚密，可制车轮及器具柄；叶和根供药用为强壮剂、利尿剂，有镇静解热等作用。

## 49.26 火棘属 *Pyracantha* M. Roem.

### 49.26.1 窄叶火棘 *Pyracantha angustifolia* (Franch.) Schneid.

**别名：救兵粮**

常绿灌木或小乔木。多枝刺；小枝密被灰黄色绒毛。**叶片窄长圆形至倒披针状长圆形**，先端圆钝而有短尖或微凹，基部楔形，**全缘**；**上面初被灰色绒毛，下面密生灰白色绒毛**；叶柄极短，密被绒毛。复伞房花序，总花梗、花梗、萼筒和萼片均密被灰白色绒毛；萼筒钟状，萼片三角形；花瓣白色。**果实扁球形，砖红色**，宿存萼片。花期5月至6月，果期10月至12月。

中国特有，生于海拔1 600~2 600 m的阳坡灌丛中或路边。凉山州各县市均有分布。本种为优良的园林绿化观赏植物和绿篱植物；果实、根、叶入药能清热解毒，外敷能治疮疡肿毒。

### 49.26.2 火棘 *Pyracantha fortuneana* (Maxim.) Li

别名：火把果、救兵粮、救军粮

常绿灌木。侧枝短，先端刺状；嫩枝被锈色短柔毛。**叶片倒卵形或倒卵状长圆形**，先端圆钝或微凹，有时具短尖头，基部楔形下延至叶柄，**边缘具钝锯齿，近基部全缘，两面均无毛**；叶柄短。花集成复伞房花序，花梗和总花梗近无毛，花梗长约1 cm；萼筒钟状；萼片三角状卵形；花瓣白色。**果实近球形，橘红色或深红色**。花期3月至5月，果期8月至11月。

中国特有，常生于海拔500~2 800 m的阳坡灌丛中或河沟路旁。凉山州各县市有分布。本种果实磨粉后可作代食品。

### 49.26.3 全缘火棘 *Pyracantha loureiroi* (Kostel.) Merr.

常绿灌木或小乔木。常有枝刺；幼枝被黄褐色或灰色柔毛。**叶椭圆形或长圆形，稀长圆状倒卵形**，长1.5~4 cm，先端微尖或圆钝，有时刺尖，基部楔形或圆形，**全缘或有不明显细齿**，幼时有黄褐色柔毛，老时无毛，**下面微带白霜**；叶柄长2~5 mm，无毛或有时有柔毛。花多数而组成复伞房状花序，花序梗和花梗被黄褐色柔毛；花瓣白色。**梨果扁球形，亮红色**；花期4月至5月，果期9月至11月。

中国特有，生于500~1 700 m的山坡、谷、地、灌丛或疏林中。凉山州的会理、木里、喜德、宁南、金阳、冕宁、会东、布拖、普格、昭觉等县市有分布。全缘火棘用途同火棘。

## 49.27　梨属 *Pyrus* L.

### 49.27.1　川梨 *Pyrus pashia* Buch.–Ham. ex D. Don

灌木或小乔木，**常具刺**。小枝圆柱形，蓝紫色，幼时被绵状毛。叶互生或丛生于短枝；叶卵形或长卵形，先端渐尖或急尖，基部圆形或近心形，**边缘具钝锯齿，幼树上的叶常分裂并具尖锐锯齿**；叶柄长1.5~3 cm。伞形总状花序，有花7~13朵，总花梗和花梗均密生绒毛后渐脱落；花白色或粉红色，花瓣5片；雄蕊25~30枚，稍短于花瓣；花柱3~5条，离生，无毛。**梨果近球形，直径1~1.5 cm，褐色，具斑点**；果梗长2~3 cm。花期4月至6月，果期8月至10月。

国内产于四川、云南、贵州，生于海拔500~3 000 m的干旱山坡处或沟谷丛林中。凉山州各县市广泛分布。本种常用作园林绿化或栽培品种梨的砧木。

### 49.27.2　沙梨 *Pyrus pyrifolia* (Burm. F.) Nakai

乔木。叶片卵状椭圆形或卵形，长7~12 cm，先端长尖，**基部圆形或近心形**，稀宽楔形，**边缘有芒刺锯齿**；微向内合拢；叶柄长3~4.5 cm。伞形总状花序，具花6~9朵；花直径2.5~3.5 cm；萼片三角状卵形，长约5 mm，先端渐尖，边缘有腺齿；外面无毛，内面密被褐色绒毛；花瓣白色，卵形，长15~17 mm。**果实近球形，浅褐色，有浅色斑点**，先端微向下陷，萼片脱落。花期4月，果期8月。

中国特有，适宜生长在温暖而多雨的地区。凉山州各县市有栽培。本种为常见果树，品种众多；为庭园观赏树种。

### 49.27.3　白梨 *Pyrus bretschneideri* Rehd.

乔木。叶片卵形或椭圆状卵形，先端渐尖，稀急尖，**基部宽楔形，边缘有尖锐锯齿，齿尖有芒刺**，微向内合拢，嫩时紫红绿色，两面均有绒毛；叶柄嫩时密被绒毛。伞形总状花序，有花7~10朵，花梗长1.5~3 cm；花直径2~3.5 cm；萼片三角形，先端渐尖，边缘有腺齿，外面无毛，内面密被褐色绒毛；花瓣卵形，先端常呈啮齿状，基部具有短爪；雄蕊20枚。**果实卵形或近球形，先端萼片脱落**，基部常具肥厚果梗，**黄色，有细密斑点**，4~5室。花期4月，果期8月至9月。

中国特有，常分布于海拔1 000~2 000 m较寒冷的向阳山坡处。凉山州的西昌、盐源、雷波、木里、甘洛、德昌、冕宁、会东、美姑等县市有栽培。本种为常见果树，品种众多。

### 49.28　花楸属 *Sorbus* L.

### 49.28.1　美脉花楸 *Sorbus caloneura* (Stapf) Rehd.

乔木或灌木。**单叶**，叶片长椭圆形、长椭圆状卵形至长椭圆状倒卵形，长7~12 cm，宽3~5.5 cm，先端渐尖，基部宽楔形至圆形，**边缘有圆钝锯齿**；上面常无毛，**下面仅叶脉上有稀疏柔毛；侧脉10~18对，直达叶边齿尖**；叶柄长1~2 cm。复伞房花序有多花；花直径6~10 mm；萼筒钟状，外面具稀疏柔毛；萼片三角状卵形，先端急尖，外面被稀疏柔毛；花瓣宽卵形，长3~4 mm，白色。**果实球形**，稀倒卵形，直径约1 cm，**褐色，外被显著斑点**，4~5室，**萼片脱落后残留圆斑**。花期4月，果期8月至10月。

国内产于湖北、湖南、四川等多地，常生于海拔600~2 100 m的杂木林内、河谷地处或山地处。凉山州的雷波、越西、甘洛、美姑、普格等县有分布。

### 49.28.2　长果花楸 *Sorbus zahlbruckneri* Schneid.

乔木或灌木。**单叶**，叶片长椭圆形或长圆状卵形，长9~14 cm，宽5~9 cm，先端急尖，基部圆形或宽楔形；边缘多数具浅裂片，裂片上有尖锐锯齿或重锯齿，有时不具裂片但有重锯齿；幼时上面有短柔毛，老时脱落，下面被白色绒毛，逐渐脱落；侧脉10~14对，直达叶边锯齿；叶柄长2~3 cm，被白色绒毛。复伞房花序具多数花，**总花梗和花梗均被白色绒毛。果实长卵形至长椭圆形，直径约1 cm，长达1.8 cm，有稀疏细小斑点，2室，萼片宿存，外被白色绒毛**。果期7月至8月。

中国特有，生于海拔1 300~2 000 m的山坡、山谷或密林中。凉山州的昭觉等县有分布。

### 49.28.3　毛序花楸 *Sorbus keissleri* (Schneid.) Rehd.

乔木。单叶，**叶片倒卵形或长圆状倒卵形**，长7~11.5 cm，宽3.5~6 cm，先端短渐尖，基部楔形；边缘有圆钝细锯齿，近基部全缘，上下两面均有绒毛，**不久脱落，或仅在下面主脉上残存稀疏绒毛；侧脉8~10对**，在叶边缘分枝成网状；**叶柄长约5 mm**，幼时具灰白色绒毛，以后逐渐脱落。复伞房花序有多数密集花朵，**总花梗和花梗被灰白色绒毛；萼筒钟状，萼片三角状卵形，内外两面无毛**；花瓣白色。果实卵球形或近球形，直径约1 cm，外面有少数不显著的细小斑点，先端萼片脱落后残留圆穴。花期5月，果期8月至9月。

中国特有，生于海拔1 200~2 800 m的山谷、山坡或多石坡地疏密林中。凉山州的雷波、越西、喜德、美姑、普格等县有分布。

### 49.28.4　大果花楸 *Sorbus megalocarpa* Rehd.

灌木或小乔木。**单叶，叶片椭圆状倒卵形或倒卵状长椭圆形**，长10~18 cm，宽5~9 cm，先端渐尖，**基部楔形**，边缘有浅裂片和圆钝细锯齿，**上下两面通常无毛**；侧脉14~20对，直达叶边锯齿尖端，在上面微下陷，在下面突起；**叶柄长0.6~1.3 cm**，无毛。复伞房花序具多花，总花梗和花梗被短柔毛；花梗长5~8 mm；花直径5~8 mm；萼片宽三角形，先端急尖；花瓣宽卵形至近圆形。**果实球形，直径1~2 cm，暗褐色，密被锈色斑点；萼片残存在果实先端，呈短筒状。**花期4月，果期7月至8月。

中国特有，生于海拔1 400~2 100 m的山谷、沟边或岩石坡地。凉山州的雷波、美姑等县有分布。

### 49.28.5　泡花树叶花楸 *Sorbus meliosmifolia* Rehd.

别名：泡吹叶花楸

乔木。**单叶，叶片长椭圆状卵形至长椭圆状倒卵形**，长9~18 cm，宽3~6 cm，先端渐尖或急尖，基部楔形，边缘具重锯齿；**上面无毛，叶脉下陷，下面脉腋间具绒毛**；侧脉16~24对，**直达齿尖，在下面突起**；**叶柄长5~8 mm**，无毛或微有短柔毛。复伞房花序具多花，幼时总花梗和花梗有黄色短柔毛，结果时无毛；花直径达1 cm；萼筒钟状，外面有带黄色短柔毛；萼片三角状卵形，先端急尖，外面有短柔毛，内面有稀疏柔毛；花瓣卵形，长3~4 mm，白色；花柱3（4）条，中部以上合生。**果实近球形或卵形，直径1~1.4 cm，褐色，具多数锈色斑点，先端萼片脱落后留有圆斑。**花期4月至5月，果期8月至9月。

中国特有，生于海拔1 400~2 800 m的山谷丛林中。凉山州的雷波、越西、美姑等县有分布。

**49.28.6　灰叶花楸 *Sorbus pallescens* Rehd.**

乔木。**单叶**，叶片椭圆形、卵形或椭圆状倒卵形，长6~10 cm，宽3~5 cm，先端急尖或短渐尖，**基部楔形至圆形**，边缘有不整齐的重锯齿；**下面被灰白色绒毛，中脉及侧脉上有黄棕色柔毛**；侧脉10~14对，直达叶边齿尖；叶柄长5~12 mm。**复伞房花序具花10~25朵，2.5 cm以下**，总花梗和花梗被黄白色绒毛；花直径达9 mm，萼筒外面密被黄白色绒毛；萼片三角形，外面及内面先端微具绒毛；花瓣倒卵形，白色；花柱2~3条。果实近球形，直径6~8 mm，具红晕，无斑点或具少数斑点，先端**萼片宿存**呈短筒状。花期5月至6月，果期8月。

中国特有，生于海拔2 000~3 100 m的杂木林内或林缘。凉山州的会理、盐源、木里、越西、美姑、布拖、昭觉等县市有分布。

**49.28.7　鼠李叶花楸 *Sorbus rhamnoides* (Dcne.) Rehd.**

乔木。嫩枝具白色绒毛，老时无毛。**单叶互生**，叶卵状椭圆形、长圆状椭圆形，稀长圆状倒卵形，长10~17 cm，**边缘有尖锐单锯齿**；幼时两面具白色绒毛，老时无毛或下面沿叶脉疏生绒毛；侧脉9~17对；叶柄长1~2 cm。花序圆锥状复伞房花序，幼时有白色绒毛。花径约8 mm；萼筒有毛；花瓣白色；花柱2~3条，中部以下合生或离生。**果球形或卵圆形，绿色，不具或具少数细小皮孔，顶端萼片脱落后残留圆穴**，果梗长（3）5~7 mm。花期4月至6月，果期7月至9月。

国内产于云南和贵州，生于海拔1 400~2 800 m潮湿的沟谷杂木林中。凉山州的西昌、盐源等县市有发现。

**49.28.8　江南花楸 *Sorbus hemsleyi* (Schneid.) Rehd.**

乔木或灌木。**单叶**，叶片卵形至长椭圆状卵形，稀长椭圆状倒卵形，长5~11 cm，宽2.5~5.5 cm，先端急尖或短渐尖，基部楔形，稀圆形，边缘有细锯齿并微向下卷；**下面除中脉和侧脉外均有灰白色绒毛；侧脉12~14对，直达叶边齿端**；叶柄通常长1~2 cm。复伞房花序有花20~30朵；花梗长5~12 mm，被白色绒毛；花直径10~12 mm；花萼外被白色绒毛；花瓣宽卵形，长4~5 mm，白色。**果实近球形，直径5~8 mm**，有少数斑点，先端萼片脱落后留有圆斑或短圆筒。花期5月，果期8月至9月。

中国特有，生于海拔900~3 200 m的山坡干燥地疏林内或与常绿阔叶树混交。凉山州的西昌、盐源、雷波、会理、木里、越西、甘洛、冕宁、美姑、普格等县市有分布。

**49.28.9　毛背花楸 *Sorbus aronioides* Rehd.**

灌木或乔木。**单叶**，叶片椭圆形、长圆状椭圆形或椭圆状倒卵形，长6~12 cm，宽2.5~5（6）cm，先端短渐尖，基部楔形；**边缘有尖锐细锯齿，仅近基部全缘；上面深绿色，无毛，下面在突起的中脉上和侧脉基部具稀疏绒毛**，老时逐渐脱落；**侧脉7~10对，在叶边分枝成网状**。复伞房花序多花，总花梗和花梗均光滑无毛；花直径7~8 mm；萼筒两面均无毛；萼片卵状三角形；花瓣白色，卵形；花柱2~3（4）条，在中部以下合生，无毛。**果实卵形**，直径约1 cm，长9~11 mm，红色，**表面近光滑**，2~3室，先端萼片脱落后留有圆环。花期5月至6月，果期8月至10月。

中国特有，生于海拔1 000~3 600 m的山坡林中或湿润杂木林内。凉山州的雷波等县有分布。

### 49.28.10　滇缅花楸 *Sorbus thomsonii* (King) Rehd.

乔木。**单叶，叶片长椭圆形或椭圆状披针形，长4~10 cm，宽2~4 cm**，先端急尖或短渐尖，基部楔形；边缘在中部以上有浅细锯齿，大部分全缘；**上下两面均无毛**；侧脉7~10对，先端稍弯曲并结成网状；叶柄长5~10 mm，无毛。复伞房花序有花10余朵，总花梗和花梗均无毛；花直径1~1.2 cm；萼筒和萼片两面均无毛；萼片三角形；花瓣白色，卵形至倒卵形；花柱2~4条，通常3条，近基部合生，无毛。**果实近球形，直径8~12 mm，有少数斑点，2~4室**，萼片脱落后果实先端留有圆穴。花期4月至5月，果期8月。

国内产于四川、云南，生于海拔1 500~2 800 m峡谷内湿润的杂木林中。凉山州的雷波等县有分布。

### 49.28.11　西南花楸 *Sorbus rehderiana* Koehne

### 49.28.11a　西南花楸（原变种）*Sorbus rehderiana* Koehne var. *rehderiana*

灌木或小乔木。小枝粗壮无毛。**奇数羽状复叶具小叶片7~9（10）对，间隔1~1.5 cm。**基部的小叶片稍小，长圆形至长圆状披针形，长2.5~5 cm，先端通常急尖或圆钝，基部偏斜圆形或宽楔形，**边缘在近基部1/3以上有细锐锯齿，齿尖内弯，每侧锯齿10~20个**；幼时上下两面均被稀疏柔毛，成长时脱落或仅下面沿中脉残留少许柔毛；叶轴无毛或有少数柔毛，上面具浅沟。**复伞房花序具密集的花朵，总花梗和花梗上均有稀疏锈褐色柔毛**，成长时逐渐脱落；花梗极短，长约1~2 mm；花瓣白色，无毛。果实卵形，直径6~8 mm，**粉红色至深红色，具宿存闭合萼片**。花期6月，果期9月。

国内产于四川、云南、西藏，普遍生于海拔2 600~4 300 m的山地丛林中。凉山州的雷波、木里、越西、德昌、金阳、冕宁、美姑、布拖等县有分布。

**49.28.11b　西南花楸锈毛（变种）*Sorbus rehderiana* Koehne var. *cupreonitens* Hand. –Mazz.**

本变种在冬芽、叶轴、小叶片下面中脉和花序上均密被锈褐色柔毛。

中国特有，生于海拔3 000~4 100 m的丛林内或林缘。凉山州越西县有分布。

**49.28.12　黄山花楸 *Sorbus amabilis* Cheng ex Yü**

乔木。嫩枝褐色，具褐色柔毛，逐渐脱落。**奇数羽状复叶，小叶片5~6对，**间隔1~1.8 cm。基部小叶片长圆形或长圆状披针形，长4~6.5 cm，宽1.5~2 cm，先端渐尖，基部圆形，**但两侧不等，一侧甚偏斜；小叶片边缘基部或1/3以上部分有粗锐锯齿；小叶片上面暗绿色，无毛，下面沿中脉有褐色柔毛。**复伞房花序顶生，**总花梗和花梗密被褐色柔毛，**逐渐脱落至果期近于无毛；花梗长1~3 mm；花直径7~8 mm；萼筒钟状，外面近无毛，内面仅在花柱着生处丛生柔毛；萼片三角形；花瓣白色，内面微有柔毛或无毛。**果实球形，直径6~7 mm，红色，具宿存闭合萼片。**花期5月，果期9月至10月。

中国特有，生于海拔900~2 900 m的林中。凉山州的西昌市和盐源县有发现，四川新记录。

**49.28.13　球穗花楸 *Sorbus glomerulata* Koehne**

别名：球花花楸

灌木或小乔木。小枝较细瘦，有皮孔，无毛。**奇数羽状复叶，**连叶柄长10~17 cm，叶柄长

1.5~2.5 cm；**小叶片10~14（18）对**，长圆形或卵状长圆形，长1.5~2.5 cm，宽0.5~0.8 cm，先端急尖或稍钝，基部偏斜圆形，**边缘自中部以上或仅先端每侧有5~8个细锐锯齿**；上面无毛，下面中脉基部具柔毛或近无毛。复伞房花序具多数密集花朵；**花序、花梗无毛**；萼筒钟状，内外两面无毛；萼片三角卵形，先端圆钝，外面无毛，内面近先端微具柔毛；花瓣卵形，先端圆钝，白色或具红晕，无毛。**果实卵球形，直径6~8 mm，白色，先端具宿存闭合萼片**。花期5月至6月，果期9月至10月。

中国特有，生于海拔1 900~2 700 m的杂木林中。凉山州的西昌、盐源、雷波、木里、美姑、布拖等县市有分布。

### 49.28.14　陕甘花楸 *Sorbus koehneana* Schneid.

灌木或小乔木。**奇数羽状复叶**，连叶柄长10~16 cm，叶柄长1~2 cm；**小叶片8~12对**，间隔7~12 mm，长圆形至长圆状披针形，长1.5~3 cm，宽0.5~1 cm，先端圆钝或急尖，基部偏斜圆形；**边缘每侧有尖锐锯齿10~14个，全部有锯齿或仅基部全缘**；上面无毛，下面灰绿色，仅在中脉上有稀疏柔毛或近无毛；**叶轴两面微具窄翅，有极稀疏柔毛或近无毛，上面有浅沟**。复伞房花序多生在侧生短枝上，具多数花朵，总花梗和花梗有稀疏白色柔毛；**花瓣白色；花柱5条**。**果实球形，直径6~8 mm，白色，先端具宿存闭合萼片**。花期6月，果期9月。

中国特有，常生于海拔2 300~4 000 m的山区杂木林内。凉山州的会理、盐源、雷波、木里、甘洛、金阳、美姑、布拖、普格等县市有分布。

### 49.28.15　多对花楸 *Sorbus multijuga* Koehne

灌木或小乔木。小枝细弱，微具柔毛。奇数羽状复叶，连叶柄长8~13 cm；**小叶片通常（14）17~21对，间隔5~8 mm，长圆形或长圆状披针形，长1~2.5 cm，宽4~7 mm**，先端急尖或稍钝，基部偏斜圆形，边缘每侧有6~16个细锯齿，基部全缘；上面无毛，下面仅在中脉上具稀疏柔毛；叶轴两侧有窄翅，上面具沟，下面有稀疏柔毛，逐渐脱落。复伞房花序多数着生在侧生短小枝上，具花10~30朵，总花梗和花梗上有稀疏柔毛，逐渐脱落近于无毛；花直径5~6 mm。果实球形，直径6~7 mm，白色，先端具直立宿存萼片。花期5月，果期9月。

中国特有，生于海拔2 300~3 000 m的丛林内或岩石山坡上。凉山州的越西等县有分布。

### 49.28.16　少齿花楸 *Sorbus oligodonta* (Cardot) Hand.–Mazz.

乔木。小枝圆柱形，红褐色，具稀疏皮孔。奇数羽状复叶；叶柄长2.5~3.5 cm；**小叶片5~8对**，基部小叶片较小，椭圆形或长圆状椭圆形，先端圆钝或具短尖头，基部宽楔形至圆形，**边缘两侧仅先端1/3各具锯齿2~10个**；侧脉7~14对。复伞房花序具多数密集在花轴顶端的花朵；总花梗和花梗无毛或被极疏柔毛；花梗极短；花径6~7 mm；萼筒钟状；萼片宽卵形；花瓣黄白色。**果实卵形，直径6~8 mm，熟后白色并具红晕**，具宿存闭合萼片。花期5月，果期9月。

中国特有，生于海拔2 000~3 600 m的山坡或沟边杂木林内。凉山州的西昌、会理、盐源、木里、喜德、会东、美姑、布拖、普格、昭觉等县市有分布。

### 49.28.17　铺地花楸 *Sorbus reducta* **Diels**

**矮小灌木，高15~60 cm。奇数羽状复叶**，连叶柄长6~8 cm，叶柄长1~2 cm；**小叶片4~6对，长圆状椭圆形或长圆形，长10~20 mm，宽6~10 mm**，先端圆钝或急尖，基部偏斜圆形；边缘有细锐锯齿，仅基部全缘；上面被稀疏长柔毛，老时减少；叶轴微具窄翅，上面具浅沟及稀疏柔毛。**花序伞房状或复伞房状，有少数花朵**，总花梗和花梗具白色和少数锈褐色柔毛；**花梗短，长1~2 mm**；花直径6~7 mm；花瓣白色。果实球形，直径6~8 mm，白色，先端具宿存闭合萼片。花期5月至6月，果期9月至10月。

中国特有。常生于海拔3 000~4 000 m的多石谷地矮生灌木丛中。凉山州的盐源、木里等县有分布。

### 49.28.18　红毛花楸 *Sorbus rufopilosa* **Schneid.**

灌木或小乔木。**小枝幼时与叶轴、总花梗、花梗被锈红色柔毛。奇数羽状复叶；小叶片8~14对**，椭圆形或卵状椭圆形，长1~2 cm；边缘每侧具内弯细锐锯齿6~10个，近基部或中部以下全缘；**下面沿中脉密被锈红色柔毛**；叶轴两侧具窄翅。花序伞房状或复伞房状，具花3~8朵或更多；萼筒钟状；萼片三角形；**花瓣粉红色。果实卵球形，红色**，先端具直立宿存萼片。花期6月，果期9月。

国内产于四川、贵州、云南、西藏等地，生于海拔2 700~4 000 m的山地杂木林内或高山杜鹃林中。凉山州的西昌、会理、盐源、雷波、木里、越西、会东、美姑、布拖、普格、昭觉等县市有分布。

### 49.28.19　梯叶花楸 *Sorbus scalaris* Koehne

别名：瓦山花楸

灌木或小乔木。嫩枝被灰色或褐色柔毛。奇数羽状复叶；**小叶片（8）10~14对，长圆形或近宽线形，长2~3（4）cm，宽6~14 mm**，先端圆钝或急尖，基部圆形或偏斜圆形；**边缘近先端每侧有2~8个细锐锯齿，其余部分全缘**；上面常无毛，下面有灰白色绒毛和乳头状突起；叶轴下面有灰白色绒毛。伞房花序具多数密集花朵；总花梗和花梗均被灰白色绒毛，逐渐脱落至果实成熟时近于无毛；花瓣白色，无毛。果实卵球形，直径5~6 mm，红色，具有宿存闭合萼片。花期5月，果期8月至9月。

中国特有，生于海拔1 600~2 600 m的杂木林中。凉山州的雷波、木里等县有分布。

### 49.28.20　四川花楸 *Sorbus setschwanensis* (Schneid.) Koehne

灌木。奇数羽状复叶；**小叶片12~17对，窄长圆形**，先端圆钝或急尖，基部多数偏斜圆形；边缘每侧有圆钝细锯齿2~11个，基部全缘；**两面均无毛；叶轴具窄翅，无毛**。复伞房花序着生在侧生短枝顶端，具花10~25朵或稍多；**总花梗和花梗均无毛**；花直径7~8 mm；萼筒钟状，内外两面均无毛；花瓣白色，内面微具柔毛或无毛。**果实球形，直径5~8 mm，白色或稍带红色**，先端具直立闭合宿存萼片。花期6月，果期9月。

中国特有，生于海拔2 300~3 000 m的岩石坡地或杂木林内。凉山州的西昌、盐源、木里、越西、甘洛、美姑、布拖、普格等县市有分布。

**49.28.21　川滇花楸 Sorbus vilmorinii C. K. Schneid.**

灌木或小乔木。**小枝细弱**。奇数羽状复叶；**小叶片9~13对**，长圆形或长椭圆形，长1.5~2.5 cm，宽5~9 mm，先端急尖，基部宽楔形或圆形；边缘每侧有4~8个细锐锯齿或仅在先端有少数细锯齿，中部以下或近基部全缘；上面无毛，下面灰绿色，在中脉上有锈褐色短柔毛。复伞房花序较小，总花梗和花梗均密被锈褐色短柔毛；萼筒钟状，外被锈褐色短柔毛；萼片内外两面均微被锈褐色短柔毛；花瓣卵形或近圆形，白色。**果实球形，淡红色**，先端萼片宿存闭合。花期6月至7月，果期9月。

中国特有，生于海拔2 800~4 400 m山地丛林、草坡或林缘。凉山州盐源、雷波、木里、甘洛、金阳等县有分布。

**49.28.22　华西花楸 Sorbus wilsoniana Schneid.**

乔木。奇数羽状复叶；叶柄长5~6 cm；**小叶片6~7对**，中部小叶片较大，长圆椭圆形或长圆披针形，长5~8.5 cm，**边缘具8~20个细锯齿**，基部近全缘；侧脉17~20对；叶轴具浅沟，小叶片着生处被短柔毛；托叶半圆形，具锐锯齿。复伞房花序具多数密集花朵，总花梗和花梗被短柔毛；花梗短；花直径6~7 mm；萼筒钟状，萼片三角形；花瓣白色。**果实卵形，橘红色，具宿存闭合萼片**。花期5月，果期9月。

中国特有，生于海拔1 300~3 000 m的山地杂木林中。凉山州的西昌、会理、盐源、木里、美姑、普格等县市有分布。

**49.28.23 麻叶花楸** *Sorbus esserteauiana* Koehne

别名：川西花楸

灌木或乔木。**嫩枝密被灰白色绒毛**，逐渐脱落。奇数羽状复叶；连叶柄长15~26 cm，叶柄长4~5 cm；**小叶片5~6对**，长圆形、长圆状椭圆形或长圆状披针形，长5~9 cm，宽2~3 cm，先端渐尖，基部圆形至偏心形；边缘有尖锐锯齿或细锯齿；**下面密被永不脱落的灰色绒毛；脉12~16对，到叶边弯曲，在叶片上面深陷，在下面显著突起**；叶轴有灰白色绒毛，逐渐脱落。复伞房花序有多数密集花朵，总花梗和花梗初时密被灰白色绒毛，以后逐渐脱落；花梗长1~3 mm；花萼外面有较稀绒毛；花瓣白色。果实球形，直径5~7 mm，红色，先端有宿存闭合萼片。花期5月至6月，果期8月至9月。

四川特有，生于海拔1 700~3 000 m的山地丛林中。凉山州的美姑等县有分布。

**49.29　红果树属** *Stranvaesia* Lindl.

**红果树** *Stranvaesia davidiana* Dcne.

灌木或小乔木。幼枝密被长柔毛。**叶长圆形、长圆状披针形或倒披针形**，长5~12 cm，先端急尖或突尖，基部楔形至宽楔形，全缘，侧脉8~16对；叶柄较长；托叶钻形。**复伞房花序密具多花**；总花梗和花梗被柔毛，花梗短；苞片与小苞片卵状披针形；花萼外被疏柔毛；萼片三角状卵形，长不及萼筒之半；花瓣近圆形，径约4 mm，白色，基部具短爪；雄蕊20枚，花药紫红色；花柱5条，大部分连合，柱头头状，较雄蕊短；子房顶端被绒毛。**果实近球形，橘红色**，径7~8 mm；萼片宿存。花期5月至6月，果期9月至10月。

国内产于云南、广西、贵州、四川、江西、陕西、甘肃等地，生于海拔1 000~3 000 m的山坡或沟谷灌丛中。凉山州各县市有分布。本科为观叶赏果树种，适宜于庭园、园林或坡地等处种植。

# 50　蜡梅科 Calycanthaceae

蜡梅属 *Chimonanthus* Lindl.

**蜡梅 *Chimonanthus praecox* (L.) Link**

落叶灌木。幼枝四方形，老枝有皮孔。叶纸质至近革质，卵圆形、椭圆形、宽椭圆形至卵状椭圆形，有时长圆状披针形，长5~25 cm，顶端急尖至渐尖，有时具尾尖，基部急尖至圆形，除叶背脉上疏被微毛外无毛。花着生于次年生枝条叶腋内，**先花后叶**，直径2~4 cm；花被片圆形、长圆形、倒卵形、椭圆形或匙形，长5~20 mm，基部有爪。**果托近木质化，坛状或倒卵状椭圆形，长2~5 cm，口部收缩**。花期11月至次年3月，果期4月至11月。

中国特有，生于山地林中。凉山州各县市多有栽培。本种为著名观赏植物；根、叶及花均可药用。

# 51　含羞草科 Mimosaceae

51.1　合欢属 *Albizia* Durazz.

**51.1.1　合欢 *Albizia julibrissin* Durazz.**

落叶乔木。嫩枝、花序和叶轴被绒毛或短柔毛。二回羽状复叶，**羽片4~12（20）对**；小叶10~30对，线形至长圆形，**长6~12 mm，宽1~4 mm**，向上偏斜，先端有小尖头，**中脉紧靠上边缘**；有缘毛，有时在下面或仅中脉上有短柔毛。头状花序在枝顶排成圆锥花序；**花粉红色**；花萼管状；花冠长约8 mm，裂片三角形；雄蕊多数，基部合生，花丝细长。荚果带状，扁平，长9~15 cm，嫩荚被柔毛。花期6月至7月，果期8月至10月。

国内产于东北至华南及西南各地，多生于海拔2 000 m以下的山坡。凉山州各县市多有分布。本种为园林绿化和观赏树种；木材耐用。

### 51.1.2 毛叶合欢 *Albizia mollis* (Wall.) Boivin

乔木。小枝具棱角，被柔毛。二回羽状复叶，**羽片3~7对；小叶8~15对**，镰状长圆形，**两面均密被长绒毛**或老时叶面变无毛；**中脉偏于上边缘**。头状花序排成腋生圆锥花序；**花白色**，小花梗极短；花萼钟状，与花冠同被绒毛；花冠长约7 mm，裂片三角形；花丝长2.5 cm。荚果带状，长10~16 cm，扁平。花期5月至6月，果期8月至12月。

国内产于西藏、云南、贵州及四川，生于海拔1 800~2 500 m的山坡林中。凉山州各县市多有分布。本种木材可制家具、模型、农具等；植株可作园林绿化观赏树种及造林树种；树皮入药，能舒筋活络。

### 51.1.3 山槐 *Albizia kalkora* (Roxb.) Prain

别名：山合欢、滇合欢、马缨花

落叶小乔木或灌木。枝条被短柔毛，有显著皮孔。二回羽状复叶，**羽片2~4对；小叶5~14对**，长圆形或长圆状卵形，**长1.8~4.5 cm，宽7~20 mm**，先端圆钝而有细尖头，基部不等侧，两面均被短柔毛，**中脉稍偏于上侧**。**头状花序2~7枚生于叶腋**，或于枝顶排成圆锥花序；**花初白色，后变黄**，具明显的小花梗；花萼管状；花冠长6~8 mm，中部以下连合成管状；裂片披针形，花萼、花冠均密被长柔毛；雄蕊基部连合成管状。荚果带状，长7~17 cm，宽1.5~3 cm，深棕色，嫩荚密被短柔毛。花期5月至6月，果期8月至10月。

国内产于华北、西北、华东、华南至西南各地，生于山坡灌丛或疏林中。凉山州的西昌、会理、雷波、木里、甘洛、喜德、宁南、德昌、金阳、冕宁、美姑、布拖、普格等县市有分布或栽培。本种生长快，能耐干旱及瘠薄地，可作生态防护树种及风景树；木材耐水湿。

### 51.1.4　香合欢 *Albizia odoratissima* (Linn. f.) Benth.

常绿大乔木，高达15 m。小枝初被柔毛后无毛。二回羽状复叶，羽片2~6对；**小叶6~14对，长圆形，长2~3 cm**，先端钝，基部斜截形，**中脉偏于上缘**，无柄。头状花序排成顶生、疏散的圆锥花序；**花无梗**，淡黄色，有香味；花萼极小，杯状，与花冠同被锈色短柔毛；花冠长约5 mm，裂片披针形；子房被锈色绒毛。荚果长圆形，长10~18 cm，扁平，嫩荚密被极短的柔毛，成熟时变稀疏；种子6~12粒。花期4月至7月，果期6月至10月。

中国特有，常生于海拔1 900 m以下的山坡林地中或路边。凉山州的会理、盐源、雷波、宁南、德昌、布拖等县市有分布。本种木材优质，可制造车轮和家具等。

### 51.2　金合欢属 *Acacia* Miller

### 金合欢 *Acacia farnesiana* (Linn.) Willd

灌木或小乔木。**托叶针刺状**，刺长1~2 cm。**二回羽状复叶长2~7 cm**，叶轴槽状，被灰白色柔毛，有腺体；**羽片4~8对；小叶通常10~20对**，线状长圆形，长2~6 mm，无毛。**头状花序**1个或2~3个簇生于叶腋；**花黄色**，有香味；花瓣连合成管状，具5个齿裂；雄蕊的长约为花冠的2倍。**荚果膨胀，近圆柱状**，褐色，无毛，劲直或弯曲；种子多粒，褐色，卵形。花期3月至6月，果期7月至11月。

原产热带美洲。凉山州的西昌、会理、盐源、甘洛、宁南、金阳、会东、布拖等县市有栽培。本种多枝、多刺，可植作绿篱；木材坚硬，可制贵重器材；根及荚果入药，有收敛、清热的功效。

### 51.3　相思树属 *Acacia* Mill.

### 51.3.1　大叶相思 *Acacia auriculiformis* A. Cunn. ex Benth.

常绿乔木。**叶片退化，叶状柄镰状长圆形，长10~20 cm，宽1.5~4（6）cm**，两端渐狭，比较显著的主脉有3~7条。**穗状花序**长3.5~8 cm，1至数枝簇生于叶腋或枝顶；**花橙黄色**；花萼长0.5~1 mm，顶端浅齿裂；花瓣长圆形，长1.5~2 mm；花丝长2.5~4 mm。荚果成熟时旋卷，长5~8 cm，宽8~12 mm，果瓣木质。

原产澳大利亚北部及新西兰。凉山州西昌市有引种栽培。本种生长迅速，可作材用或造林绿化树种。

### 51.3.2　台湾相思 *Acacia confusa* Merr.

常绿乔木。**叶片退化，叶状柄革质，披针形，长6~10 cm**，直或微呈弯镰状，两端渐狭，先端略钝，两面无毛，有明显的3~5（8）条纵脉。**头状花序球形**，单生或2~3个簇生于叶腋；总花梗纤弱；**花金黄色**，有微香；花萼的长约为花冠之半；花瓣淡绿色。荚果扁平，于种子间微缢缩，顶端钝而有凸头，基部楔形。花期3月至10月，果期8月至12月。

国内产于台湾、福建、广东、广西、云南等地，凉山州的西昌、会理、喜德、宁南、德昌等县市有引种栽培。本种生长迅速，耐干旱，为华南地区荒山造林、生态防护的重要树种；材质坚硬，可制车轮、桨橹及农具等。

### 51.3.3　银荆 *Acacia dealbata* Link

无刺灌木或小乔木。嫩枝及叶轴被灰色短绒毛，被白霜。**二回羽状复叶，银灰色至淡绿色**，有时在叶尚未展开时，稍呈金黄色；腺体位于叶轴上着生羽片的地方；**羽片10~20（25）对；小叶26~46对**，密集，间距不超过小叶本身的宽度，线形，下面或两面被灰白色短柔毛。头状花序直径6~7 mm，复排成腋生的总状花序或顶生的圆锥花序，总花梗长约3 mm；**花淡黄色或橙黄色。荚果长圆形，红棕色或黑色**，长3~8 cm，宽7~12 mm，扁压，无毛，通常被白霜。花期4月，果期7月至8月。

原产澳大利亚，国内云南、广西、福建、四川等地有引种。凉山州的西昌、会理、盐源、木里、甘洛、冕宁、宁南、会东、普格等县市有栽培。本种开花极繁盛，可作蜜源和观赏树种。

### 51.3.4　黑荆 *Acacia mearnsii* De Wilde

乔木。小枝有棱，被灰白色短绒毛。**二回羽状复叶**，嫩叶被金黄色短绒毛，成长叶被灰色短柔毛；**羽片8~20对，小叶30~40对**，排列紧密，线形，有时两面均被短柔毛。头状花序圆球形，在叶腋排成总状花序或在枝顶排成圆锥花序；总花梗长7~10 mm；花序轴被黄色、稠密的短绒毛。**花淡黄色或白色。荚果长圆形，老时黑色**，扁压，于种子间略收窄，被短柔毛。花期6月，果期8月。

原产澳大利亚，凉山州的西昌、会理、宁南、越西、喜德、德昌、会东等县市有引种栽培。本种木材坚韧，可作农具、家具、建筑等用材；亦为蜜源和绿化树种。

### 51.4　朱缨花属 *Calliandra* Benth. nom. cons.

#### 朱缨花 *Calliandra haematocephala* Hassk.

落叶灌木或小乔木。二回羽状复叶，羽片1对；小叶7~9对，斜披针形，中上部的小叶较大，下部的较小，先端钝而具小尖头，基部偏斜，边缘被疏柔毛。头状花序腋生，有花25~40朵；花萼钟状，绿色；**花冠管淡紫红色**，顶端具5片裂片，裂片反折；**雄蕊突露于花冠之外，非常显著**；雄蕊管长约6 mm，白色，管口内有钻状附属体，**上部离生的花丝深红色**。荚果线状倒披针形，暗棕色，成熟时从顶部至基部沿缝线开裂，果瓣外反。花期8月至9月，果期10月至11月。

原产南美洲，凉山州的西昌、德昌等县市有引种栽培。本种为优良的园林绿化和观赏树种。

### 51.5　银合欢属 *Leucaena* Benth.

#### 银合欢 *Leucaena leucocephala* (Lam.) de Wit

别名：新银合欢

灌木或乔木。二回羽状复叶，羽片4~8对，长5~9（16）cm，叶轴被柔毛，在最下面一对羽片着生处有黑色腺体1枚；小叶5~15对，线状长圆形，先端急尖，基部楔形，边缘被短柔毛，中脉偏向小叶上缘，两侧不等宽。**头状花序通常1~2个腋生**，直径2~3 cm；总花梗长2~4 cm；**花白色**，花瓣狭倒披针形，背被疏柔毛；雄蕊10枚。**荚果带状，具种子6~25粒**。花期4月至7月，果期8月至10月。

原产南美洲，生于低海拔的荒地或疏林中。凉山州各县市多有引种栽培。本种耐旱力强，为攀西地区干热河谷理想的造林树种；木质坚硬，为良好的薪炭材。

### 51.6 含羞草属 *Mimosa* L.

#### 光荚含羞草 *Mimosa bimucronata* (Candolle) O. Kuntze

落叶灌木。小枝无刺或有刺，密被黄色绒毛。**二回羽状复叶，羽片6~7对，长2~6 cm；叶轴无刺，被短柔毛；小叶12~16对，线形，长5~7 mm，宽1~1.5 mm，革质**，先端具小尖头，中脉略偏上缘。**头状花序球形；花白色**；花瓣长圆形，雄蕊8枚。荚果带状，劲直，长3.5~4.5 cm，褐色，通常有5~7个荚节，成熟时荚节脱落而残留荚缘。

原产热带美洲，国内多地有栽培或逸为野生。凉山州的德昌等县有发现。

# 52 苏木科 Caesalpiniaceae

## 52.1 苏木属 *Caesalpinia* L.

### 52.1.1 云实 *Caesalpinia decapetala* (Roth) O. Alst.

多刺藤本。枝、叶轴和花序均被柔毛和钩刺。**二回羽状复叶长20~30 cm；羽片3~10对，对生，具柄，基部有刺1对；小叶8~12对，膜质，长圆形，长10~25 mm，宽6~12 mm**，两端近圆钝，两面均被短柔毛。**总状花序顶生，直立**，长15~30 cm，具多花；总花梗多刺；花梗长3~4 cm，花萼下具关节，故花易脱落；萼片5片，长圆形，被短柔毛；**花瓣黄色**，膜质，圆形或倒卵形，长10~12 mm，盛开时反卷，基部具短柄。**荚果脆革质，长圆状舌形**，种子6~9粒。花果期4月至10月。

国内产于甘肃及其以南地区，生于山坡灌丛中及平原、丘陵、河旁等地。凉山州的西昌、会理、雷波、越西、甘洛、喜德、冕宁、会东、布拖、普格等县市有分布。本种根、茎及果药用，有发表散寒、活血通经、解毒杀虫之效；栽培可作绿篱。

### 52.1.2 华南云实 *Caesalpinia crista* L.

别名：南天藤

木质藤本。枝有少数倒钩刺。二回羽状复叶，长20~30 cm；叶轴上有黑色倒钩刺；**羽片2~3（4）对，对生；小叶4~6对，对生，具短柄，革质，卵形或椭圆形，长3~6 cm，宽1.5~3 cm**，先端圆钝，有时微缺，很少急尖，基部阔楔形或钝；两面无毛，上面有光泽。**总状花序复排列成顶生、疏松的大型圆锥花序**；花梗纤细，长5~15 mm；萼片5片，披针形；花瓣5片，不相等，其中4片黄色，上面1片具红色斑纹。**荚果斜阔卵形，革质**；种子1粒。花期4月至7月，果期7月至12月。

国内产于云南、贵州、四川、台湾等多地，生于海拔400~1 500 m的山地林中。凉山州的雷波等县有分布。

## 52.2. 羊蹄甲属 *Bauhinia* Linn.

### 52.2.1 红花羊蹄甲 *Bauhinia blakeana* Dunn

常绿乔木。分枝多，小枝细长，被毛。叶近圆形或阔心形，基部心形或近截平，先端2裂，裂片顶钝或狭圆，下面与叶柄被短柔毛；基出脉11~13条；叶柄长。**总状花序顶生或腋生**，有时复合成圆锥花序，被短柔毛；苞片和小苞片三角形；花大型；花萼佛焰状，有淡红色和绿色线条；**花瓣红紫色，具短柄，倒披针形，长5~8 cm**，近轴的1片中间至基部呈深紫红色；**能育雄蕊5枚**，其中3枚较长。通常不结果，花期全年，3月至4月为盛花期。

国内产于华南地区，凉山州的西昌、会理、甘洛、喜德、宁南、德昌、会东等县市有栽培。本种为优良的园林绿化、美化和观赏树种。

### 52.2.2 羊蹄甲 *Bauhinia purpurea* L.

乔木或直立灌木。叶近圆形，长10~15 cm，基部浅心形，先端分裂达叶长的1/3到1/2，裂片先端圆钝或近急尖；**基出脉9~11条**。总状花序侧生或顶生，有时2~4个生于枝顶而组成复总状花序；**花瓣桃红色，倒披针形，长4~5 cm；能育雄蕊3枚**，花丝与花瓣等长。荚果带状，扁平，长12~25 cm，宽2~2.5 cm，略呈弯镰状，成熟时开裂，木质的果瓣扭曲将种子弹出。花期9月至11月，果期2月至3月。

产于我国南部。凉山州的西昌、德昌、布拖等县市有栽培。本种可作庭园观赏树及行道树；树皮、花和根可供药用。

### 52.2.3　宫粉羊蹄甲 *Bauhinia variegata* L.

#### 52.2.3a　宫粉羊蹄甲（原变种）*Bauhinia variegata* L. var. *variegata*

**别名：洋紫荆**

落叶乔木。叶广卵形至近圆形，宽度常超过长度，长5~9 cm，宽7~11 cm，基部浅至深心形，有时近截形；先端2裂达叶长的1/3；基出脉9~13条。**总状花序侧生或顶生，极短缩，多少呈伞房式花序，少花。**花大，近无梗；**花瓣倒卵形或倒披针形，长4~5 cm，具瓣柄**，紫红色或淡红色，杂以黄绿色及暗紫色的斑纹，近轴一片较阔，**能育雄蕊5枚**。荚果带状，扁平，长15~25 cm，宽1.5~2 cm，具长梗及喙。花期全年，3月最盛。

产于我国南部，凉山州西昌市有将其作行道树栽培。本种为优良观赏及蜜源植物；木材坚硬，可制农具。

#### 52.2.3b　白花洋紫荆（变种）*Bauhinia variegata* var. *candida* (Roxb.) Voigt

与原变种洋紫荆的区别：花瓣白色，近轴的一片或有时全部花瓣均杂以淡黄色的斑块；花无退化雄蕊；叶下面通常被短柔毛。

云南常见有野生的，凉山州西昌市将其作为行道树栽培。本种可观赏；花可食。

### 52.2.4 鞍叶羊蹄甲 *Bauhinia brachycarpa* Wall. ex Benth.

直立或攀缘小灌木。叶纸质或膜质，近圆形，通常宽度大于长度，长3~6 cm，宽4~7 cm，基部近截形、阔圆形或有时浅心形；先端2裂达中部，裂片先端圆钝；基出脉7~9（11）条。**伞房式总状花序侧生**，花可有十余朵，**花较小；花瓣白色，倒披针形，连瓣柄长7~8 mm**；总花梗短，与花梗同被短柔毛；**能育雄蕊通常10枚**，其中5枚较长。**荚果长圆形，扁平，两端渐狭，先端具短喙**；成熟时开裂，果瓣革质，初时被短柔毛，渐变无毛，平滑。花期5月至7月，果期8月至10月。

国内产于四川、云南、甘肃、湖北等地，生于海拔800~2 200 m的山地草坡和河溪旁灌丛中。凉山州各县市均有分布。

### 52.3 火索藤属 *Phanera* Lour.

**云南火索藤 *Phanera yunnanensis* (Franch.) Wunderlin**

**藤本。枝具成对卷须。叶宽椭圆形，全裂至基部**，弯缺处有一侧刚毛状尖头，基部深心形或浅心形，裂片斜卵形，两端圆钝，上面灰绿色，下面粉绿色。**总状花序顶生或与叶对生，有10~20朵花**；花径2.5~3.5 cm；**花瓣淡红色，匙形，长约1.7 cm，顶部两面有黄色柔毛**，上面3片各有3条玫瑰红色纵纹，下面2片中心各有1条纵纹；**能育雄蕊3枚**，不育雄蕊7枚。荚果带状，扁平，长8~15 cm，宽1.5~2 cm，顶端具短喙，开裂后荚瓣扭曲。

国内产于云南、四川和贵州，生于海拔400~2 000 m的山地灌丛中或悬崖石上。凉山州的西昌、会理、盐源、雷波、木里、甘洛、宁南、金阳、冕宁、会东、美姑、布拖等县市有分布。

## 52.4　腊肠树属 *Cassia* L.

### 腊肠树 *Cassia fistula* Linn.

小乔木或中等乔木。叶长30~40 cm，**有对生小叶3~4对**；小叶薄革质，阔卵形、卵形或长圆形，长8~13 cm，顶端短渐尖而钝，基部楔形，全缘，幼嫩时两面被微柔毛；叶柄短。**总状花序长达30 cm或更长，疏散，下垂**；花与叶同时开放；花梗柔弱，下无苞片；萼片长卵形，开花时向后反折；**花瓣黄色、倒卵形**，具明显的脉；雄蕊10枚，其中3枚具长而弯曲的花丝，4枚短而直。**荚果圆柱形，长30~60 cm，直径2~2.5 cm，不开裂**；种子40~100粒。花期6月至8月，果期10月。

原产印度、缅甸和斯里兰卡，我国南部和西南部各地均有栽培。凉山州的西昌等县市有引种栽培。本种为南方常见庭园观赏树木；根、树皮、果瓤和种子均可入药作缓泻剂；木材坚重且光泽美丽，可作支柱、桥梁、车辆及农具等用材。

## 52.5　紫荆属 *Cercis* L.

### 52.5.1　紫荆 *Cercis chinensis* Bunge

丛生或单生灌木。**叶纸质**，近圆形或三角状圆形，长5~10 cm，先端急尖，基部浅至深心形，两面通常无毛；**花紫红色或粉红色，2~10余朵成束，无总梗**，簇生于老枝和主干上，通常先于叶开放，但嫩枝或幼株上的花则与叶同时开放；花长1~1.3 cm；花梗长3~9 mm；龙骨瓣基部具深紫色斑纹。**荚果扁狭长形，绿色**，翅宽约1.5 mm，先端急尖或短渐尖，喙细而弯曲，基部长渐尖，两侧缝线对称或近对称。花期3月至4月，果期8月至10月。

中国特有，凉山州的西昌、雷波、宁南、德昌、金阳、会东、美姑、布拖、昭觉等县市有栽培。本种为优良观赏植物；树皮、花可入药。

### 52.5.2 湖北紫荆 *Cercis glabra* Pampan.

乔木。**叶厚纸质或近革质，心脏形或三角状圆形，长5~12 cm**，先端钝或急尖，基部浅心形至深心形；幼叶常呈紫红色，成长后绿色；上面光亮，下面无毛或基部脉腋间常有簇生柔毛；基出脉5~7条；叶柄长2~4.5 cm。**总状花序短，总轴长0.5~1 cm**，有花多至十余朵；花淡紫红色或粉红色，长1.3~1.5 cm；**花梗细长，长1~2.3 cm**。荚果狭长圆形，**紫红色**，翅宽约2 mm，先端渐尖，基部圆钝，二缝线不等长。花期3月至4月，果期9月至11月。

中国特有，常生于海拔600~1 900 m的山地疏林、密林、山谷中或路边及岩石上。凉山州的甘洛、宁南、金阳、美姑、布拖等县有分布。

### 52.5.3 垂丝紫荆 *Cercis racemosa* Oliv.

乔木。叶阔卵圆形，长6~12.5 cm，宽6.5~10.5 cm，**先端急尖而有1个长约1 cm的短尖头，基部截形或浅心形，主脉5条，网脉两面明显**；叶柄较粗壮，长2~3.5 cm，无毛。**总状花序单生，下垂，长2~10 cm**，花先开或与叶同时开放；花多数，长约1.2 cm；**具纤细且长约1 cm的花梗**；花瓣玫瑰红色，旗瓣具深红色斑点。荚果长圆形，稍弯拱，长5~10 cm，宽1.2~1.8 cm，翅宽2~2.5 mm，扁平。花期5月，果期10月。

中国特有，生于海拔1 000~1 800 m的山地密林中、路旁或村落附近。凉山州的雷波、越西、美姑等县有分布。本种花多而美丽，为观赏植物；树皮纤维质韧，可制人造棉和麻类代用品。

## 52.6　凤凰木属 *Delonix* Raf.

### 凤凰木 *Delonix regia* (Boj) Raf.

落叶乔木。二回羽状复叶，具羽状或刚毛状托叶；羽片对生，**15~20对**；小叶**25~28对**，密集对生，长圆形，两面被绢毛，顶端钝。伞房式总状花序顶生和腋生；花大型；花冠鲜红色至橙红色，具黄及白色花斑；具4~10 cm长的花梗；花瓣5片，匙形，开花后反卷；雄蕊10枚，不等长，花药红色。荚果微呈镰状带形，扁平。花期6月至7月，果期8月至10月。

原产马达加斯加，凉山州的会理、宁南、德昌、会东等县市有引种栽培。本种为优良观赏树和行道树；木材轻软，富有弹性和特殊木纹，可作小型家具和工艺的原料。

## 52.7　决明属 *Senna* Mill.

### 52.7.1　双荚决明 *Senna bicapsularis* (L.) Roxb.

直立灌木。羽状复叶，**小叶3~4对**；叶柄长2.5~4 cm；小叶倒卵形或倒卵状长圆形，膜质，顶端圆钝，基部渐狭，偏斜，下面粉绿色。总状花序生于枝条顶端的叶腋间，常集成伞房花序状，长度约与叶相等；花鲜黄色；雄蕊10枚，其中7枚能育，3枚退化而无花药。**荚果圆柱状**，直或微曲，缝线狭窄。花期10月至11月，果期11月至次年3月。

原产美洲热带地区，现广布于全世界热带地区。凉山州的西昌、会理、甘洛、德昌、冕宁、会东、美姑、普格等县市有栽培。本种可作绿篱及观赏植物；可作绿肥。

### 52.7.2　黄槐决明 *Senna surattensis* (N. L. Burman) H. S. Irwin & Barneby

灌木或小乔木。羽状复叶；**小叶7~9对，长椭圆形或卵形，下面粉白色；**小叶柄短，被柔毛。**总状花序生枝上部叶腋内；**花瓣鲜黄色至深黄色，卵形至倒卵形；雄蕊10枚，最下面2枚较长。**荚果扁平，带状，**顶端具细长的喙，果颈长约5 mm，果梗明显。花果期近全年。

原产印度、斯里兰卡等地，凉山州的西昌、会理、盐源、喜德、宁南、金阳等县市有引种栽培。本种可作绿篱和园林观赏植物。

### 52.7.3　望江南 *Senna occidentalis* (L.) Link

直立灌木或亚灌木。羽状复叶；**小叶4~5对，卵形至卵状披针形，长4~9 cm。花数朵组成伞房式总状花序，腋生和顶生；**花瓣黄色，外生的卵形，有短狭的瓣柄；雄蕊7枚能育，3枚不育。荚果带状镰形，褐色，压扁，稍弯曲；果梗长1~1.5 cm。花期4月至8月，果期6月至10月。

原产美洲热带地区，现广布于全世界热带和亚热带地区。凉山州的普格、盐源等县有栽培或逸为野生。在医药上常将本植物用作缓泻剂，种子炒后治疟疾；根有利尿功效；鲜叶捣碎可治毒蛇、毒虫咬伤。

## 52.8　酸豆属 *Tamarindus* Linn.

### 酸豆 *Tamarindus indica* Linn.

**别名：罗望子、酸角、酸梅**

乔木。叶为偶数羽状复叶，互生，有**小叶10到20余对。**小叶小，长圆形，长1.3~2.8 cm，宽

5~9 mm，先端圆钝或微凹，基部圆而偏斜，无毛。花序生于枝顶，总状或有少数分枝；花黄色或杂以紫红色条纹，少数；萼管狭陀螺形，檐部4裂；花瓣仅后方3片发育，近等大，前方2片小，退化，呈鳞片状，藏于雄蕊管基部；能育雄蕊3枚。**荚果圆柱状长圆形，肿胀，棕褐色，长5~14 cm，直或弯拱，常不规则地缢缩**。花期5月至8月，果期12月至次年5月。

原产于非洲，现各热带地区均有栽培。凉山州的会理、盐源、宁南、德昌等县市有栽培或逸为野生。本种果味酸甜，可生食或熟食；果汁加糖水是很好的清凉饮料；常绿乔木，树冠大，抗风力强，宜作干热河谷山地造林树种；木材可用于建筑，可制造农具、车辆和高级家具。

### 52.9　老虎刺属 *Pterolobium* R. Br. ex Wight et Arn.

**老虎刺 *Pterolobium punctatum* Hemsl.**

木质藤本或攀缘性灌木。**小枝具棱，具散生的或于叶柄基部具成对的、黑色的、下弯的短钩刺。叶柄具成对托叶刺**；二回偶数羽状复叶，羽片9~14对；小叶片19~30对，对生，狭长圆形，中部的长9~10 mm，顶端圆钝具突尖或微凹，基部微偏斜，两面被黄色毛；小叶柄短，具关节。总状花序腋生或于枝顶排列成圆锥状；苞片刺毛状；花梗短；萼片5片，最下部一片较长，舟形，其余长椭圆形；花瓣稍长于萼，倒卵形；雄蕊10枚；子房扁平，胚珠2颗。**荚果发育部分菱形，翅一边直一边弯，具宿存花柱**。花期6月至8月，果期9月至次年1月。

国内主产于华南及西南地区，生于海拔300~2 000 m的山坡疏林阳处、路旁石山干旱地方及石灰岩山上。凉山州的会理、雷波等县市有分布。

## 52.10 皂荚属 *Gleditsia* Linn.

### 皂荚 *Gleditsia sinensis* Lam.

落叶乔木。枝灰色至深褐色；**干和枝通常具分枝的粗刺；刺粗壮，圆柱形，常分枝，多呈圆锥状，长达16 cm。叶为一回羽状复叶，小叶（2）3~9对；**小叶纸质，卵状披针形至长圆形，长2~12.5 cm，宽1~6 cm，先端急尖或渐尖，顶端圆钝，具小尖头，基部圆形或楔形。花杂性，黄白色，组成腋生或顶生的总状花序；雄花雄蕊8（6）枚；退化雌蕊长2.5 mm；两性花雄蕊8枚，子房胚珠多数。**荚果带状，长12~37 cm，宽2~4 cm，**劲直或扭曲；果瓣革质，褐棕色或红褐色，常被白色粉霜。花期3月至5月，果期5月至12月。

中国特有，生于2 500 m以下的山坡林中或谷地处、路旁。凉山州各县市有野生或栽培。本种冠大荫浓，寿命较长，适宜作庭荫树及绿化树；荚果煎汁可代肥皂用，可洗涤丝毛织物；果荚、种子、刺均可入药。

# 53 蝶形花科 Papilionaceae

## 53.1 紫穗槐属 *Amorpha* L.

### 紫穗槐 *Amorpha fruticosa* L.

落叶灌木，丛生。奇数羽状复叶，长10~15 cm，有小叶11~25片，基部有线形托叶；小叶卵形或椭圆形，长1~4 cm，宽0.5~2 cm，先端圆形、锐尖或微凹，有一短而弯曲的尖刺，基部宽楔形或圆形；上面近无毛，下面有白色短柔毛，具黑色腺点。**穗状花序常1至数个顶生和枝端腋生，**长7~15 cm；花萼长2~3 mm；**旗瓣心形，紫色，**无翼瓣和龙骨瓣；雄蕊10枚，下部合生成鞘。**荚果下垂，棕褐色，表面有突起的疣状腺点，**长6~10 mm，宽2~3 mm，微弯曲，顶端具小尖。花果期5月至10月。

　　本种原产美国，凉山州的西昌、喜德、德昌、冕宁、普格等县市有引种栽培。本种为多年生优良绿肥和蜜源植物，不但耐瘠、耐水湿和耐轻度盐碱土，还能固氮；栽植于河岸、河堤、沙地、山坡及铁路沿线，有护堤防沙、防风固沙的作用。

### 53.2　木豆属 *Cajanus* DC.

**木豆 *Cajanus cajan* (Linn.) Millsp.**

　　直立灌木。**小枝有明显纵棱**，被灰色短柔毛。叶具羽状3小叶；小叶纸质，披针形至椭圆形，长5~10 cm，宽1.5~3 cm，先端渐尖或急尖，常有细突尖；上面被极短的灰白色短柔毛，下面较密，呈灰白色，有不明显的黄色腺点。**花数朵生于总状花序顶部或近顶部；花冠黄色，旗瓣近圆形，背面有紫褐色纵线纹；二体雄蕊，对旗瓣的1枚离生，其余9枚合生。荚果线状长圆形，种子间具明显凹入的斜横槽，被灰褐色短柔毛；先端渐尖，具长的尖头。花果期2月至11月。**

　　原产地或为印度。凉山州的西昌、会理、盐源、宁南、德昌、冕宁、会东等县市有栽培。本种耐瘠薄干旱，在印度栽培尤广，为平民的菜肴之一；叶可作家畜饲料、绿肥；根入药能清热解毒。

### 53.3 鸡血藤属 *Callerya* Endl.

#### 53.3.1 灰毛鸡血藤 *Callerya cinerea* (Benth.) Schot

别名：灰毛崖豆藤

攀缘灌木或藤本。羽状复叶，小叶2对；**小叶倒卵状椭圆形**，先端短锐尖，基部阔楔形至圆形，上面在中脉被毛，下面被疏毛；小叶柄短；小托叶刺毛状。圆锥花序顶生；**花序梗和序轴密被短伏毛**；花单生；苞片三角形，小苞片线形，离萼生；花梗短；花萼钟状，萼齿短于萼筒，上方2齿几合生；**花冠红色或紫色，旗瓣卵形，密被锈色绢毛**，翼瓣和龙骨瓣近镰形；二体雄蕊，对旗瓣的1枚离生。荚果线状长圆形，密被灰色绒毛，种子处膨胀，种子间缢缩，具种子1~4粒。花期3月至7月，果期8月至11月。

国内产于四川、云南、西藏，生于海拔1 000~2 400 m的山坡杂木林中。凉山州的西昌、会理、盐源、雷波、喜德、布拖、德昌、普格、会东等县市有分布。本种可作垂直绿化植物栽培观赏。

#### 53.3.2 香花鸡血藤 *Callerya dielsiana* (Harms) P. K. Loc ex Z. Wei & Pedley

别名：香花崖豆藤

攀缘灌木。羽状复叶长15~30 cm，小叶2对；**小叶纸质**，**披针形、长圆形或窄长圆形**，先端急尖至渐尖，偶有钝圆，基部钝形，偶有近心形；**上面具光泽，几无毛**，下面疏被平伏柔毛或几无毛。圆锥花序顶生，宽大，长达40 cm，分枝伸展，盛花时呈扇状开展并下垂；花序梗与花序轴多少被黄褐色柔毛；花萼宽钟形，被细柔毛；花冠紫红色，旗瓣密被绢毛。荚果长圆形，长7~12 cm，扁平，密被灰色绒毛，果瓣近木质。花期5月至9月，果期6月至11月。

国内产于陕西南部、甘肃南部等多地，多生于海拔1 500~2 600 m的山坡杂木林与灌丛中，或谷地、溪沟和路旁。凉山州各县市多有分布。本种可作垂直绿化植物栽培观赏。

### 53.4 笕子梢属 *Campylotropis* Bunge

#### 53.4.1 三棱枝笕子梢 *Campylotropis trigonoclada* (Franch.) Schindl.

俗名：三棱枝杭子梢

灌木或半灌木。**枝梢呈之字形屈曲，具三棱，并有狭翅**。羽状复叶具3小叶；**叶柄长三棱形，通常具较宽的翅**；小叶形状多变化，椭圆形、长圆形至长圆状线形或线形，有时基部稍宽或顶部稍宽而呈卵状椭圆形至长圆形或倒卵状椭圆形至长圆形等。总状花序长达20 cm，常于顶部形成无叶而仅具托叶的大圆锥花序；**花冠黄色或淡黄色**，长9~12 mm。荚果椭圆形，长6~8 mm，果颈长约1.5 mm，顶端喙尖，表面贴生微柔毛或短柔毛。花期7月至11月，果期10月至12月。

中国特有，生于海拔500~2 800 m的山坡灌丛处、林缘、林内、草地上或路边。凉山州西昌、会理、雷波、木里、喜德、普格等县市有分布。本种全株入药，可清热解表、止咳；根可治肠风下血、高热、赤痢等。

#### 53.4.2 毛笕子梢 *Campylotropis hirtella* (Franch.) Schindl.

别名：毛杭子梢

灌木。**全株被黄褐色长硬毛与小硬毛，枝有细纵棱**。羽状复叶具3小叶；**叶柄极短或近无柄；小叶近革质或纸质，三角状卵形或宽卵形**，有时卵形或近宽椭圆形，长2.5~8.5 cm，先端钝形、圆形或有时微凹，基部微心形至近圆形；两面稍密生小硬毛与长硬毛，沿脉上毛更密，下面带苍白色；叶脉网状，下面特别隆起。总状花序每1~2个腋生并顶生，长达10 cm，**通常于顶部形成无叶的大圆锥花序**；花冠红紫色或紫红色，长12~15 mm。荚果宽椭圆形，长4.5~6 mm，果颈长近1 mm，顶端具喙尖，表面具明显的暗色网脉并密被长硬毛与小硬毛。花期6月至10月，果期9月至11月。

国内产于四川、贵州、云南、西藏，生于海拔900~4 100 m的灌丛中、林缘、疏林内、林下、山溪边，以及山坡、向阳草地等处。凉山州的西昌、会理、盐源、木里、越西、甘洛、喜德、德昌、冕宁、会东、普格等县市有分布。本种根药用，有祛痰、活血、调经、消炎解毒之效。

### 53.4.3　小雀花 *Campylotropis polyantha* (Franch.) Schindl.

灌木。嫩枝被短柔毛。叶具3小叶；叶柄长0.6~3.5 mm，通常被柔毛；**小叶椭圆形、长圆形、长圆状倒卵形或楔状倒卵形，长0.8~4 cm，宽0.4~2 cm，先端圆钝，微凹，具小刺尖，**基部圆形或近楔形；上面常无毛，下面被贴伏柔毛。总状花序长2~13 cm，常顶生形成圆锥花序，有时短缩密集；花序梗长0.2~5 cm；花梗长4~7 mm；花萼长3~5 mm，中裂或有时微深裂、微浅裂，上部裂片大部分合生；花冠粉红、淡红紫或近白色，长0.9~1.2 cm。**荚果椭圆形或斜卵形，两端渐窄，长7~9 mm，被白色或棕色短柔毛，边缘密被纤毛。**花果期3月至11月。

中国特有，多生于1 000~3 000 m的山坡及向阳地的灌丛中，在石质山地、干燥地，以及溪边、沟旁、林边与林间等处均有生长。凉山州各县市多有分布。本种根入药，能祛瘀、止痛、清热、利湿。

### 53.4.4　滇筑子梢 *Campylotropis yunnanensis* (Franch.) Schindl.

别名：滇杭子梢

灌木。羽状复叶具3小叶；叶柄长1.5~4 cm，无毛或稍有微柔毛；**小叶狭长圆形、狭卵状长圆形或近长圆状披针形，有时为卵状长圆形或长圆形，长3~6（9）cm，宽0.7~1.4（1.8）cm，**先端通常圆形，有时微凹或稍尖，具小突尖，基部圆形，两面常无毛。总状花序通常单一腋生并顶生，稀有分枝，花序连总花梗长5~10 cm，总花梗长1~2 cm；花冠粉红色或近白色，长7~9 mm。荚果长圆状椭圆形或椭圆形，长8~12 mm，先端具短喙尖，边缘通常有纤毛。花果期多在7月至12月。

中国特有，生于海拔1 400~2 800 m的山坡及沟谷丛林中。凉山州的盐源、木里等县有分布。

### 53.5　锦鸡儿属 *Caragana* Fabr.

#### 53.5.1　云南锦鸡儿 *Caragana franchetiana* Kom.

灌木。**长枝叶轴硬化成粗针刺，宿存。羽状复叶有5~9对小叶。**小叶倒卵状长圆形或长圆形，长5~9 mm，宽3~3.5 mm，嫩时有短柔毛，下面淡绿色。**花梗中下部具关节；**苞片披针形，小苞片2片，线形；花萼短管状，基部囊状，初被疏柔毛，萼齿披针状三角形；花冠黄色，有时旗瓣带紫色，**旗瓣近圆形，先端不凹。**荚果圆筒状，**被密伏贴柔毛，**里面被褐色绒毛。花期5月至6月，果期7月。

　　中国特有，生于海拔3 300~4 000 m的山坡灌丛中、林下或林缘。凉山州的盐源、木里、金阳等县有分布。

#### 53.5.2　鬼箭锦鸡儿 *Caragana jubata* (Pall.) Poir.

**直立或伏地灌木。长、短枝上叶轴全部硬化成针刺，宿存。羽状复叶有4~6对小叶。**小叶长圆形，长11~15 mm，宽4~6 mm，先端圆或尖，具刺尖头，基部圆形、绿色，被长柔毛。花梗单生，长约0.5 mm，基部具关节；花冠玫瑰色、淡紫色、粉红色或近白色，长27~32 mm，旗瓣宽卵形，基部渐狭成长瓣柄。**荚果长约3 cm，**宽6~7 mm，密被丝状长柔毛。花期6月至7月，果期8月至9月。

　　中国特有，生于海拔2 400~3 000 m的山坡、林缘等处。凉山州的木里等县有分布。

### 53.5.3　锦鸡儿 *Caragana sinica* (Buc'hoz) Rehder

灌木。小枝具棱，**托叶硬化成针刺**；叶轴脱落或硬化成针刺；**小叶2对，羽状，有时假掌状**，上部1对较下部大，**倒卵形或长圆状倒卵形，长1~3.5 cm**，先端圆形或微缺，具刺尖或无刺尖，基部楔形或宽楔形。花单生，花梗长约1 cm，中部具关节；花萼钟状，长12~14 mm，基部偏斜；花冠黄色，常带红色，长2.8~3 cm，旗瓣狭倒卵形，具短瓣柄。荚果圆筒状，长3~3.5 cm。花期4月至5月，果期7月。

中国特有，生于山坡和灌丛等处。凉山州的会理、西昌等市有分布或栽培。本种可供绿化和观赏；根皮供药用，能祛风活血、舒筋、除湿利尿、止咳化痰。

### 53.6　香槐属 *Cladrastis* Rafin.

**小花香槐 *Cladrastis delavayi* (Franchet) Prain.**

乔木。**奇数羽状复叶，长达20 cm**；**小叶4~7对**，互生或近对生，**卵状披针形或长圆状披针形**，通常长6~10 cm，宽2~3.5 cm，先端渐尖、钝尖或圆钝，基部圆形或微心形；上面无毛，下面苍白色，被灰白色柔毛；侧脉10~15对；小叶柄短，长1~3 mm。**圆锥花序顶生**，长15~30 cm；**花长约14 mm**；**花萼密被锈色短柔毛**或灰褐色短柔毛；花冠常为白色或淡黄色；雄蕊10枚，分离。荚果扁平，椭圆形或长椭圆形，两端渐狭，两侧无翅，稍增厚，长3~8 cm。花期6月至8月，果期8月至10月。

中国特有，多生于海拔1 000~2 500 m的较温暖的山区杂木林中。凉山州的西昌、会理、雷波、越西、甘洛、德昌、金阳、冕宁、美姑、布拖、普格等县市有分布。本种可作建筑用材和提取黄色染料；常栽培作庭园观赏。

### 53.7 巴豆藤属 *Craspedolobium* Harms

#### 巴豆藤 *Craspedolobium unijugum* (Gagnepain) Z. Wei & Pedley

别名：三叶崖豆藤

攀缘灌木。**羽状三出复叶，小叶倒阔卵形至宽椭圆形**，长5~9 cm，宽3~6 cm，先端钝圆或短尖，基部阔楔形至钝圆；顶生小叶较大或近等大，具长小叶柄，侧生小叶两侧不等大，歪斜；侧脉5~7对。**总状花序着生于枝端叶腋，长15~25 cm，常多枝聚集成大型的复合花序**，节上簇生3~5朵花；花长约1 cm；花梗短，长2~3 mm；花萼、花梗、苞片均被黄色细绢毛，萼齿卵状三角形，短于萼筒；花冠红色，花瓣近等长。荚果线形，长6~9 cm，密被褐色细绒毛，顶端具短尖喙，腹缝具狭翅，有种子3~5粒。花期6月至9月，果期9月至10月。

中国特有，生于海拔2 400 m以下的土壤湿润的疏林下和路旁灌木林中。凉山州各县市有分布。

### 53.8 黄檀属 *Dalbergia* L. f.

#### 53.8.1 秧青 *Dalbergia assamica* Benth.

别名：思茅黄檀、紫花黄檀

具平展分枝的乔木。羽状复叶长25~30 cm；叶轴长23~25 cm；**小叶6~10对**，纸质，长圆形或长圆状椭圆形，**长3~6 cm，宽1.5~3 cm**，先端钝、圆或凹入，基部圆形或楔形，**两面疏被伏贴短柔毛**。圆锥花序腋生；总花梗、花序分枝和花梗均密被黄褐色绒毛。花长6~8 mm；花萼钟状；**花冠白色，内面有紫色条纹**；花瓣具长柄，旗瓣圆形，反折，先端凹缺；**雄蕊10枚，为"5 + 5"的二体**。荚果阔舌状长圆形至带状，长5~9 cm，宽12~25 mm。花期4月。

中国特有，生于海拔650~1 800 m的山地疏林中、河边或村旁旷野。凉山州的西昌、会理、德昌、会东、布拖等县市有分布或栽培。本种可作绿化和观赏树种；为紫胶虫寄主树。

### 53.8.2　藤黄檀 *Dalbergia hancei* Benth.

藤本。枝纤细，幼枝略被柔毛，小枝有时变钩状或旋扭。羽状复叶长5~8 cm；托叶膜质，披针形，早落；**小叶3~6对，较小，狭长圆或倒卵状长圆形；长10~20 mm，宽5~10 mm**；先端钝或圆，微缺，基部圆形或阔楔形。总状花序较复叶短，数个总状花序常再集成腋生短圆锥花序；花冠绿白色，长约6 mm；雄蕊9枚，单体。**荚果扁平，长圆形或带状，长3~7 cm**，基部收缩为一细果颈，**通常有1粒种子**，稀2~4粒。花期4月至5月。

中国特有，生于山坡灌丛中或山谷溪旁。凉山州的木里、甘洛、布拖、普格等县有分布。本种的纤维可供编织；根、茎入药，能舒筋活络、治风湿痛，有理气止痛、破积之效。

### 53.8.3　象鼻藤 *Dalbergia mimosoides* Franch.

灌木。羽状复叶长6~10 cm，**小叶10~17对；小叶线状长圆形，长6~12（18）mm，先端截形、钝或凹缺**，基部圆形或阔楔形。圆锥花序腋生，分枝聚伞花序状；花小，稍密集；花萼钟状；花冠白色或淡黄色，旗瓣长圆状倒卵形，翼瓣倒卵状长圆形，龙骨瓣椭圆形；雄蕊9枚，单体。荚果长圆形至带状，扁平，顶端急尖，基部钝形或楔形，具稍长的果颈，果瓣革质，种子部分有网纹，有种子1~2（3）粒。花期4月至5月。

国内产于陕西、湖北、四川、云南、西藏，生于海拔800~2 000 m的山沟疏林或山坡灌丛中。凉山州的西昌、盐源、雷波、木里、喜德、宁南、德昌、金阳、冕宁、会东、美姑、布拖、普格等县市有分布。本种可作绿化和观赏树种。

### 53.8.4　狭叶黄檀 *Dalbergia stenophylla* Prain

藤本。羽状复叶长4~10 cm，**小叶15~20对；小叶线状长圆形，两端钝或圆形**；小叶柄极短。圆锥花序腋生；总花梗、花序轴、分枝、花梗、小苞片、花萼均被短柔毛；花长3~4 mm；花萼钟状；花冠白色或淡黄色；花瓣具短柄，旗瓣阔卵形至近圆形，先端微凹缺，翼瓣长圆形，龙骨瓣倒卵形；雄蕊9枚，单体。荚果舌状至带状，长2.5~5 cm，宽约7.5 mm，顶端近急尖，基部渐狭成一明显果颈，有种子1~2粒。花期5月至6月。

国内产于湖北、广西、四川、贵州，生于山谷潮湿处的灌丛中。凉山州的会理、木里等县市有分布。本种可作绿化和观赏树种。

### 53.8.5　滇黔黄檀 *Dalbergia yunnanensis* Franch.

藤本、大灌木或小乔木。茎匍匐状，分枝有时为螺旋钩状。**羽状复叶长20~30 cm；小叶（6）7~9对，长圆形或椭圆状长圆形，长2.5~5（7.5）cm**，两端圆，两面被伏贴细柔毛。聚伞状圆锥花序生于上部叶腋，花序梗与分枝被疏柔毛；小苞片卵形。花萼钟状；花冠白色，旗瓣宽倒卵状长圆形，翼瓣窄倒卵形，龙骨瓣近半月形；雄蕊9枚，单体；子房具长柄。荚果长圆形或椭圆形，具1~3粒种子。花期4月至5月，果期7月至9月。

中国特有，生于海拔1 500~2 300 m的山地疏林、向阳山坡或河谷地段。凉山州的西昌、会理、盐源、木里、宁南、德昌、金阳、会东、布拖、普格等县市有分布。本种可作为园林绿化和观赏树种。

### 53.9　鱼藤属 *Derris* Lour.

#### 厚果鱼藤 *Derris taiwaniana* (Hayata) Z. Q. Song

别名：厚果崖豆藤

大型藤本。羽状复叶长30~50 cm，**小叶纸质，13~17枚，对生，长椭圆形或长圆状披针形**，长10~18 cm，先端锐尖，基部楔形或钝圆，**侧脉12~15对**；上面无毛，下面被绢毛，沿中脉密被褐色绒毛。总状花序长15~30 cm，2~6枝生于新枝下部；花2~5朵着生于节上；花萼宽钟形，密被褐色绒毛；花冠淡紫色，长2.1~2.3 cm。**荚果肿胀，长圆形，单粒种子时卵圆形或倒卵形，表皮密布浅黄色疣点，果瓣厚木质，迟裂，具1~5粒种子。**

国内产于华南、西南与华东地区的多个地，常生于海拔2 000 m左右的山林中。凉山州的德昌等县有分布。

## 53.10　山蚂蝗属 *Desmodium* Desv.

### 53.10.1　长波叶山蚂蝗 *Desmodium sequax* Wall.

别名：瓦子草

直立灌木。幼枝、叶柄和小叶柄被锈色柔毛和疏小钩状毛。叶为羽状三出复叶；**托叶线形**；叶柄较长；小叶卵状椭圆形或圆菱形，顶生小叶长于侧生小叶，**边缘自中部以上波状**；两面被贴伏柔毛，下面混生小钩状毛；侧脉4~7对；小叶柄极短。**总状花序顶生和腋生，顶生者分枝成圆锥花序**；总花梗密被硬毛和小绒毛；每节生花2朵；花冠紫色；**雄蕊单体**。荚果腹背缝线缢缩成念珠状，荚节6~10个，**荚节近方形，密被小钩状毛**。花期7月至9月，果期9月至11月。

国内产于湖北、广东、四川、台湾等多地，生于海拔1 000~2 800 m的山地草坡或灌丛中。凉山州各县市有分布。

### 53.10.2　圆锥山蚂蝗 *Desmodium elegans* DC.

灌木。小枝与叶柄、叶片、总花梗均被短柔毛。叶为羽状三出复叶；**托叶狭卵形**；叶柄长；小托叶线形；小叶卵状椭圆形、宽卵形、菱形或圆菱形，侧生小叶略小，侧脉4~6条。**花序为顶生圆锥花序和腋生总状花序**，每苞片内2~3朵花；花冠紫色或紫红色，**旗瓣先端微凹**；雄蕊单体；子房被伏短柔毛。荚果扁平，线形，腹缝线近直，背缝线圆齿状，**疏被贴伏灰色短柔毛**；荚节4~6个。花果期7月至10月。

国内产于陕西、甘肃、四川等多地，常生于海拔1 000~3 700 m的灌丛、林缘或水沟边等。凉山州各县市有分布。

### 53.10.3　无毛滇南山蚂蝗 *Desmodium megaphyllum* var. *glabrescens* Prain

灌木。叶为三出复叶，小叶3片；**小叶长8~15 cm，宽6~9 cm，先端渐尖，基部偏斜**，卵形或宽卵形，稀菱形或近圆形；上面被微柔毛，下面密被丝状毛；侧脉每边4~7条，中脉偏离；小托叶狭三角形或狭卵形。花序腋生或顶生，顶生者多为大的圆锥花序，腋生者为总状或圆锥花序；**总花梗、花梗、花萼散生毛或近无毛**；花冠紫色，旗瓣椭圆形或宽椭圆形；雄蕊长约10 mm；雌蕊长约12 mm，子房被贴伏柔毛。**荚果几无毛或无毛**，扁平，腹、背缝线浅缢缩，有荚节6~8个。花果期6月至11月。

中国特有，生于海拔2 400~2 700 m的山坡沟谷内及林中。凉山州西昌市巴汝镇甲乌村山区有发现，四川新记录。

## 53.11　刺桐属 *Erythrina* Linn.

### 53.11.1　鸡冠刺桐 *Erythrina crista-galli* Linn.

落叶灌木或小乔木。茎和叶柄稍具皮刺。羽状复叶具3小叶；小叶长卵形或披针状长椭圆形，**长7~10 cm，宽3~4.5 cm**，先端钝，基部近圆形。花与叶同出，总状花序顶生，每节有花1~3朵；花深红色，长3~5 cm，稍下垂或与花序轴成直角；**花萼钟状**，先端二浅裂；**二体雄蕊**；子房有柄，具细绒毛。**荚果长约15 cm**，褐色，种子间缢缩。

原产南美洲。凉山州的西昌、会理、盐源、甘洛、喜德、宁南、德昌、会东等县市有栽培。本种树态优美、花繁艳丽，为优良绿化和观赏树种；树皮亦供药用。

### 53.11.2　刺桐 *Erythrina variegata* Linn.

乔木。枝具叶痕和直刺。羽状复叶具3小叶；托叶披针形；叶柄极长；**小叶宽卵形或菱状卵形，长宽15~30 cm，先端渐尖而钝**，基出脉3条，侧脉5对；小叶柄基部有一对腺体状的托叶。总状花序顶生；总花梗极长，花梗较短，**花萼佛焰苞状**，口部偏斜，一边开裂；花冠红色，旗瓣椭圆形，先端圆，瓣柄短，翼瓣与龙骨瓣近等长，龙骨瓣2片离生；**雄蕊10枚，单体**。荚果肥厚，种子间略缢缩，稍弯曲，先端不育；种子1~8粒，肾形，暗红色。花期3月，果期8月。

国内产于台湾、福建、广东、广西等地，凉山州多县市有栽培。刺桐花美丽，生长迅速，为优良的绿化观赏树种；树皮或根皮入药，具有祛风湿、舒筋通络的功效。

### 53.11.3　龙牙花 *Erythrina corallodendron* Linn.

别名：象牙红、珊瑚树、珊瑚刺桐

灌木或小乔木。干和枝条散生皮刺。羽状复叶具3小叶；**小叶菱状卵形，长4~10 cm，宽2.5~7 cm，先端渐尖而钝或尾状**，基部宽楔形。总状花序腋生，长可达30 cm以上；花深红色，具短梗，与花序轴成直角或稍下弯，长4~6 cm，狭而近闭合；**花萼钟状**，萼齿不明显，仅下面一枚稍突出；旗瓣长椭圆形，长约4.2 cm，翼瓣短，长1.4 cm，龙骨瓣长2.2 cm，均无瓣柄；**二体雄蕊。荚果长约10 cm**。花期6月至11月。

原产南美洲，凉山州的西昌、会理、布拖等县市有栽培。本种为绿化观赏植物；材质柔软，可代软木作木栓；树皮药用，有麻醉、镇静作用。

### 53.11.4 云南刺桐 *Erythrina stricta* var. *yunnanensis* (T. S. Tsai & T. T. Yu ex S. K. Lee) R. Sa

乔木。羽状复叶具3小叶；**叶柄中空，外有纵棱；顶生小叶宽肾状扁圆形，长17~19 cm，宽 21~24.5 cm，先端具短尾状长10~15 mm的尖头**，基部近截平；侧生小叶扁圆形，长17~18 cm，宽 7~21 cm，不等侧，先端短尾尖，基部近截平至阔楔形。总状花序；花红色，3~4朵簇生在总花梗 上；花梗长约5 mm，密被深棕色极短绒毛；花萼佛焰苞状；旗瓣卵状三角形，长30 mm，宽12 mm，具瓣柄，冀瓣最小，长6 mm，宽3 mm，龙骨瓣近斜三角形，长约12 mm，中央最宽部5 mm。**荚果长 12~16 cm。**

中国特有，生于海拔1 100~1 800 m的开阔山坡上。凉山州木里县有分布，四川新记录。本种为绿化观赏植物。

### 53.12 千斤拔属 *Flemingia* Roxb. ex W. T. Aiton

### 53.12.1 大叶千斤拔 *Flemingia macrophylla* (Willd.) Prain

直立灌木。**叶具指状3小叶**；小叶纸质或薄革质；顶生小叶宽披针形至椭圆形，长8~15 cm，宽 4~7 cm，先端渐尖，基部楔形，下面被黑褐色小腺点；侧生小叶稍小，偏斜；小叶柄长2~5 mm，密被毛。**总状花序常数个聚生于叶腋，长3~8 cm**，常无总梗；花多而密集；花梗极短；花萼钟状，被<u>丝质</u>短柔毛；花冠紫红色；二体雄蕊。**荚果椭圆形，长1~1.6 cm，宽7~9 mm**，褐色，略被短柔毛；种子 1~2粒，球形，光亮，黑色。花期6月至9月，果期10月至12月。

国内产于云南、贵州、四川等多地，常生于海拔200~1 500 m的灌丛中、山谷路旁和疏林阳处。凉山州的西昌、会理、盐源、雷波、喜德、宁南、德昌、金阳、普格等县市有分布。本种根供药用，能祛风活血、强腰壮骨，可治风湿骨痛。

### 53.13　木蓝属 *Indigofera* Linn.

#### 53.13.1　垂序木蓝 *Indigofera pendula* Franch.

灌木。幼枝具棱，与叶轴、花萼、旗瓣和荚果均被丁字毛。羽状复叶，小叶6~13对，对生。**总状花序下垂，可达35 cm**；总花梗被毛；苞片披针形；花梗短；花萼杯状，萼齿卵形或线状披针形，不等长；花冠紫红色，旗瓣长圆形，基部具短瓣柄。荚果圆柱形，有种子10余粒。花期6月至8月，果期9月至10月。

中国特有，生于海拔1 900~3 300 m的山坡、山谷、沟边及路旁的灌丛中及林缘。凉山州的西昌、会理、盐源、木里、甘洛等县市有分布。

#### 53.13.2　蒙自木蓝 *Indigofera mengtzeana* Craib

灌木。幼枝具棱，与叶柄、叶背、花萼和荚果均被丁字毛。羽状复叶，**小叶5~10对**；小叶狭长圆形、长圆形或椭圆状长圆形，顶生小叶长圆状倒卵形，**长5~13 mm，宽3~6 mm**，上面无毛，下面疏生粗丁字毛；总状花序短于复叶，花密集，花序轴上疏生红色腺体；**总花梗极短**；花梗短；花萼斜杯状，萼筒与下萼齿等长或稍长；花冠青莲色，旗瓣阔椭圆形。荚果线状圆柱形，有种子6~7粒；果梗下弯。花期4月至7月，果期8月至11月。

中国特有，生于海拔1 400~2 100 m的干燥向阳山谷草坡和路旁灌丛中。凉山州的西昌、会理、盐源、雷波、木里、喜德、德昌、会东、美姑、布拖、昭觉等县市有分布。

### 53.13.3　长梗木蓝 *Indigofera henryi* Craib

别名：康定木蓝

灌木。幼枝与叶柄、叶片均被丁字毛。羽状复叶；叶柄较短；托叶披针形；**小叶2~9对**，对生或稀互生，椭圆形或倒卵状椭圆形，先端圆形或微凹，基部楔形或阔楔形；小托叶钻形，较小叶柄短或等长。**总状花序疏花，长4~10 cm**，花序梗长0.8~1 cm；**花梗长5~6 mm**；花萼小，外面被毛，萼筒短小，萼齿线状披针形，不等长；花冠紫红色，旗瓣椭圆形，长8.5~9.5 mm，外面被毛；子房胚珠约7粒。荚果线状圆柱形，被褐色柔毛。花期5月至6月，果期6月至9月。

中国特有，生长于海拔1 200~2 800 m的灌木丛中。凉山州的西昌、会理、盐源、木里、越西、美姑、普格、甘洛、冕宁等县市有分布。

### 53.13.4　长齿木蓝 *Indigofera dolichochaete* Craib

直立灌木。**茎被白色和棕色短曲毛，并混生有柄头状腺毛**。羽状复叶长达10 cm；叶柄与叶轴均生有白色和棕色卷曲毛，并间生有柄腺毛；托叶线形；**小叶5~8对，狭长圆形或椭圆状倒卵形**，先端圆钝或截平，微凹，具小尖头，基部阔楔形至圆形，两面被半开展白色卷曲毛。总状花序长15~25 cm；总花梗长达1.5 cm；苞片线形；花梗短；花冠紫红色，旗瓣椭圆形或倒卵状椭圆形，先端圆钝。荚果线状圆柱形，顶端有小尖头，被毛。花果期7月。

中国特有，生于海拔2 100~2 700 m的山坡灌丛中或路旁。凉山州的西昌、会理、盐源、金阳、木里等县市有分布。

### 53.13.5　腺毛木蓝 *Indigofera scabrida* Dunn

直立灌木。**枝、叶轴、叶缘、花序、苞片及萼片均有红色带柄头状的腺毛。**羽状复叶具小叶3~5对；小叶椭圆形、倒卵状椭圆形或倒卵形，先端圆钝或截平，基部阔楔形或圆形，边缘及叶脉具腺毛，上面有短细柔毛或无毛。总状花序长6~12 cm，花疏生；总花梗较叶柄长；花梗长1~2 mm；花萼长约2.5 mm，萼齿线形；旗瓣倒卵状椭圆形，外面有柔毛，翼瓣与旗瓣等长，龙骨瓣有距。荚果线形，长1.8~3 cm，近无毛，有种子9~10粒。花期6月至9月，果期8月至10月。

国内产于四川、云南，生于海拔1 200~2 100 m的山坡灌丛中、林缘及松林下。凉山州的会理、盐源、木里、喜德、会东、布拖、普格等县市有分布。

### 53.13.6　西南木蓝 *Indigofera mairei* H. Lév.

灌木。羽状复叶；小叶2~8对，纸质，椭圆形或椭圆状长圆形，顶生小叶倒卵状长圆形或倒披针形，先端通常圆钝或微凹，基部楔形或阔楔形，两端薄被白色平贴丁字毛。**总状花序长2~8 cm，短于复叶，**花序轴有白色并间生棕褐色丁字毛；**花小；花梗长1.5~2 mm，**有毛，花萼杯状，萼齿不等长，披针形；花冠淡紫红色，旗瓣长圆状椭圆形，外面有白色柔毛状丁字毛。荚果褐色，圆柱形脊明显，成熟时近无毛，有种子6~7粒；果梗短，长约2 mm，下弯。花期5月至7月，果期8月至10月。

中国特有，生于海拔2 100~2 700 m的山坡处、沟边灌丛中及杂木林中。凉山州的盐源、木里、甘洛、喜德、德昌、冕宁、会东、美姑、布拖、昭觉等县有分布。

### 53.13.7　多花木蓝 *Indigofera amblyantha* Craib

直立灌木，少分枝。羽状复叶长达18 cm。小叶3~5对，通常为卵状长圆形、长圆状椭圆形、椭圆形或近圆形，**长1~6 cm，宽1~3 cm**，先端圆钝，具小尖头，基部楔形或阔楔形，**两面具丁字毛。总状花序长可达15 cm；花梗长约1.5 mm；花较小，径6~7 mm**；花萼长约3.5 mm，被白色平贴丁字毛；**花冠淡红色，旗瓣倒阔卵形**。荚棕褐色，线状圆柱形，长3.5~7 cm，被短丁字毛。花期5月至7月，果期9月至11月。

中国特有，生于海拔600~1 600 m的山坡草地、沟边、路旁灌丛中及林缘等处。凉山州的盐源、木里、宁南、德昌、金阳、冕宁、美姑等县市有分布。全草入药，有清热解毒、消肿止痛之效。

### 53.13.8　丽江木蓝 *Indigofera balfouriana* Craib

灌木。羽状复叶长3~9 cm，小叶2~4对；小叶对生，椭圆形，顶生小叶倒卵形，**长6~26 mm**，宽4~13 mm，先端圆形，微凹，有小尖头，基部阔楔形或圆形；上面绿色，下面淡绿色，两面均被平贴丁字毛。**总状花序长2~6 cm，基部常具芽鳞；花梗长1~3 mm**，与苞片均被褐色毛。**花小，径10 mm以下**；花萼钟状；花冠红色或紫红色，旗瓣近圆形；子房有胚珠10~11粒。荚果圆柱形，顶端圆钝，被毛。花期4月至7月，果期7月至9月。

中国特有，生于海拔2 100~3 000 m的干燥岩边的灌丛及疏林中。凉山州的盐源等县有分布，四川新记录。

### 53.13.9　深紫木蓝 *Indigofera atropurpurea* Buch.–Ham. ex Hornem.

灌木或小乔木。**羽状复叶长达24 cm，小叶3~9（10）对**；小叶卵形或椭圆形，稀近阔卵形，**长1.5~8 cm，宽1~5 cm**，先端圆钝、微凹或急尖，有小尖头，基部阔楔形或圆形，两面疏生短丁字毛。**总状花序长可达28 cm**；花梗短，长约1.5 mm；花萼钟状，长2.5 mm，外面密被灰褐色丁字毛；**花冠深紫色**，旗瓣长圆状椭圆形，长7~8.5 mm；荚果圆柱形，长2.5~5 cm，两缝线明显加厚；果梗短，长约1.5 mm，下弯。花期5月至9月，果期8月至12月。

国内产于江西、广西、四川、云南等多地，生于海拔300~1 800 m的山坡路旁灌丛中、山谷疏林中及路旁草坡和溪沟边。凉山州的德昌、木里、越西、普格等县有分布。

### 53.13.10　河北木蓝 *Indigofera bungeana* Walp.

直立灌木。羽状复叶长2.5~5 cm；**小叶2~4对**，对生，椭圆形，稍倒阔卵形，长5~1.5 mm，宽3~10 mm，先端钝圆，基部圆形；上面绿色，疏被丁字毛，下面苍绿色，丁字毛较粗。**总状花序腋生，长4~6 cm**；总花梗较叶柄短；苞片线形；花梗长约1 mm；**花萼外面被白色丁字毛；花冠紫色或紫红色，旗瓣外面被丁字毛**。荚果褐色，线状圆柱形，长不超过2.5 cm，被白色丁字毛。花期5月至6月，果期8月至10月。

中国特有，生于海拔600~1 800 m的山坡、草地或河滩地。凉山州的盐源、雷波、越西、甘洛、喜德、会东、木里、德昌、金阳、普格等县有分布。本种全草药用，能清热止血、消肿生肌，外敷治创伤。

### 53.13.11　滇木蓝 Indigofera delavayi Franch.

直立灌木。羽状复叶长8~18 cm；**小叶6~9对**，对生，**长圆形，稍倒卵形，长1.3~3（4）cm，宽8~13（20）mm**，先端圆形或截平，微凹，有小尖头，基部阔楔形或圆形；**上面近无毛，下面粉绿色，被稀疏短丁字毛**。总状花序长可达20 cm，花疏松着生；花序轴有棱，疏生白色平贴丁字毛；花萼钟状，外面疏生丁字毛；花冠白色或粉红色，旗瓣阔椭圆形。荚果线形，长4~6 cm，顶端渐尖，向上弯曲，背腹缝均加厚，无毛；果梗下弯。花期8月至9月。

中国特有，生于草坡、丛林或灌丛中。凉山州的盐源、木里、喜德、德昌、美姑、普格等县有分布。

### 53.13.12　川西木蓝 Indigofera dichroa Craib

直立灌木。羽状复叶长4~8 cm；**小叶1~2对**，椭圆形、卵状椭圆形或椭圆状倒卵形，长1~4 cm，宽0.8~2.5 cm，先端钝圆或渐尖，具小尖头，基部楔形或圆形，**两面被短而密的丁字毛；小叶柄长1.5~2 mm**；总状花序长达6 cm，基部有宿存鳞片；**总花梗长5~9 mm，与花序轴均密被白色柔毛**；花萼杯状，长3~3.5 mm；花冠淡红色，**旗瓣椭圆状倒卵形，外面有白色柔毛**。荚果淡黄褐色，线状圆柱形，长达4.5 cm，被白色或间生棕色丁字毛。花期5月至6月，果期7月至8月。

中国特有，生于海拔1 300~2 000 m的山坡草地或灌丛中。凉山州的越西、德昌、西昌等县市有分布。

### 53.13.13　灰色木蓝 *Indigofera franchetii* X. F. Gao & Schrire

小灌木。**全体密被白色长丁字毛**。羽状复叶长达9 cm，**小叶5~11对；小叶对生，密集**，长椭圆形、椭圆形或倒卵状椭圆形，顶生小叶倒卵形，**长5~9 mm，宽3~6 mm**。总状花序腋生，长达10 cm；花萼杯状，外面密被灰白色毛；花冠紫红色，旗瓣长圆状椭圆形，外面密被绢丝状丁字毛。荚果直，线状圆柱形，长3~4 cm，薄被灰白色绢丝状毛；果梗下弯或平展。花期6月至9月，果期10月。

中国特有，生于海拔600~1 800 m的向阳山坡灌丛中、草坡处、路边及岩石缝中。凉山州的甘洛、木里、会东等县有分布。

### 53.13.14　绢毛木蓝 *Indigofera hancockii* Craib

灌木。羽状复叶长3~6 cm；**小叶（3）4~8对**，通常为长圆状倒卵形，顶生小叶倒卵形，长**5~10 mm，宽2.5~7 mm**，先端圆形或微凹，有小尖头，基部楔形，**两面有平贴丁字毛**，粗糙。**总状花序长3~8 cm，花密集**；总花梗长约1 cm；**花萼钟状，外面密被绢丝状白色并混生棕褐色丁字毛**，萼齿三角形，先端略锐尖，最下面萼齿与萼筒近等长；**花冠紫红色，旗瓣长圆形，外面密生绢丝状丁字毛**。荚果褐色，圆柱形，长约3 cm，被毛，无光泽；果梗下弯。花期5月至8月，果期10月至11月。

中国特有，生于海拔500~2 900 m的山坡灌丛中、路旁、岩石缝中或林缘草坡处。凉山州的西昌、雷波、木里、越西、喜德、普格、布拖等县市有分布。

## 53.14　胡枝子属 *Lespedeza* Michx.

### 53.14.1　胡枝子 *Lespedeza bicolor* Turcz.

直立灌木。小枝具条棱，被疏短毛。羽状复叶具3小叶；托叶2枚，线状披针形；叶柄长2~9 cm；小叶卵形、倒卵形或卵状长圆形，长1.5~6 cm，全缘。总状花序腋生，常构成大而疏散的圆锥花序；总花梗长4~10 cm；小苞片2片，卵形；花梗短，密被毛；花萼5条浅裂，裂片卵形或三角状卵形，上方2片裂片合生成2齿；花冠红紫色或稀白色，旗瓣倒卵形，先端微凹，翼瓣较短，近长圆形，基部具耳和瓣柄，龙骨瓣与旗瓣近等长，具较长瓣柄；子房被毛。荚果斜倒卵形，稍扁，表面具网纹，密被短柔毛。花期7月至9月，果期9月至10月。

国内北至黑龙江，南至广西等地有产，生于海拔150~2 400 m的山坡、林缘、路旁等处。凉山州各县市有分布。本种叶可代茶；枝可编筐；鲜嫩茎、枝、叶是家畜优质饲料。

### 53.14.2　多花胡枝子 *Lespedeza floribunda* Bunge

灌木，高30~200 cm。枝有条棱，被灰白色绒毛。托叶线形，长4~5 mm；羽状复叶具3小叶；小叶具柄，倒卵形、宽倒卵形或长圆形，长1~1.5 cm，宽6~9 mm，先端微凹、钝圆或近截形，具小刺尖，基部楔形；上面疏被伏毛，下面密被白色伏柔毛；侧生小叶较小。总状花序腋生；总花梗细长，显著超出叶；花多数；花萼长4~5 mm，被柔毛，5裂；花冠紫色、紫红色或蓝紫色，旗瓣椭圆形，长8 mm，先端圆形，基部有柄，翼瓣稍短，龙骨瓣长于旗瓣，钝头。荚果宽卵形，长约7 mm，超出宿存萼，密被柔毛，有网状脉。花期6月至9月，果期9月至10月。

中国特有，生于海拔1 500 m以下的石质山坡上。凉山州的西昌、盐源、木里、甘洛、金阳、冕宁等县市有分布。本种花多而美丽，可作观赏植物栽培。

### 53.14.3　截叶铁扫帚 *Lespedeza cuneata* (Dum. –Cours.) G. Don

小灌木。茎直立或斜升，被毛，上部分枝。叶密集，柄短；羽状复叶具3小叶，**小叶楔形或线状楔形，长1~3 cm，宽2~5（7）mm，先端截形成近截形，具小刺尖，基部楔形**。总状花序腋生，具2~4朵花；总花梗极短；花萼狭钟形，密被伏毛，5条深裂，裂片披针形；花冠淡黄色或白色，旗瓣基部有紫斑。荚果宽卵形或近球形，被伏毛，长2.5~3.5 mm，宽约2.5 mm。花期7月至8月，果期9月至10月。

国内产于陕西、山东、湖南、四川等多地，生于海拔2 500 m以下的山坡路旁。凉山州各县市有分布。

### 53.15　油麻藤属 *Mucuna* Adans.

### 53.15.1　油麻藤 *Mucuna sempervirens* Hemsl.

**别名：常春油麻藤**

常绿木质藤本。羽状复叶具3小叶，长21~39 cm；顶生小叶椭圆形、长圆形或卵状椭圆形，长

8~15 cm，先端渐尖，基部近楔形，两面无毛。**总状花序生于老茎上，长10~36 cm，每节具3朵花**，有臭味。花萼杯状，外面密被褐色短伏毛和稀疏长硬毛；花冠深紫色，长约6.5 cm。荚果带形，木质，长30~60 cm，宽3~3.5 cm，被红褐色短伏毛和长刚毛，种子间缢缩。花期4月至5月，果期8月至10月。

国内主产于西南及华南地区，生于海拔300~3 000 m的亚热带森林、灌木丛、溪谷、河边等处。凉山州的西昌、雷波、木里、喜德、宁南、金阳、美姑、布拖、普格、冕宁等县市有分布。本种为垂直绿化植物；茎藤药用，有活血去瘀、舒筋活络之效；其茎皮可织草袋及制纸；块根可提取淀粉。

### 53.15.2　美叶油麻藤 *Mucuna calophylla* W. W. Smith

攀缘藤本。羽状复叶具3小叶；顶生小叶卵形，长7~8.5 cm，长是宽的2到2.5倍，先端常**成一尾状渐尖**，基部圆形，侧生小叶极偏斜，基部稍心形或截形，**下面密被白色绒毛**。花序腋生，每节常有3朵花；花梗通常密被银白色细短毛；**花萼密被伏贴浅褐色短毛或稀疏脱落的锈色刺激性刚毛**；花冠紫色带红或深品红色，旗瓣近圆形。果木质，带状长圆形，在种子周围鼓起，先端多少急尖，密被带红或灰白色硬的长刺毛和短毛。

中国特有，产于云南西部和中部，生于海拔1 000~3 000 m的林中、开阔灌丛中或干燥草坡上。凉山州西昌市有分布，四川新记录。

### 53.16　黄花木属 *Piptanthus* D. Don ex Sweet

### 53.16.1　绒叶黄花木 *Piptanthus tomentosus* Franch.

灌木。嫩枝密被绒毛后秃净。**掌状三出复叶**；小叶卵状椭圆形、披针形至倒卵状披针形，长

2.5~8 cm，先端急尖或钝，基部楔形，**上面初密被丝状毛，下面密被锈色和灰白色毛**。总状花序顶生，与苞片、花萼和荚果同密被绒毛；苞片阔卵形；花梗较长；萼钟形，萼齿5个，上方2齿合生，下方3齿披针形，与萼筒近等长；花冠黄色，旗瓣瓣片圆形或阔心形。荚果扁平，长4.5~9 cm，密被锈色绒毛。花期4月至7月，果期8月至9月。

中国特有，生于海拔2 700~3 000 m的林缘或沟谷混交林下。凉山州的西昌、会理、盐源、木里、宁南、会东、布拖、普格等县市有分布。绒叶黄花木可作园林观赏植物及药用植物。

### 53.16.2 尼泊尔黄花木 *Piptanthus nepalensis* (Hook.) D. Don

别名：金链叶黄花木、黄花木

灌木。茎被白色棉毛。**掌状三出复叶**，小叶披针形、长圆状椭圆形或线状卵形，长6~14 cm，宽1.5~4 cm，先端渐尖，基部楔形；**上面无毛，暗绿色，下面初被黄色丝状毛和白色贴伏柔毛，后渐脱落，呈粉白色，两面平坦，侧脉不隆起**；总状花序顶生，长5~8 cm，具花2~4轮，密被白色棉毛；萼钟形，被白色棉毛；花冠黄色，旗瓣阔心形。荚果疏被柔毛。花期4月至6月，果期6月至7月。

国内产于西藏、四川及云南等地，生于海拔3 000 m左右的山坡针叶林缘、草地灌丛或河流旁。凉山州的会理、木里、会东、美姑、德昌、普格等县市有分布。

### 53.17　苦葛属 *Toxicopueraria* A. N. Egan & B. Pan bis

**苦葛 *Toxicopueraria peduncularis* (Grah. ex Benth.) A. N. Egan & B. pan bis**

缠绕藤本。各部被疏或密的粗硬毛。**羽状复叶具3小叶**；小叶卵形或斜卵形，长5~12 cm，全缘，先端渐尖，基部急尖至截平，两面均被粗硬毛，稀上面无毛；叶柄长4~12 cm。**总状花序长20~40 cm，纤细，**苞片和小苞片早落；**花白色或带紫红色，3~5朵簇生于花序轴的节上**；花梗纤细，萼钟状，被长柔毛；花冠长约1.4 cm，旗瓣倒卵形。**荚果线形，直，光亮，果瓣近纸质，近无毛。**花期8月，果期10月。

国内产于西藏、云南、四川、贵州、广西，生于海拔1 050~2 300 m的荒地、杂木林中。凉山州的西昌、会理、盐源、雷波、木里、喜德、德昌、冕宁、金阳、会东、普格、昭觉等县市有分布。

### 53.18　葛属 *Pueraria* DC.

**53.18.1　葛 *Pueraria montana* var. *lobata* (Willd.) Maesen & S. M. Almeida ex sanjappa & Predeep**

别名：葛根、葛藤

粗壮藤本。**全体被黄色长硬毛，有粗厚的块状根。**羽状复叶具3小叶；**托叶卵状长圆形，不裂；**小叶三裂，偶尔全缘，顶生小叶宽卵形或斜卵形，长7~15（19）cm，宽5~12（18）cm，先端长渐尖，侧生小叶斜卵形，稍小。总状花序长15~30 cm，中部以上有颇密集的花；花2~3朵聚生于花序轴的节上；**花萼裂片先端渐尖；**花冠长10~12 mm，紫色，旗瓣倒卵形。**荚果长椭圆形，长5~9 cm，宽8~11 mm，扁平，被褐色长硬毛。**花期9月至10月，果期11月至12月。

国内除新疆、青海及西藏外，南北均产，生于山地疏、密林中。凉山州的盐源、雷波、木里、甘洛、喜德、宁南、德昌、金阳、冕宁、美姑、布拖、普格、昭觉等县有分布。本种根供药用，有解表退热、生津止渴、止泻的功效，并能改善高血压病人的头晕、头痛、耳鸣等症状；茎皮纤维可供织布和造纸用；是一种良好的水土保持植物。

### 53.18.2 食用葛 *Pueraria edulis* Pampan.

别名：葛根、葛藤

藤本。**茎被稀疏的棕色长硬毛，具块根。** 羽状复叶具3小叶；**托叶基部2裂，呈箭头状；** 顶生小叶卵形，长9~15 cm，宽6~10 cm，3裂，侧生的斜宽卵形，稍小，略2裂，先端短渐尖，基部截形或圆形，两面被短柔毛。总状花序腋生，长达30 cm，不分枝或具1分枝；花3朵生于花序轴的每节上；**旗瓣近圆形，顶端微缺。** 荚果带形，长5.5~6.5（9）cm，被极稀疏的黄色长硬毛，缝线增粗，被稍密的毛。花期9月，果期10月。

中国特有，生于海拔1 000~3 200 m的山沟林中。凉山州的西昌、会理、冕宁、会东、普格、昭觉等县市有分布。用途同葛。

### 53.19 刺槐属 *Robinia* L.

#### 刺槐 *Robinia pseudoacacia* L.

落叶乔木。羽状复叶，**具托叶刺，长达2 cm**；小叶2~12对，常对生，椭圆形、长椭圆形或卵形，先端圆，具小尖头，基部圆形至阔楔形，全缘，幼时被短柔毛；小叶柄1~3 mm；小托叶针芒状；总状花序腋生，长10~20 cm，下垂；花多数，芳香；苞片早落；花萼斜钟状，萼齿5个，三角形至卵状三角形，密被柔毛；花冠白色，各瓣均具瓣柄，旗瓣近圆形，先端凹缺，基部圆形，反折，翼瓣斜倒卵形，龙骨瓣镰状；二体雄蕊，对旗瓣的1枚分离。荚果褐色，线状长圆形，扁平，先端上弯，具尖头。种子2~15粒。花期4月至6月，果期8月至9月。

原产美国东部，现全国各地广泛栽植。凉山州各县市有栽培。本种根系浅而发达，易风倒，适应性强，为优良固沙保土树种；木材材质硬重，抗腐耐磨，宜作枕木、车辆、建筑、矿柱等的用材；为优良的蜜源植物。

## 53.20　苦参属 *Sophora* L.

### 53.20.1　短绒槐 *Sophora velutina* Lindl.

灌木。**幼枝、花序轴、花枝和叶轴等幼嫩部分密被短绒毛。**羽状复叶；**小叶8~12对，**卵状披针形、长圆形或卵状长圆形，上面被灰白色或锈色绒毛。**花序总状与叶对生或假顶生；**花梗短；花萼钟状，萼齿5个；**花冠紫红色，**旗瓣反折，倒卵状披针形或倒卵状长圆形，瓣柄不显，翼瓣单侧生，长圆形；雄蕊10枚。**荚果串珠状，被灰白色或灰褐色柔毛，有种子2~4粒；**种子长圆形。花果期4月至8月。

国内产于四川、云南及贵州，生于海拔1 000~2 600 m的山坡、河谷边的灌木林中。凉山州的西昌、会理、盐源、木里、甘洛、喜德、宁南、冕宁、会东、美姑、布拖、普格等县市有分布。短绒槐植株可在庭园、园林等处栽植，供绿化和观赏。

### 53.20.2　白刺花 *Sophora davidii* (Franch.) Skeels

灌木或小乔木。小枝初被毛，**不育枝末端明显变成刺。**羽状复叶；**托叶部分变成刺，宿存；小叶5~9对，**椭圆状卵形或倒卵状长圆形，先端常具芒尖，上面几无毛。总状花序着生于小枝顶端；花小，较少；花萼蓝紫色，萼齿5个；**花冠白色或淡黄色，**有时旗瓣稍带红紫色，旗瓣倒卵状长圆形，先端圆形，基部具细长柄；雄蕊10枚；子房密被黄褐色柔毛。**荚果非典型串珠状，稍压扁，有种子3~5粒。**花期3月至8月，果期6月至10月。

中国特有，生于海拔2 500 m以下的河谷沙丘和山坡路边的灌木丛中。凉山州的西昌、盐源、雷波、木里、宁南、布拖、金阳、会东、美姑、普格等县市有分布。本种耐旱性强，不仅是水土保持树种，还可供观赏。

### 53.21　槐属 *Styphnolobium* Schott

#### 53.21.1　槐 *Styphnolobium japonicum* (L.) Schott

乔木。**羽状复叶；小叶4~7对，**对生或近互生，纸质，卵状披针形或卵状长圆形，长2.5~6 cm，宽1.5~3 cm，先端渐尖，基部宽楔形或近圆形，稍偏斜；下面灰白色，初被疏短柔毛；小托叶2枚，钻状。**圆锥花序顶生，常呈金字塔形，长达30 cm；**花萼浅钟状，萼齿5个，圆形或钝三角形，被灰白色短柔毛；花冠白色或淡黄色，旗瓣近圆形，长和宽约11 mm。**荚果串珠状，长2.5~5 cm或稍长，**种子间缢缩不明显。花期7月至8月，果期8月至10月。

我国南北各地有分布或栽培，凉山州的会理、西昌、盐源、雷波、甘洛、喜德、德昌、冕宁、布拖、普格等县市有分布或栽培。本种可为行道树和蜜源植物；花和荚果入药，有清凉收敛、止血降压作用；叶和根皮有清热解毒作用；木材可供建筑用。

#### 53.21.2　龙爪槐 *Styphnolobium japonicum* 'Pendula'

本种枝和小枝均下垂，并向不同方向弯曲盘悬，形似龙爪，易与其他类型相区别。

凉山州的西昌、会理、盐源、雷波、甘洛、喜德、德昌、冕宁、布拖、普格等多县市有栽培。龙爪槐树冠优美，花芳香，是优良的园林绿化和观赏植物及蜜源植物。

### 53.22　狸尾豆属 *Uraria* Desv.

**中华狸尾豆 *Uraria sinensis* (Hemsl.) Franch.**

直立亚灌木。茎被灰黄色短粗硬毛。**叶为羽状三出复叶**；托叶长三角形；叶柄长2~4 cm，被灰黄色柔毛；小叶坚纸质，长圆形、倒卵状长圆形或宽卵形，长3~7 cm，宽2~4 cm，侧生小叶略小；小托叶刺毛状。**圆锥花序顶生，长20~30 cm，分枝呈毛帚状，有稀疏的花，**花序轴具灰黄色毛；苞片圆卵形，每苞有花1朵或2朵；**花梗纤细，丝状，长8~10 mm，**具极短柔毛和散生无柄褐色腺体；花萼膜质；花冠紫色。荚果与果梗几等长，具荚节4~5个，近无毛，具网纹。花果期9月至10月。

中国特有，生于海拔500~2 300 m的干燥河谷山坡处、疏林下、灌丛中或高山草原上。凉山州的会东、普格等县有分布。

### 53.23　紫藤属 *Wisteria* Nutt.

**紫藤 *Wisteria sinensis* (Sims) Sweet**

落叶攀缘藤本。茎左旋，枝较粗壮，嫩枝被柔毛。**奇数羽状复叶；小叶3~6对，**卵状椭圆形至卵状披针形，先端渐尖至尾尖，基部钝圆或楔形，嫩叶两面被伏毛；小叶柄短；小托叶刺毛状。**总状花序生于短枝腋部或顶部；花冠紫色，**旗瓣圆形，先端略凹陷，花后反折。**荚果倒披针形，密被绒毛，悬垂。**花期4月中旬至5月上旬，果期5月至8月。

国内产于河北以南，黄河、长江流域及陕西、河南、广西、贵州、云南等地。凉山州的西昌、会理、盐源、喜德、德昌、冕宁、美姑等多县市有栽培。紫藤为常见优良观花藤木植物；花可食用。

# 54　旌节花科 Stachyuraceae

## 54.1　旌节花属 *Stachyurus* Sieb. et Zucc.

### 54.1.1　柳叶旌节花 *Stachyurus salicifolius* Franch.

别名：披针叶旌节花

常绿灌木。**叶坚纸质或革质，长圆状披针形或线状披针形**，长7~16 cm，宽1.5~3.5 cm，**长为宽的4~8倍**，先端渐尖，基部钝至圆形；**边缘具不明显内弯的疏齿**；上面绿色，下面淡绿色，两面均无毛；中脉在两面均突起，侧脉6~8对，下一侧脉与上一侧脉在边缘网结；叶柄长约4 mm。穗状花序腋生，长5~7 cm，直立或下垂，具短梗，梗长约6 mm，基部无叶；花黄绿色，长5~6 mm，无梗；萼片4枚；花瓣4片；雄蕊8枚，与花瓣等长；**子房被短柔毛**。果实球形，直径5~6 mm，具宿存花柱。花期4月至5月，果期6月至7月。

中国特有，生于海拔1 900~2 600 m的山坡、山谷溪边杂木林中。凉山州的西昌、会理、盐源、雷波、布拖等县市有分布。

### 54.1.2　西域旌节花 *Stachyurus himalaicus* Hook. f. et Thoms. ex Benth.

别名：喜马山旌节花、短穗旌节花

落叶灌木或小乔木。**叶片坚纸质至薄革质，披针形至长圆状披针形**，长8~13 cm，宽3.5~5.5 cm，**长为宽的2~4倍**，先端渐尖至长渐尖，基部钝圆；**边缘具细而密的锐锯齿**，齿尖骨质并加粗；侧脉5~7对，两面均突起，细脉网状；叶柄紫红色。穗状花序腋生，无总梗，通常下垂，基部无叶；花黄色，几无梗；萼片4枚；花瓣4片，倒卵形；雄蕊8枚，通常短于花瓣。果实近球形，无梗或近无梗，具宿存花柱。花期3月至4月，果期5月至8月。

国内台湾至西藏多地有产，生于海拔400~3 000 m的林下或灌丛中。凉山州各县市有分布。本种茎髓供药用，为中药"通草"。

### 54.1.3　云南旌节花 *Stachyurus yunnanensis* Franch.

**别名：** 具梗旌节花

常绿灌木。叶革质或薄革质，**常卵状披针形**，长7~15 cm，宽2~4 cm，**长不及宽的3倍**，先端渐尖或尾状渐尖，基部楔形或钝圆；**边缘具细尖锯齿**，齿尖骨质；上面绿色，下面淡绿色或紫色，两面均无毛；侧脉5~7对；叶柄粗壮，长1~2.5 cm。总状花序腋生，**长3 cm以上**；花序轴之字形，具短梗，有花12~22朵；花近于无梗；萼片4枚；花瓣4片，黄色至白色；雄蕊8枚；**子房和花柱无毛**。果实球形，直径6~7 mm，**果梗具关节**或近无梗，具宿存花柱。花期3月至4月，果期6月至9月。

中国特有，生于海拔1 800~2 400 m的山坡林地中。凉山州的西昌、会理、雷波、甘洛、宁南、德昌、金阳、会东、布拖、普格等县市有分布。

### 54.1.4　中国旌节花 *Stachyurus chinensis* Franch.

落叶灌木。叶于花后发出；**叶纸质至膜质，卵形、长圆状卵形至长圆状椭圆形**，长5~12 cm，宽3~7 cm，先端渐尖至短尾状渐尖，基部钝圆至近心形，边缘为圆齿状锯齿，侧脉5~6对；两面无毛或仅沿主脉和侧脉疏被短柔毛，后很快脱落；叶柄长1~2 cm。穗状花序腋生，**先叶开放**，长5~10 cm，无梗；花黄色，长约7 mm，近无梗或有短梗；萼片4枚，黄绿色；花瓣4片，卵形；雄蕊8枚；子房瓶状，被微柔毛。果实圆球形，直径6~7 cm，近无梗，基部具花被的残留物。花期3月至4月，果期5月至7月。

国内河南至云南多地有产，生于海拔400~3 000 m的山坡谷地林中或林缘。凉山州的盐源、雷波、木里、越西、甘洛、德昌、金阳、冕宁、美姑、普格等县市有分布。

### 54.1.5 倒卵叶旌节花 *Stachyurus obovatus* (Rehd.) Hand.–Mazz.

常绿灌木或小乔木。**叶革质或亚革质，倒卵形或倒卵状椭圆形，中部以下突然收窄变狭；叶长5~8 cm，宽2~3.5 cm，先端长尾状渐尖**，基部渐狭成楔形，边缘中部以上具锯齿；两面无毛；侧脉5~7对；叶柄长0.5~1 cm。总状花序腋生，长1~2 cm，有花5~8朵；总花梗长约0.5 cm，**基部具叶**；花淡黄绿色，近于无梗；萼片4片，卵形；花瓣4片，倒卵形；雄蕊8枚；子房长卵形，被微柔毛。浆果球形，直径6~7 mm，疏被微柔毛；果梗长2~3 mm，中部具关节，顶端具宿存花柱。花期4月至5月，果期8月。

中国特有，生于海拔500~2 000 m的山坡常绿阔叶林下或林缘。凉山州的雷波等县有分布。倒卵叶旌节花的茎髓可入药；叶含鞣质，可提制栲胶。

# 参考文献

［1］罗强，郑晓慧.四川螺髻山杜鹃花［M］.北京：科学出版社，2019.

［2］刘建林，孟秀祥，冯金朝，等.四川攀西种子植物［M］.北京：清华大学出版社，2007.

［3］刘建林，罗强，赵丽华，等.四川攀西种子植物：第2卷［M］.北京：清华大学出版社，2010.

［4］潘天春，罗强.攀西野生果树［M］.成都：四川大学出版社，2021.

［5］闵天禄.世界山茶属的研究［M］.昆明：云南科技出版社，2000.

［6］《四川植物志》编辑委员会.四川植物志：第一卷［M］.成都：四川人民出版社，1981.

［7］《四川植物志》编辑委员会.四川植物志：第二卷［M］.成都：四川人民出版社，1983.

［8］《四川植物志》编辑委员会.四川植物志：第三卷［M］.成都：四川科学技术出版社，1985.

［9］《四川植物志》编辑委员会.四川植物志：第四卷［M］.成都：四川科学技术出版社，1988.

［10］《四川植物志》编辑委员会.四川植物志：第八卷［M］.成都：四川民族出版社，1990.

［11］《四川植物志》编辑委员会.四川植物志：第九卷［M］.成都：四川民族出版社，1989.

［12］《四川植物志》编辑委员会.四川植物志：第二十一卷［M］.成都：四川科学技术出版社，2012.

［13］云南省植物研究所.云南植物志：第一卷［M］.北京：科学出版社，1977.

［14］中国科学院昆明植物研究所.云南植物志：第二卷［M］.北京：科学出版社，1979.

［15］中国科学院昆明植物研究所.云南植物志：第三卷［M］.北京：科学出版社，1983.

［16］中国科学院昆明植物研究所.云南植物志：第四卷［M］.北京：科学出版社，1986.

［17］中国科学院昆明植物研究所.云南植物志：第五卷［M］.北京：科学出版社，1991.

［18］中国科学院昆明植物研究所.云南植物志：第七卷［M］.北京：科学出版社，1997.

［19］中国科学院昆明植物研究所.云南植物志：第八卷［M］.北京：科学出版社，1997.

［20］中国科学院昆明植物研究所.云南植物志：第十卷（种子植物）［M］.北京：科学出版社，2006.

［21］中国科学院昆明植物研究所.云南植物志：第十一卷（种子植物）［M］.北京：科学出版社，2000.

［22］中国科学院昆明植物研究所.云南植物志：第十二卷（种子植物）［M］.北京：科学出版社，2006.

［23］中国科学院昆明植物研究所.云南植物志：第十五卷（种子植物）［M］.北京：科学出版社，2003.

［24］中国科学院昆明植物研究所.云南植物志：第十六卷［M］.北京：科学出版社，2006.

［25］中国科学院中国植物志编委会.中国植物志：第六卷第三分册［M］.北京：科学出版社，2004.

［26］中国科学院中国植物志编委会.中国植物志：第七卷［M］.北京：科学出版社，1978.

［27］中国科学院中国植物志编委会.中国植物志：第二十四卷［M］.北京：科学出版社，1988.

［28］中国科学院中国植物志编委会.中国植物志：第二十六卷［M］.北京：科学出版社，1996.

［29］中国科学院中国植物志编委会.中国植物志：第二十七卷［M］.北京：科学出版社，1979.

［30］中国科学院中国植物志编委会.中国植物志：第二十九卷［M］.北京：科学出版社，2001.

［31］中国科学院中国植物志编委会.中国植物志：第三十卷第一分册［M］.北京：科学出版社，1996.

［32］中国科学院中国植物志编委会.中国植物志：第三十卷第二分册［M］.北京：科学出版社，1979.

［33］中国科学院中国植物志编委会.中国植物志：第三十一卷［M］.北京：科学出版社，1982.

［34］中国科学院中国植物志编委会.中国植物志：第三十四卷第一分册［M］.北京：科学出版社，1984.

［35］中国科学院中国植物志编委会.中国植物志：第三十五卷第一分册［M］.北京：科学出版社，1995.

［36］中国科学院中国植物志编委会.中国植物志：第三十五卷第二分册［M］.北京：科学出版社，1995.

［37］中国科学院中国植物志编委会.中国植物志：第三十六卷［M］.北京：科学出版社，1974.

［38］中国科学院中国植物志编委会.中国植物志：第三十七卷［M］.北京：科学出版社，1995.

［39］中国科学院中国植物志编委会.中国植物志：第三十九卷［M］.北京：科学出版社，1988.

［40］中国科学院中国植物志编委会.中国植物志：第四十卷［M］.北京：科学出版社，1994.

［41］中国科学院中国植物志编委会.中国植物志：第四十一卷［M］.北京：科学出版社，1995.

［42］中国科学院中国植物志编委会.中国植物志：第四十二卷第一分册［M］.北京：科学出版社，1993.

［43］中国科学院中国植物志编委会.中国植物志：第四十三卷第一分册［M］.北京：科学出版社，1998.

［44］中国科学院中国植物志编委会.中国植物志：第四十四卷第一分册［M］.北京：科学出版社，1994.

［45］中国科学院中国植物志编委会.中国植物志：第四十四卷第二分册［M］.北京：科学出版社，1996.

［46］中国科学院中国植物志编委会.中国植物志：第四十四卷第三分册［M］.北京：科学出版社，1997.

［47］中国科学院中国植物志编委会.中国植物志：第四十五卷第一分册［M］.北京：科学出版社，1980.

［48］中国科学院中国植物志编委会.中国植物志：第四十九卷第一分册［M］.北京：科学出版社，1989.

［49］中国科学院中国植物志编委会.中国植物志：第四十九卷第二分册［M］.北京：科学出版社，1984.

［50］中国科学院中国植物志编委会.中国植物志：第四十九卷第三分册［M］.北京：科学出版社，1998.

［51］中国科学院中国植物志编委会.中国植物志：第五十卷第一分册［M］.北京：科学出版社，1998.

［52］中国科学院中国植物志编委会.中国植物志：第五十卷第二分册［M］.北京：科学出版社，1990.

［53］中国科学院中国植物志编委会.中国植物志：第五十二卷第一分册［M］.北京：科学出版社，1994.

［54］中国科学院中国植物志编委会.中国植物志：第五十二卷第二分册［M］.北京：科学出版社，1983.

［55］中国科学院中国植物志编委会.中国植物志：第五十三卷第一分册［M］.北京：科学出版社，1984.

［56］袁颖，罗强，李晓江.植物学实验实习实训教程［M］.北京：北京理工大学出版社，2013.

［57］罗强，刘建林，蔡光泽，等.中国移枝属（*Docynia* Dcne.）一新种——长爪移枝［J］.植物研究，2011，31（4）：389-391.

［58］罗强，刘建林，蔡光泽，等.金沙江中游地区山茶组4居群植物形态及花粉特征观察及其分类讨论［J］.广西植物，2012，32（3）：285-292.

［59］罗强.木荷属（山茶科）一新变种——扁果银木荷［J］.热带亚热带植物学报，2011，19（3）：228-229.

［60］罗强，刘建林.攀西地区野生水果资源研究［J］.西昌学院学报（自然科学版），2009，23（3）：6-12.

［61］罗强，刘建林，袁颖，等.攀西野生山茶属植物资源调查及保护［J］.中国林副特产，2008，94（3）：67-69.

［62］潘天春，李佩华，梁剑，等.攀西地区野生果树资源调查［J］.黑龙江农业科学，2013（3）：65-70.

［63］罗强，刘建林.攀西地区野生猕猴桃资源及分布概况［J］.江苏农业科学，2009（4）：373-375.

［64］罗强，涂勇，姚昕，等.攀西地区胡颓子属植物资源及其开发利用价值［J］.南方农业，2012（10）：67-69.

［65］潘天春，李佩华，梁剑，等.攀西地区荚蒾属植物资源［J］.南方农业，2013（3）：1-5.

［66］罗强，姚昕，涂勇，等.攀西地区蔷薇属植物资源及其开发利用价值［J］.西昌学院学报（自然科学版），2012，26（3）：1-4.

［67］谷翠芝.横断山区虎耳草科和蔷薇科新植物，植物分类学报［J］，1991，29（1）：80-83.

［68］陈艳，罗强.四川樟科 2 新记录种［J］.四川林业科技，2022，43（1）：130–132.

［69］沈红，罗强.西昌市杜鹃花属植物资源调查初报［J］.南方农业，2020，14（31）：65–68.

［70］陈艳，罗强.盐源县杜鹃花属植物资源调查初报［J］.南方农业，2021，15（19）：86–89.

［71］王萍，沈红，袁颖，等.四川木本植物6新记录种及1新记录属［J］.四川林业科技，2023，44（1）：120–123.

［72］潘天春，罗强，罗献清.四川苹果属一新变种——大花丽江山荆子［J］.西昌学院学报（自然科学版）.2013，27（2）：5–6.

［73］潘天春，罗强.三种猕猴桃属植物形态特征补充［J］.西昌学院学报（自然科学版）.2013，27（1）：5–6.

［74］罗强.四川猕猴桃属（猕猴桃科）一新变种——凉山猕猴桃［J］.西昌学院学报（自然科学版）.2010，24（2）：1–2.

［75］罗强，刘建林.雷波县猕猴桃属植物资源调查与开发利用［J］.资源开发与市场.2009，25（9）：829–830.

［76］罗强，刘建林，袁颖，等.攀西野生山茶属植物资源调查及保护［J］.中国林副特产.2008（3）：67–69.

［77］张旭东，罗强，刘建林.攀西杜鹃花属植物资源调查及开发利用［J］.中国林副特产.2007（3）：64–66.

［78］罗强，刘建林，袁颖.四川白珠树属（*Gaultheria*）一新变种［J］.植物研究.2006（1）：11–12.